N
19
22
20
18
2

Der Mensch gestaltet die Erde

Geographiebuch für die Sekundarstufe I

von Manfred Bohle

Band 1

unter Mitarbeit

von Prof. Dr. Adolf Köhler

ISBN 3-454-27040-5

9 8 7 6 5 4
1980 79 78 77 76 75

Einbandentwurf: Torsten Mann, Frankfurt am Main
Grafiken: Alfred Metelka, Herzebrock
Bildnachweis: S. 131
Satz · Druck · Bindearbeit: Parzeller & Co., Fulda

Inhalt

0 Was du weißt — was du wissen solltest 3
Von der Landschaft zur Landkarte 3
Deutschland, ein kleiner Platz auf dem Festland . . . 5
Die Erde ist „ins Netz gegangen“ 5
Eins zu einhunderttausend 6
Die Erde, ein Ball aus Wasser? 7
Kreuz und quer durch Land und Meer 8
Der Mensch ist immer unterwegs 10

1 Von Riesen und Riesenkräften 11
Natur und Menschen verändern die Landschaft . . . 12
Moore wurden trockengelegt 14

2 Steine wachsen in den Himmel 15
Millionen lockt die Großstadt 16
Die Verstädterung 17
In der Großstadt 17
Von Babel bis Berlin 17
Die Hauptstadt Deutschlands 18
Die Stadt und das Auto 20
Hierhin führt keine Stadtrundfahrt 21
Städte für die Zukunft 22
Die verwaltete Stadt 22

3 Durch die Wüste 23
Trockenwüsten 23
Die Steinwüste 23
Die Sandwüste 26
In der Wüste ertrunken 27
Die „Gärten Allahs“ 28
Wasser für die Wüste 30
In der Sowjetunion 30
In Israel 31
In Ägypten 31
Das Kühlhaus der Erde 33
Eiszeit auf Grönland 33
Der Eispanzer wird erforscht 34
Bei den „Rohfleischessern“ 35

4 Wasser frißt Land — Wasser baut Land 38
Hochwasserkatastrophen aus aller Welt 38
Die Uhr der Weltmeere geht nach dem Mond 39
Sturm und Flut 40
Ein Schutzwall gegen das Meer 40
Wasser baut Land 41
Die Zähmung der „Sintflut“ 43
Ein Fluß bricht aus 46
Wasser steigt — Menschen verzweifeln 46

5 Bodenschätze 48
Mit den Steinen fing es an 48
Steinkohlenbergbau 48
Grundstoff Kohle 49
So gewinnt man Steinkohle in Europa 50
Tausend Meter unter Tage 50
Steinkohle prägt das Gesicht einer Landschaft . . . 54
Vom Erz zum Stahl 56
Stahl ist kein Eisen — aber ohne Eisen kein Stahl . . 56
So unterscheidet sich Stahl von Eisen 59
Das Erdöl 60
Die Erde wird angebohrt 60
Woher kommt das Erdöl? 61
Bohranlagen entstellen das Gesicht einer Landschaft . 62
Ölalarm! Die Feuerwehr greift ein 62
Der Bedarf an Erdöl steigt ständig 63
Maschinen haben Durst 65
Wasserverbrauch in der Industrie 65
Wasserreinigung 65
Wasserspeicher 66
Vorsicht! Hochspannung! 68
Von kleinen und großen E-Werken 69
Elektrizität durch Wasserkraft 70
Elektrizität durch Kohle 72
Elektrizität durch Atomkraft 73

6 In Ländern des ewigen Sommers 75
Im tropischen Regenwald 75
Güter — direkt aus den Tropen 79
Der Kaffee 79
Holz aus den Tropen 81
Gummi aus dem Regenwald 81

7 Verkehr 83
Über Ozeane, Flüsse und Kanäle 83
Schiffe steigen über Treppen 85
Wasserstraßen in der BRD 88
Seehäfen, die „Bahnhöfe“ der Meere 90
Hamburg — ein Tor zur Welt 91
Im Großbehälter von Haus zu Haus 95
Auf Straßen und Schienen durch Fels und Eis . . . 96
In den Hochgebirgen 96
Durch und über die Alpen 99

8 Aber nicht alle werden satt 103
Der „Acker“ der Erde 103
Das Brot der Asiaten 105
Landwirtschaft auch im Industrieland BRD 107
Nordamerika ist eine Kornkammer der Erde 109
Gefrierfleisch aus Argentinien 112
Die Kühlkette 115
Nahrung aus dem Meer 116

9 Die Erde kocht über 118
Der gefährliche Berg 118
Entstehung der Vulkane 119
Mit den Vulkanen leben und ihre Kräfte nutzen . . . 121

Karten: Mitteleuropa 125
Europa 126
Erde 127

Sachregister 128

VORSICHT!
- GEHEIM! -
NICHT LESEN!

GEBRAUCHSANWEISUNG

Du liest ja doch weiter! — Ist denn die erste Seite eines Buches so wichtig? — Hör doch auf! — Oder bist du neugierig? — Seit wann ist ein Vorwort für einen Schüler interessant? — Wir sind erstaunt, du scheinst eine Ausnahme zu sein.

Wir wollen dir einige Tips geben! Dieses Buch ist nicht vollständig: Es hat zahlreiche Lücken, die du mit Hilfe deiner Kameraden und deines Lehrers füllen kannst. Aber auch mit dem Atlas werden sich die Lücken füllen lassen. Deshalb der

1. Tip: Buch und Atlas gehören zusammen!

Dies ist ein Buch, in das man ohne Sorgen schreiben kann. Aber alle Eintragungen sollten zuerst auf der Folie gemacht werden.
Viele unvollständige Texte (Lückentexte) kannst du ergänzen, manche Rätsel lösen und Zeichnungen anfertigen.

2. Tip: Schreibe zunächst nur auf der Folie!

Nicht mit allen Filzstiften läßt sich die Folie beschriften. Deshalb:

3. Tip: Alle Schreibarbeiten darfst du nur mit folgenden Stiften ausführen:
a) Stabilo-Pen 77 oder
b) Faserschreiber: Lumocolor oder
c) Faserschreiber: Edding Projektion

Diese Stifte trocknen schnell und verschmieren nicht. Sie lassen sich auch leicht wieder mit einem feuchten Lappen entfernen.

Über jede Seite, an der du arbeitest, kannst du die Folie legen. An manchen Stellen im Buch erinnern wir dich ausdrücklich daran. Vergiß es aber bitte sonst auch nicht!

Dieses Buch will dir auch dabei helfen, deine Kenntnisse über die Erde und ihre Menschen zu erweitern. Das geschieht nicht nur durch Erzählungen und Berichte. Du erhältst auch Aufträge, die du allein oder mit deinen Klassenkameraden ausführen kannst.
Zu diesem Buch gibt es **Lösungen,** die du beim Verlag bestellen kannst (Bestell-Nr. 2714).

4. Tip: Benutze die Lösungen nur zur Kontrolle der Arbeit.

Außer den Lösungen bietet der Verlag auch noch Informationsblätter zu dem Schülerbuch (Bestell-Nr. 2724) an. Sie sind gedacht für deinen Lehrer, deine Eltern und teilweise auch für dich. Außer den Lösungen enthalten die Informationsblätter Filmlisten mit Inhaltsangaben.

5. Tip: Helft mit bei der Auswahl der Filme zu den einzelnen Kapiteln des Buches.

Für deinen Lernerfolg ist es wichtig, wenn du weißt, was du wissen und können sollst. Die Lehrer sagen: Der Schüler muß das **Lernziel** kennen. In diesem Buch stehen die Lernziele zu den einzelnen Kapiteln im gelben Feld. In den Informationsblättern sind weitere Lernziele aufgeführt. Ihr solltet mit eurem Fachlehrer darüber sprechen, welche dieser Ziele ihr für nötig haltet.

6. Tip: Bestimme das Lernziel, bevor du mit der Arbeit beginnst.

Was du weißt -
Was du wissen solltest!

Von der Landschaft zur Landkarte

Tag für Tag schauen viele tausend Menschen aus den Flugzeugen hinab auf unsere Erde. Kinder drücken ihre Nasen gegen das Kabinenfenster. Unter ihnen gleitet die Landschaft vorbei. Je höher sie fliegen, desto kleiner wird alles dort unten. Große Gebirge überschaut man mit einem Blick. Flußläufe kann man viele Kilometer verfolgen. Großstädte scheinen zusammengeschmolzen. Auf schmalen Bahnen ziehen winzige Punkte dahin.
Besser als auf der Landkarte ist so alles vor dir ausgebreitet. Auch du wirst dies einmal erleben, wenn nicht heute, dann aber sicher später. —
Oder bist du schon mit dem Flugzeug geflogen? —
Hast du die Erde wie ein Vogel gesehen? —

Leider wirst du in deinem Leben nicht alle Länder und Gebiete überfliegen können. Das schafft nicht einmal ein Flugkapitän. Trotzdem kannst du erfahren, wie es in den fernen Ländern aussieht, wie dort die Menschen wohnen, was sie treiben. In Zeitungen und Zeitschriften, Büchern und Bildbänden wird von ihnen berichtet. Film und Fernsehen zeigen dir die Heimat der Kinder und ihrer Eltern, die so völlig anders oder so ähnlich leben wie du.

Auch die Landkarte und der Atlas können dir helfen, mehr von den anderen Menschen und ihren Wohngebieten zu erfahren.
Für viele Dinge auf dieser Erde und unter der Erdoberfläche hat die Karte nur Zeichen. Manch einer kann sie nur schwer entziffern. Doch wer gelernt hat, diese Zeichen zu enträtseln, kann immer wieder die „Reise mit dem Finger über die Landkarte" antreten.

Prüfe dich jetzt, ob du die Zeichensprache der Landkarte kennst.

1. Auf der Innenseite des vorderen Buchdeckels findest du eine Phantasielandschaft. So kann man sie auch aus dem Flugzeug sehen. In diese Landschaft wurden Kreise eingezeichnet. Folgende **Namen** hast du vielleicht in der Schule schon kennengelernt:

1 Flugplatz ....

2 Straße ....

3 Bergsee ....

4 Küste ....

5 Flußmündung ....

6 Kanal ....

7 Industriegebiet ....

8 Seilbahn ....

9 Strom ....

10 Hochgebirge ....

11 Nebenfluß ....

12 Hügelland ....

13 Tiefland ....

14 Bauernland ....

15 Waldgebiet ....

16 Mittelgebirge ....

17 Paßstraße ....

Diese Namen haben hier die Zahlen 1 bis 17. Übertrage sie an die richtige Stelle der Landschaft! Schreibe die Zahlen in die Kreise der Landschaft.

Du darfst nur auf die Folie schreiben!

2. Sechs Kreise haben bereits eine Zahl.
   a) Schreibe hier die passenden Namen hinter die Zahlen:

   18 ....

   19 ....

   20 ....

   21 ....

   22 ....

   23 ....

   b) Lies das Wort, das aus den ersten Buchstaben der sechs Wörter besteht!

   c) Setze das gefundene Wort in die Lücke des folgenden Satzes!

Die Erde ist meine ....

3. In diesem Buch sind viele Fotografien. Manche von ihnen zeigen Abbildungen der Namen 1 bis 23. Suche diese Bilder im Buch. Schreibe die Bildnummern in die Zeile hinter die passenden Namen.

Bild Nr.
Beispiel: 10 Hochgebirge *236*

(Nicht zu allen Nummern gibt es Bilder im Buch.)

4. a) Lege die zweite Folie über das Landschaftsbild!

   b) Ziehe 16 cm vom rechten Bildrand entfernt einen senkrechten Strich! Jetzt hast du einen rechteckigen Landschaftsausschnitt.

   c) Zeichne die Landkarte dieses Ausschnittes auf die Folie!

5. a) Auf der Innenseite des hinteren Buchdeckels ist die passende Landkarte der ganzen Landschaft.
   b) Du kennst die Bedeutung der Farben:

   rot bedeutet ....

   blau bedeutet ....

   grün bedeutet ....

   braun bedeutet ....

   dunkelbraun bedeutet ....

   c) Auch diese Sätze kannst du vollständig schreiben: Je dunkler das Braun einer Karte ist, desto

   .... liegt das Land. Je dunkler das Grün

   einer Karte ist, desto .... liegt das Land.

6. a) Schau dir dieselbe Landkarte noch einmal an!
   b) Schreibe die richtigen **Himmelsrichtungen** auf!

Der Strom fließt von.......... nach.........

Die Küste verläuft von .... nach

.... Die Straße am Flugplatz

verläuft von .... nach ....

Der Nebenfluß des Stromes fließt von ....

nach .... Die Großstadt liegt ....

der Küste und .... des Stromes.

7. Auf der Landkarte siehst du Kreise mit Buchstaben. Schreibe die richtigen Bezeichnungen hinter die Buchstaben! (Folie)

Durch Karten kann man Länder kennenlernen.

Deutschland, ein kleiner Platz auf dem Festland

1. Suche die Bundesrepublik Deutschland (**BRD**) auf Europakarten und der Erdkarte!
2. Schau Bild 12 an! Die BRD ist der kleine Fleck auf dem Festland.

Die Bundesrepublik Deutschland ist nur ....,

wenn man sie mit dem F..............................land und der

gesamten O.. der Erde vergleicht.

Das Festland ist 600mal größer als die BRD.
Die Erdoberfläche ist 2000mal größer als die BRD.

Deine engere Heimat kannst du in Bild 12 nicht mehr einzeichnen.
Auf den meisten Erdkarten scheint Deutschland in der Mitte der Erde zu liegen. Das täuscht. — Auf der Oberfläche eines Balles gibt es keine Mitte. — Deutschland liegt im Westen des Kontinents Eurasien. (Siehe Erdkarte Seite 127 und Bild 11!) Die Bundesrepublik Deutschland ist ein Staat unter vielen anderen. In ihr leben 60 Millionen Menschen auf 248 000 km².

Man schätzt, daß im Jahr 1968 ungefähr 3 600 000 000 Menschen auf der Erde wohnten. (Drei Milliarden sechshundert Millionen)

In welchem Ausmaß die Erdbevölkerung weiterwächst, erfährst du später in diesem Buch (Seite 104).

Von 60 Menschen der Erde war im Jahr 1968 nur **einer** Bürger der BRD. (Bild 1)
Auf dem Erdball lebten 1968 60mal mehr Menschen als in der BRD. Diese Zahl erhöht sich aber mit jedem Tag.

1

Die meisten Menschen sprechen andere Sprachen und Mundarten, essen andere Nahrungsmittel, tragen andere Kleidung, schlafen, wenn du zur Schule gehst, gehen zur Schule, wenn du zu Bett mußt. Sie leben am Wasser, im Tiefland, im Bergland, im Hochgebirge, in Großstädten, in Kleinstädten, in Dörfern und in Gehöften.
Sie wohnen in Häusern aus Stein und Holz, in Hütten, Baracken, Höhlen und Booten.
Alle diese Menschen können lachen wie du und weinen wie du. Viele sind arm, viele sind reich. Sie alle möchten auf dieser Erde glücklich sein.

2

Die Erde ist „ins Netz gegangen"

Damit man jeden Ort, jeden Platz auf dieser Erde besser finden kann, hat man den Erdball mit einem unsichtbaren Netz überzogen. Das sind Linien, die von Norden nach Süden und von Osten nach Westen verlaufen. (Bild 2)

Diese Linien haben Zahlen von 0 bis 90 und von 0 bis 180. (Prüfe im Atlas!)

Linien, die von Norden nach Süden verlaufen, heißen **Längengrade.** Linien, die von Osten nach Westen führen, heißen **Breitengrade.**

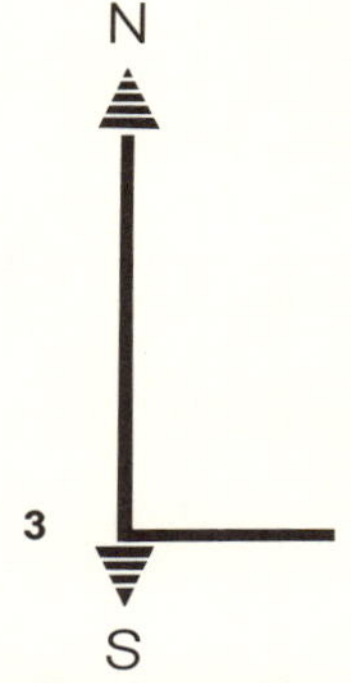

3

Der Längengrad 0 geht durch London. (Prüfe im Atlas nach!) Von ihm aus zählt man nach Osten und nach Westen je 180 Längengrade.

Der Breitengrad mit der Ziffer 0 heißt **Äquator.** Vom Äquator aus gibt es 90 Breitengrade nach Norden und 90 Breitengrade nach Süden.

Alle Breitengrade sind 111 km voneinander entfernt. Berlin liegt genau zwischen dem 13. und 14. Längengrad und dem 52. und 53. Breitengrad. (Bild 4)

In diesem Buch wird die Lage eines Ortes durch das Feld bestimmt, das östlich (rechts) des angegebenen Längengrades und nördlich (oberhalb) des Breitengrades liegt. Also Berlin: 13° **Ö** / 52° N — (13° **öst**liche Länge / 52° **n**ördliche Breite)

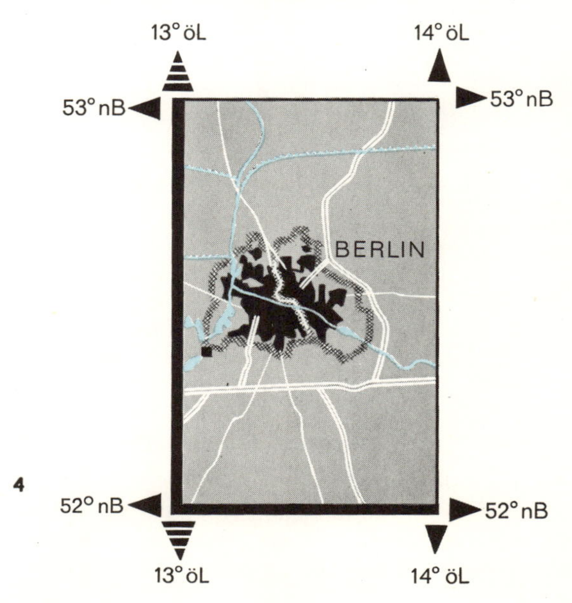

4

Alle Orte und Plätze auf einer Landkarte kann man mit Hilfe der Längen- und Breitengrade leicht finden.

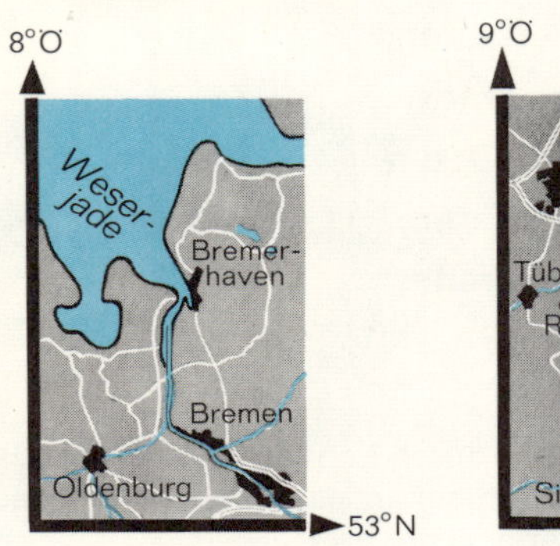

5 **Bremen** liegt im Feld des 8. östlichen Längengrades und des 53. nördlichen Breitengrades. (8° Ö / 53° N)

6 **Stuttgart:** 9° Ö / 48° N

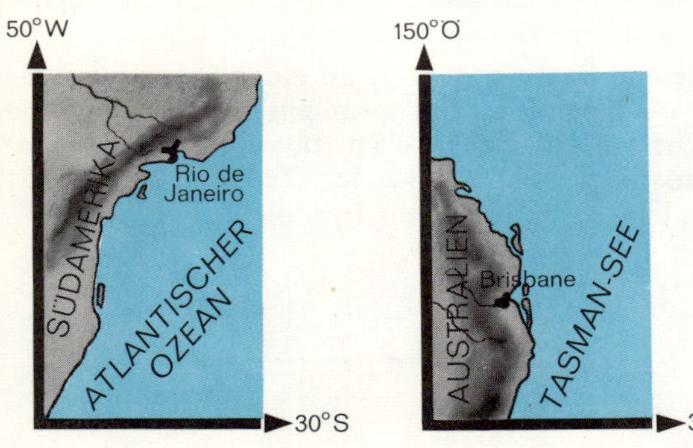

7 **Rio de Janeiro** (Südamerika): 50° W/30° S — (50° westliche Länge / 30° südliche Breite)

8 **Brisbane** (Australien): 150° Ö / 30° S

Bei den meisten Orten und Plätzen in diesem Buch findest du die Angabe über das Feld durch den entsprechenden Längen- und Breitengrad. Diese Angaben helfen dir bei der Arbeit mit dem Atlas.

1. Kontrolliere mit Hilfe des Atlasses die Längen- und Breitengrade der Kartenausschnitte 5—8!
2. Bestimme mit Hilfe der Längen- und Breitengrade die Lage der Städte auf der Weltkarte Seite 127! Benutze den Atlas!

Eins zu einhunderttausend

Das sind Zahlen über den **Maßstab.**

Wer reisen will, benutzt häufig eine Landkarte.

Aber auf der Karte sehen die Entfernungen sehr klein aus. Dort kann die Strecke zwischen München und Berlin nur 12 cm betragen. Doch jeder weiß, daß diese Entfernung in Wirklichkeit nicht stimmt.

Schaut man von einer hohen Brücke oder von einem Turm auf die Erde, dann erscheint alles, was auf dem Erdboden steht und sich dort bewegt, kleiner.

Die Halbinsel Sinai (30° Ö / 30° N) sieht für den Astronauten im Weltraum sehr klein aus. Die Entfernung von Norden nach Süden beträgt aber ca. 400 km. Eine Landkarte dieser Größe gibt es nicht. Deshalb wird die Landschaft verkleinert dargestellt.

Auf jeder Landkarte steht der Maßstab, der angibt, wie sie verkleinert wurde. Unter einem Kartenausschnitt der Sinai-Halbinsel z. B. 1:5 000 000. Die Entfernungen dieser Karte sind 5 000 000mal kleiner als in Wirklichkeit. 1:5 000 000 heißt: 1 cm auf der Karte sind 5 000 000 cm in Wirklichkeit. Das sind 50 km.

Teilt man die Maßstabzahl durch 100 000 (5 Stellen abstreichen), dann erhält man die Kilometerzahl der Wirklichkeit für einen Zentimeter der Kartenstrecke. 1:2 500 000 — das heißt: Einem Zentimeter der Karte entsprechen 25 Kilometer in Wirklichkeit.

9 Sinai-Halbinsel aus dem Weltraum

10 Kartenausschnitt der Sinai-Halbinsel

1. Prüfe die Nord-Süd-Ausdehnung der Halbinsel Sinai! Benutze hierzu verschiedene Karten im Atlas!
2. Die Entfernung von Suez nach Port Said beträgt ungefähr

   .... km. Benutze die Maßstabangaben im Atlas.

Jede Karte stellt eine Landschaft verkleinert dar.
Zahlen am Kartenrand geben die Verkleinerung an. Das ist der Maßstab.

Die Erde, ein Ball aus Wasser?

1. Schau verschiedene Weltkarten an! (Atlas, Buchseite 127)
   Der größte Teil der Erdoberfläche besteht aus

   .... Das sind die großen Ozeane:

   a) P.. Ozean

   b) I .... Ozean

   c) A.. Ozean

   Merke: P I A
   I
   A

Am Rande der Ozeane sind die kleineren Meere, z. B. das **Mittelmeer** (15° Ö / 35° N), in das Italien wie ein Stiefel hineinragt; das **Rote Meer** (35° Ö / 20° N); das **Schwarze Meer** (30° Ö / 40° N), beide von Land umschlossen; die **Nordsee** und die **Ostsee,** die Deutschland im Norden begrenzen.

2. Suche die Meere und Meeresteile auf verschiedenen Karten im Atlas!
   Aus diesen Wassermassen ragen 5 riesige Landmassen und viele tausend Inseln auf. (Bild 11)
   Diese 5 Landmassen bilden die 7 Kontinente.

   1. ....

   2. ....

   3. ....

   4. ....

   5. ....

   6. ....

   7. ....

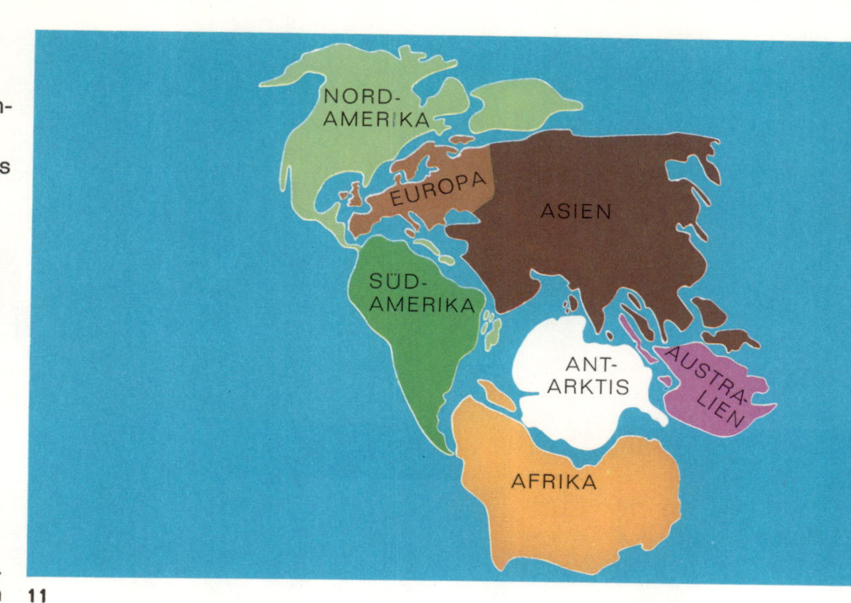

11

Würde man alle Kontinente und Inseln zusammenschieben, so daß alle Meeresteile verschwänden, und die Oberfläche des Festlandes in ein großes Rechteck verwandeln, dann sähe das Verhältnis zwischen Wasser und Land so aus. (Bild 12)

12

Die Erdoberfläche besteht aus $^{3}/_{10}$ Land und $^{7}/_{10}$ Wasser.

3. Trage die Verteilung von Land und Wasser in diesen Balken ein!

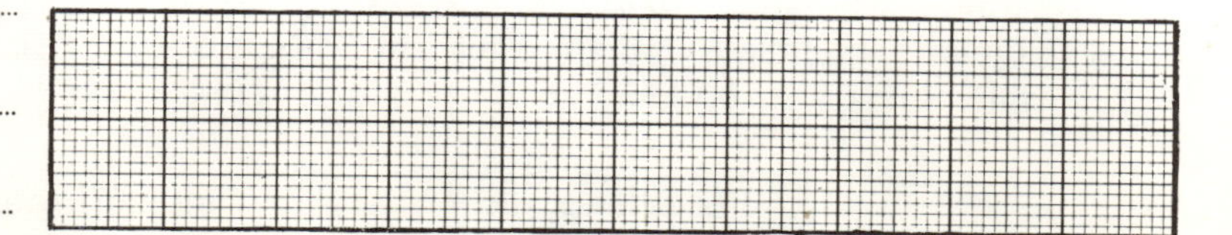

Auf einer Landkarte sieht die Erde wie eine große flache Platte aus. Das Kartenbild täuscht aber. Unsere Erde ist wie ein Medizinball geformt.

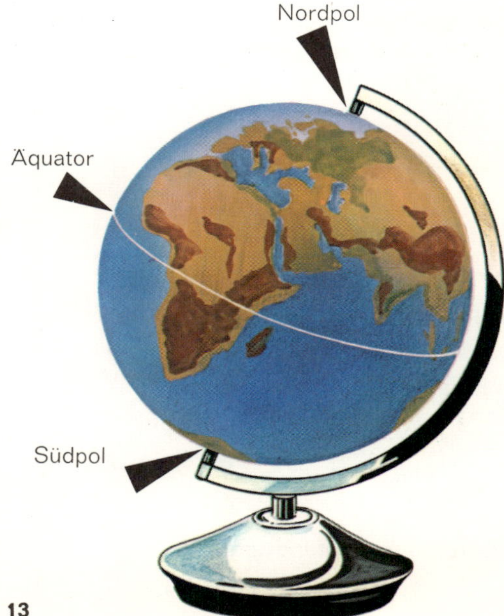

13

4. Schau den Globus an! (Bild 13) So ähnlich sieht der Erdkörper aus.

Die Erde hat zwei Pole: den ....

und den ....

An diesen Polen ist die Erde abgeplattet. Der Umfang über die Pole gemessen, ist ungefähr 67 km kleiner als der Umfang an der längsten Stelle,

dem ....

Der Erdumfang am Äquator beträgt ca. 40 000 km.

Die Erde hat die Gestalt eines abgeplatteten Balles. Wie es im Inneren der Erde aussieht, kannst du im letzten Kapitel des Buches nachlesen.

5. Fülle den Lückentext aus:

Die Erdoberfläche ist nicht nur mit .... bedeckt. Sie besteht aus ....../10 Wasser und ....../10 Festland. Die drei großen Weltmeere heißen:

1. ....

2. ....

3. ....

Das Festland ist in .... Kontinente eingeteilt.

Die Erde ist wie ein .... geformt.

An den Polen ist sie ....

Der größte Erdumfang am ....

beträgt .... km.

Kreuz und quer durch Land und Meer

15 MÜNCHEN NEW YORK HAWAI

In der Luft

Es ist Freitag, der 20. Januar. Bei Kastners in Hamburg läutet um 22.00 Uhr das Telefon. Frau Kastner nimmt ab. „Hier Kastner."
„Guten Morgen, Mutter", klingt es aus dem Hörer.
„Ach, du bist's, Andreas. Von wo rufst du an?"
„Noch aus Sydney."
„Wieso, wir erwarten dich doch morgen."
„Leider ist etwas dazwischengekommen. Ich kann nicht über Bombay nach Hause. Ich fliege heute nach Honolulu (160° W / 20° N), von dort nach San Francisco und komme über New York nach Hamburg."
„Und wann kommt Ina?"
„Sie wird heute noch bei euch eintreffen. Sie ist vor 4 Stunden von hier nach Tokio abgeflogen. Sie wollte unbedingt die Route über den Pol nehmen."
„Aber Andreas, so schnell geht das doch nicht. Es ist doch schon 10.00 Uhr abends."
„Deine Uhr mag stimmen, aber bei uns ist bereits Samstag 7.00 Uhr."
„Wie ist das Wetter bei euch?"
„Sehr kalt, es schneit."
„Du müßtest hier in Sydney sein — alles grün, 30 Grad im Schatten. Badewetter . . ."
Hier knackte es in der Leitung. Irgendwo war sie unterbrochen.

Hier scheint alles verkehrt . . .

1. Vervollständige Tabelle 14! Übertrage die fehlenden Angaben aus dem Telefongespräch!

14

	Hamburg	Sydney
Datum		
Tag		
Uhrzeit		
Wetter		
Jahreszeit		

. . . aber es stimmt!

Es schlägt nicht überall auf dieser Erde zur gleichen Zeit 12.00 Uhr.

TOKIO

KUSNEZK

Fliegst du nach Osten, z. B. von Köln nach Moskau, dann mußt du die Uhr vorstellen. Geht die Reise nach Westen, drehst du den Zeiger zurück.

Was Kinder gleichzeitig auf dieser Erde unternehmen, zeigt dir Bildleiste 15.

2. Schreibe die richtige Uhrzeit zu jedem Bild!

Die Erde ist in Zeitzonen aufgeteilt.

Im Atlas gibt es eine Karte der Zeitzonen.

3. Das ist nicht leicht. — Ergänze Tabelle 16!

16

	München (11° Ö / 48° N)	Santiago de Chile (80° W / 40° S)
Uhrzeit	17.00 Uhr	....
Datum	17. Juni	....
Tag	Mittwoch	....
Jahreszeit	....	....

Die ganze Erde ist mit einem Netz von „Luftverkehrsstraßen" umspannt. Große Entfernungen werden in wenigen Stunden zurückgelegt. Ein Düsenflugzeug hat eine Durchschnittsgeschwindigkeit von 1000 km in der Stunde.

4. Zeichne auf der Erdkarte Seite 127 die Flugstrecken der Tabellen 17 und 18 ein! Überprüfe die Flugrichtung mit Hilfe der Atlaskarte (Karte des Weltluftverkehrs)! Miß die Entfernung! Berechne die Flugzeit! (Ein Reisebüro kann dir genaue Angaben machen.)

5. Fülle die Tabelle 17 aus!

17

Fluglinie	Flugstrecke ungefähr	Flugzeit ungefähr
Berlin — Rio de Janeiro	....	....
Berlin — New York	....	....
Berlin — Kapstadt	....	....
San Francisco — Sydney	....	....
Berlin — Peking	....	....
Moskau — Sydney	....	....

6. Benutze jetzt Karten mit unterschiedlichem Maßstab und bearbeite Tabelle 18!

18

Fluglinie	Flugstrecke ungefähr	Flugzeit ungefähr
München (11° Ö / 48° N) — Hamburg (10° Ö / 53° N)	....	....
Köln (6° Ö / 50° N) — Berlin (13° Ö / 52° N)	....	....
Rom (12° Ö / 40° N) — Oslo (8° Ö / 56° N)	....	....
Madrid (4° W / 40° N) — Leningrad (28° Ö / 56° N)	....	....
Chicago (90° W / 40° N) — New Orleans (90° W / 30° N)	....	....
Paris (2° Ö / 48° N) — Wladiwostok (130° Ö / 40° N)	....	....
Caracas (70° W / 10° N) — Buenos Aires (60° W / 40° S)	....	....

Zu Wasser

Wie zu jeder Stunde des Tages viele tausend Flugzeuge von Kontinent zu Kontinent unterwegs sind, so durchpflügen ebenso viele tausend Schiffe die Meere der Erde.
Eine Schiffsreise dauert zwar länger. Dafür aber hat das Schiff einen größeren Frachtraum.
Die „United States" ist ein amerikanisches Fahrgastschiff. Es ist 302 m lang, 32 m breit und kann 1725 Passagiere mitnehmen. Die Höchstgeschwindigkeit des Schiffes beträgt 34,5 Knoten (= 63,9 km in der Stunde.)
(Tanker „Esso Deutschland": Länge 261 m, Breite 38,2 m, Geschwindigkeit 17 Knoten = 31,5 km in der Stunde.)

7. Größenvergleich. Stelle eines der beiden Schiffe in Gedanken in eine Straße. Miß hierzu die angegebenen Strecken aus. Steige dann in das 7. Stockwerk eines Hochhauses. (Auf dieser Höhe wird der Kapitän stehen.)
8. Du fährst mit der „United States". — Durchschnittsgeschwindigkeit 50 km in der Stunde. (1000 km in 20 Stunden.)

   Berechne für die Fahrtstrecken in Tabelle 19 die Länge und die Fahrzeit!
   Trage die Reisewege in die Weltkarte ein!

19

Schiffslinie	Fahrtstrecke ungefähr	Fahrzeit ungefähr
Hamburg — New York	....	....
Hamburg — Kapstadt	....	....
Kapstadt — Sydney	....	....
Sydney — San Francisco	....	....

Auf dem Land

Auch mit der Eisenbahn lassen sich größere Strecken bequem überbrücken.

9. Schlage im Atlas die Karte Weltverkehr — Eisenbahn auf!

   Die Karte verrät dir: In .... und in

   .... ist das Eisenbahnnetz am dichtesten.

Das gilt auch für das Straßennetz.
Nur Japan, die Inselgruppe im Osten Asiens, ist auf diesem Gebiet mit Europa gleichzusetzen.

Die Verkehrsdichte hängt nicht nur von der Anzahl der Menschen ab, die in einem Gebiet wohnen, sondern vor allem von der vorhandenen Industrie.

Viele **Fabriken** = ... **Verkehr.**

Der Mensch ist immer unterwegs

Du wohnst auf einem Himmelskörper. Er dreht sich um sich selbst. — Du drehst dich mit. — Die Geschwindigkeit beträgt **bei uns** ca. 1000 km in einer Stunde.
An der Mündung des **Amazonas** 50° W / 0° (des längsten Stromes Südamerikas) und am **Viktoria-See** 30° Ö / 0° (dem größten See Afrikas) beträgt die Geschwindigkeit 1666 km in einer Stunde. — Das ist schneller als der Schall.
Aber diese Umdrehung ist noch langsam. Die Erde dreht sich auch um die Sonne. Das geschieht mit einer Geschwindigkeit von 108 000 km in der Stunde.

Geschwindigkeit der Erde am Äquator:
a) Umdrehung um sich selbst: 465 m in der Sekunde (= Erdrotation)
b) Erdumlauf um die Sonne: 30 000 m in der Sekunde.

1. Dir ist sofort etwas aufgefallen. Bei uns ist die Geschwindigkeit der Erdrotation ....

   als an der Mündung des .... und

   des .... in ....

Tag und Nacht entstehen, weil die Erde sich um sich selbst dreht und dabei immer ein Teil der Erde von der Sonne beschienen wird. Auf der Schattenseite der Erde ist Nacht. Die Jahreszeiten entstehen, weil die schrägstehende Erde sich um die Sonne dreht. Wenn in Deutschland **Sommer** ist, dann ist der **Nordpol** stärker der Sonne zugewandt. Ist in Deutschland **Winter,** dann ist der Südpol der Sonne stärker zugewandt.

(Lies Telefongespräch Seite 8!)

2. Schlage jetzt die letzten Seiten im Atlas auf (Erde im Weltraum)!

Mit der Erde kreisen noch 8 weitere Himmelskörper um die Sonne. Sie heißen (siehe Atlas!):

1. .... 6. ....

2. .... 7. ....

3. Erde 8. ....

4. .... 9. ....

5. ....

Zu einigen von ihnen hat man bereits Raumschiffe geschickt. Sie waren monatelang unterwegs, denn die Entfernungen zu diesen Himmelskörpern sind unvorstellbar groß.

Entfernungen:

Erde — Mond
zwischen 364 000 km und 405 000 km

Erde — Sonne
ca. 150 000 000 km

Erde — Venus
zwischen 42 000 000 km und 258 000 000 km

Erde — Mars
zwischen 56 000 000 km und 396 000 000 km

Die Umlaufbahnen sind nicht kreisrund, sondern eiförmig, daher die unterschiedlichen Entfernungen.

Am Tage, bei wolkenlosem Himmel, sieht man die Sonne der Erde. Aber des Nachts kann man viele tausend Sonnen sehen. Es sind die scheinbar feststehenden Sterne am Himmel. Sie heißen Fixsterne. Davon gibt es über 2 Millionen. Sie werden wieder von ihnen zugeordneten Himmelskörpern umkreist.

Fixsterne sind also Sonnen. Himmelskörper, die Sonnen umkreisen, nennt man Planeten.

3. Die Erde ist ein ....

Eine Reihe von Planeten hat Begleiter, die sie umkreisen. Solche Begleiter sind die **Monde.** Der Planet Jupiter unserer Sonne hat 12 Monde.

Der P........................ Erde hat nur .... Mond.

Eine Sonne mit ihren Planeten heißt **Sonnensystem.**

Unser Sonnensystem hat .... Planeten. Aber

nur auf einem können Menschen leben. Das ist die

....

Forscher vermuten, daß auch Planeten anderer Sonnensysteme lebende Wesen beherbergen. Doch bis jetzt wissen wir darüber nichts Genaues.

Ein Menschenalter reicht nicht aus, um mit der schnellsten Rakete zu diesen entfernten Planeten zu gelangen.

Du und ich, wir alle sind ein winziger Baustein in dem Riesengebäude der ganzen Welt.

Diese Welt bewegt sich. Planeten rasen um ihre Sonnen. Alles läuft nach feststehenden Gesetzen ab. Der Mensch nennt diese Weltordnung **Kosmos.**

1. Die Zeichen einer physikalischen Landkarte lesen können.
2. Sich auf einer Landkarte mit Hilfe von Längen- und Breitengraden orientieren können.
3. Die Kugelgestalt der Erde kennen, die Erdteile und Ozeane benennen und auf jeder Karte im Atlas wiedererkennen.
4. Mit Hilfe des Maßstabes Entfernungen bestimmen.
5. Die Größe der BRD in Zahlen jederzeit wiedergeben können.
6. Die Erde als einen Planeten unseres Sonnensystems beschreiben.
7. Unterschiedliche Ortszeiten der Erde mit der eigenen Ortszeit vergleichen können.

20

1 Von Riesen und Riesenkräften

21

Natur und Mensch verändern die Landschaft

Gestern

Der Rhein, so berichtet die Sage, konnte in grauer Vorzeit seine Wassermassen nicht ins Meer ergießen. Die Menschen damals hätten keinen Rat gewußt, der drohenden Gefahr einer furchtbaren Überschwemmung zu entgehen.
Da wären ihnen Riesen zu Hilfe gekommen. Mit mächtigen Spaten gruben sie einen Abfluß. Die ausgehobenen Erd- und Steinmassen häuften sie zu sieben Hügeln.
So soll nach den Worten der Sage das Siebengebirge (7° Ö / 50° N) bei Bonn am Rhein entstanden sein, ein schöner und viel besuchter Platz in der Bundesrepublik.
Als man diese Geschichte erzählte, ahnte man nur wenig von den wirklichen Kräften, die das Antlitz unserer Erde gestaltet hatten und noch gestalten. Man glaubte, Riesen oder Götter wären am Werk gewesen.
Wir aber wissen heute, daß im Inneren der Erde ein ungeheurer Druck herrscht, der die höchsten Berge entstehen ließ. Die Erde bebte und zitterte. Gräben bildeten sich, weil die Erdkruste einbrach. Mächtige Gesteinsschichten wurden gewölbt und zerbrachen. All dies geschah vor Millionen Jahren.
Das Aussehen der Oberfläche unserer Erde hat sich im Laufe der Zeiten wiederholt verändert. So scheinen zum Beispiel Südamerika und Afrika genau zusammenzupassen. Wissenschaftler vermuten, daß früher einmal beide Erdteile zu einem Festland gehörten.
Neben Kräften im Erdinneren wirken auch welche von außen, zum Beispiel Sonne, Wind und Regen.
Hitze dehnt das Gestein aus. Kälte zieht es zusammen. Flugsand, vom Wind getrieben, wirkt wie Schmirgelpapier. Regen sickert in Gesteinsfugen, spült kleine Brocken ab. Kommt dann Frost, dehnt sich die zu Eis gefrierende Feuchtigkeit aus und erweitert die Spalten, sprengt Felsstücke ab. Mit ohrenbetäubendem Knall donnert ein Felsblock zu Tal.
Bäche und Flüsse verfrachten den Schutt und lagern Geröll und Feinmaterial dort als Schwemmland ab, wo sich das Gefälle vermindert, die Strömung sich beruhigt.
Auch das Meer nagte an den Küsten. Auf seinem Grund lagerte es Meter um Meter das „gefressene Land“ wieder ab.
Doch nicht allein die Erde, sondern auch viele Millionen abgestorbener Meerestiere wurden dort „begraben“. Der starke Wasserdruck preßte alles zu neuen Gesteinsschichten zusammen. Sie wurden oft von den Kräften im Erdinneren später wieder über den Meeresspiegel hochgedrückt.
Das sind die „Riesen“, die vor Millionen Jahren das Antlitz der Erde geprägt haben. Es waren riesige Kräfte, **die auch heute noch am Werk sind**.
Viel später erst kam der Mensch. Mit einfachen Hilfsmitteln wie Steinen und Knochen versuchte er sich einzurichten. Im Laufe von Jahrtausenden wuchs die Zahl der Menschen. Ihre Werkzeuge verfeinerten sich. Die ersten Maschinen wurden erfunden. Der Jäger und Sammler wurde seßhaft, er wurde Bauer.
Damit fing er an, den Platz, den er gewählt hatte, wohnbar zu machen. Er bearbeitete den Boden, Wälder wurden gerodet, Äcker angelegt, Wege gebaut, Dämme gegen die vernichtende Kraft des Wassers errichtet.
Gemessen an einem Menschenleben, ging das alles zwar ganz langsam voran. Vergleichen wir aber diese Entwicklung mit der Entstehung der Erdkruste, dann verlief dieser Fortschritt rasend schnell.

Heute

Zu allen Zeiten mühte sich der Mensch auf dieser Erde, seinen Wohnsitz einzurichten. Um leben zu können, benötigte er zunächst **Nahrung, Kleidung** und eine **Wohnung.** Ob am Meer oder im Gebirge, in kalten oder warmen Ländern, im Wald oder auf Weiden, überall mußte er die lebensnotwendigen Güter seiner Umwelt abringen.
Von Jahrhundert zu Jahrhundert haben sich die Menschen vermehrt. Gleichzeitig damit beschleunigte sich der technische Fortschritt. Maschinen, die deinen Großeltern noch gute Dienste geleistet haben, sind heute wertlos. Doch eines ist geblieben: die Größe des Wohnraumes der Erde. Die heutige Bevölkerung der Erde muß mit dem gleichen Platz auskommen wie die Menschen vor 2000 Jahren. Das „Raumschiff“ Erde hat sich nicht vergrößert. Aber seine Besatzung ist gewachsen und wächst täglich weiter.
Deshalb brauchen wir noch mehr Helfer, damit die Erde unsere Heimat bleibt. Ohne diese Helfer wäre das Leben hier unvorstellbar. Für 3,6 Milliarden Menschen sind Wohnungen nötig. Deshalb wachsen die Städte immer mehr. Bagger und Kräne helfen beim Bau.
Wenn aber alles Ackerland einmal Siedlungsland wird, wo soll dann geerntet werden?
Können die Meere helfen? — Gibt es hier ungenutzte Nahrungsquellen? — Wird man in Zukunft im „Garten des Meeres“ ernten?

Die Menschen müssen lernen, in Urwäldern, Steppen, Wüsten und Mooren Felder anzulegen.

Alle sollen satt werden. — Aus vielen kleinen Feldern werden große gemacht. — Landwirtschaftliche Großmaschinen kommen zum Einsatz. — Reicht das aber aus, um die „Besatzung“ im „Raumschiff“ zu ernähren? Genügen Nahrungsmittel, um das Leben zu erhalten?

Immer tiefer wird der Mensch in die Erdkruste bohren und graben müssen.

Damit aber die lebensnotwendigen Güter rasch an alle Orte gelangen können, werden neue Transportwege nötig. Noch mehr Straßen, Schienen und Kanäle werden das Land durchziehen, werden sich durch Berge fressen und Täler überqueren. Die Fabriken nehmen immer mehr Platz ein. Die Wohnhäuser wachsen in die Höhe. Schiffe und Flugzeuge werden größer. **Der Bedarf der Menschen wächst von Jahr zu Jahr.**
Woher die Kräfte, die Energie nehmen, um den Bedarf zu befriedigen?
Diese Energie kann der elektrische Strom liefern. — Elektrizität gewinnt man durch die Kraft des Wassers, der Kohle oder durch Atomenergie. — Ohne Gefahr? Immer mehr läßt sich unsere Umwelt verändern. Beide, Mensch und Natur, können die Landschaft verschönern, aber können sie auch entstellen: bei uns in Europa, in Afrika, in Asien, Amerika und Australien. Und das alles auf Kosten von Wäldern, Wiesen und Feldern.

Auf die Naturkräfte haben wir wenig Einfluß. Doch unsere modernen „Riesen“ sollten wir so einsetzen, daß auch unser Erdball schöner und gefahrloser wird.

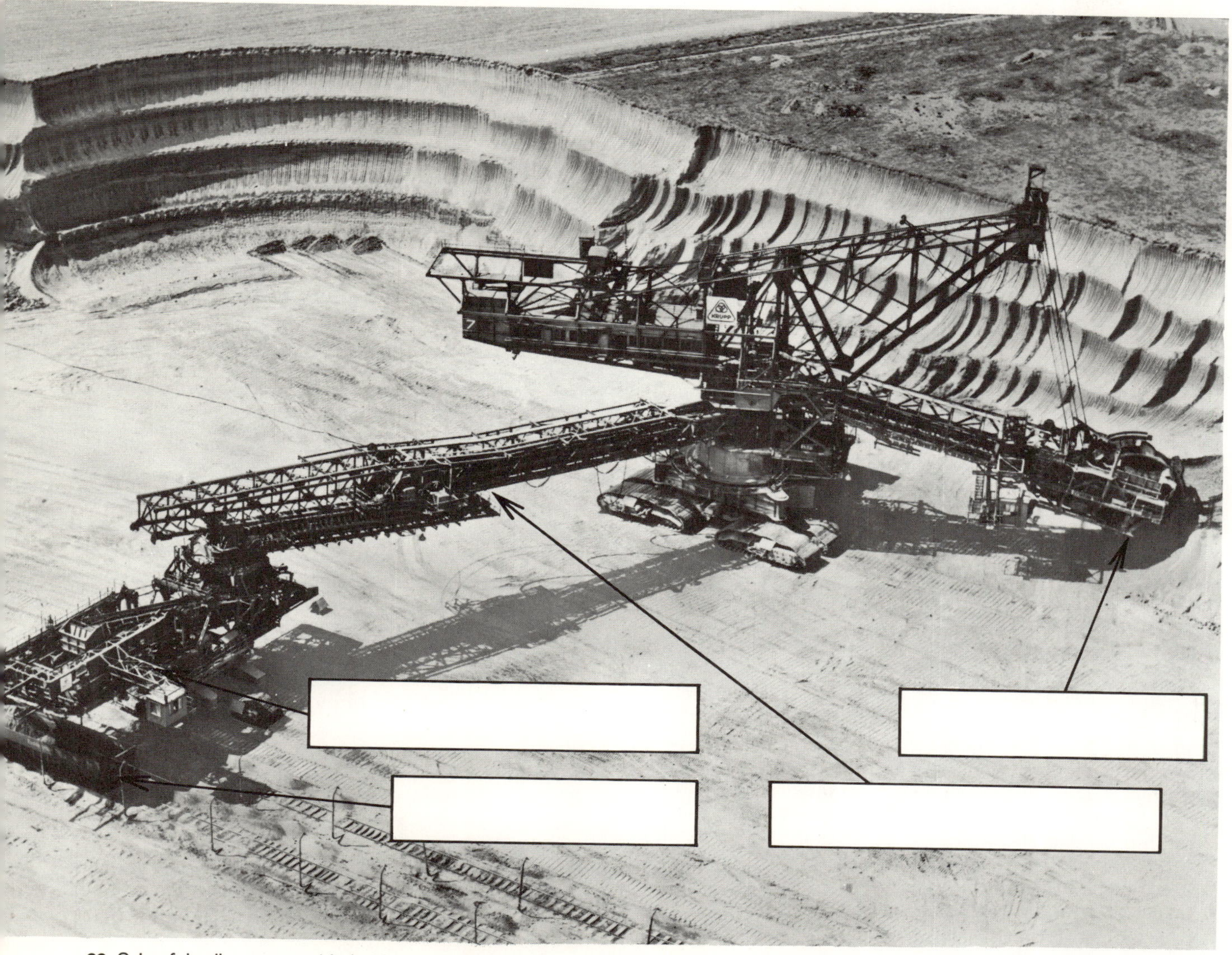

22 Schaufelradbagger mit Verbindungsbrücke und Raupenbeladewagen im Rheinischen Braunkohlengebiet bei Köln

1. Vier Pfeile zeigen auf die verschiedenen Teile dieser „fahrbaren Fabrik“. (Bild 22)
   a) Bezeichne die einzelnen Teile! (Folie)
   b) Zeichne den Weg der Erde vom Schaufelrad bis zum Güterwagen!

Vor 4500 Jahren wurde in Ägypten bei Kairo (30° Ö / 30° N) die Cheopspyramide gebaut. Diese Pyramide war 146 m hoch, 230 m breit und 230 m lang. (Paßt sie in euren Schulhof?)
300 000 Arbeiter mußten über 20 Jahre arbeiten, um sie fertigzustellen.
Der Schaufelradbagger könnte in 26 Tagen diese Pyramide abtragen und auf Güterwagen verladen.

2. Das Schaufelrad zeigt dir Bild 20. Dieses Rad wiegt 50 Tonnen. Jede einzelne Schaufel faßt ungefähr 3,5 m³. Das Rad macht in der Minute 2 Umdrehungen. Der Arbeiter am unteren Bildrand benötigt 1½ Stunden, um eine Schaufel des Rades zu füllen.

   Wie lange muß er schaufeln, um die gleiche Arbeit zu vollbringen, wie dieses Schaufelrad in der Minute?

   Der Arbeiter benötigt hierfür ....

Dieses Schaufelrad schafft soviel wie ungefähr 1800 Arbeiter. Die Kraft liefert die Elektrizität.
Auch dein Fahrraddynamo erzeugt Strom. Stell dir vor, der Dynamo würde auf dem Boden neben dem Ständer des Wasserkraftgenerators liegen. (Bild 21)
Dein Dynamo und dieser Generator erzeugen Elektrizität auf ähnliche Weise. Doch der abgebildete Generator kann, wenn er fertig ist, eine Stadt mit 80 000 Einwohnern Tag und Nacht mit elektrischem Strom versorgen.

3. Groß sind die Schäden, die durch Menschen in der Natur entstanden sind. Du kennst hierfür Beispiele. Schreibe sie in dein Heft! — Sprecht darüber im Unterricht!

23 Heute!
24 Morgen?

Moore wurden trockengelegt

Große Teile des Norddeutschen Tieflandes sind Sumpf- und Moorgebiete. (Prüfe im Atlas!) Nur wenige Menschen können hier leben. Doch dieses Land soll landwirtschaftlich genutzt werden.

Bild 23 zeigt ein Moorgebiet in der Nähe von Bremen (9° Ö / 53° N).

Bild 24 zeigt Acker- und Weideland im Bourtanger Moor an der Ems (7° Ö / 53° N).

Von 1950 bis 1965 wurden im Emsland mehr als 75 000 ha Ödland in Bauernland verwandelt. Das ist eine Fläche von 30 km Länge und 25 km Breite. (Versuche, diese Fläche auf deiner Heimatkarte abzustecken!)

In diesem Gebiet wurden 650 km Straßen und 2500 km feste Wirtschaftswege gebaut.

Wie hat man das geschafft?

Zunächst mußte das Moorgebiet entwässert werden. Größere und kleinere Kanäle, Tausende von Gräben baggerte oder schaufelte man aus, damit das Wasser abfließen konnte. Danach wurden Straßen gebaut. Hierzu mußte das Torfmoor ausgehoben werden. Den so entstandenen Graben füllte man mit Sand aus. Hierauf baute man die Straßen.
Mit mächtigen Motorpflügen wurde der Boden bis zu 1,80 m Tiefe umgepflügt. Oft mußte man noch tiefer, um an die Sandschicht zu gelangen. Der Torf wurde mit Sand und Kunstdünger gemischt. Danach konnte der Boden planiert werden.
Mulden, in denen früher Wasser stand, wurden zugeschüttet. Die kleinen Seen verschwanden. Aus dem Sumpfgebiet entstand Acker- und Weideland.
Jetzt wurde das Neuland aufgeteilt. Zum Schutz der Felder pflanzte man Hecken. (Siehe Bild 24!)
Wohnhäuser, Scheunen und Ställe wurden gebaut. Die Neusiedler konnten kommen.

600 Familien fanden in 15 Jahren eine neue Heimat. Doch ohne Hilfe der „Riesen von heute“ wäre das in so kurzer Zeit nicht möglich gewesen.

1. Was ist mit „Riesen von heute“ gemeint?

   Die „Riesen von heute“ sind die ....

   ...., die den ....

   helfen, die Landschaft zu ....

   und Muskelkraft zu ....
2. Hier sind die Namen von fünf Maschinen, die es nicht gibt: Schaufelmähllader, Wasserpflugbagger, Motorkraftraupe, Tiefradgenerator, Planierdrescher.
   In diesen Namen haben sich sechs „Riesen“ verborgen. Sie heißen:

   a) ....

   b) ....

   c) ....

   d) ....

   e) ....

   f) ....
3. Suche in diesem Erdkundebuch nach Bildern über die heutigen „Riesen“!
4. Schreibe auf, wie man das Moorgebiet des Bildes 23 in Bauernland verwandeln könnte! (Heft)
5. Mit Hilfe des Atlasses kannst du eine Liste von Moorgebieten zusammenstellen. Reich an Mooren sind Finnland, Schweden, das europäische Rußland, Sibirien, Kanada und Südamerika. In Deutschland gibt es noch weitere Moorgebiete im Alpenvorland. (Prüfe diese Angaben nach!)

1. Naturkräfte nennen und ihre Wirkungsweise beschreiben, die in der Lage sind, das Aussehen der Erde zu verändern.
2. Beschreiben, auf welche Weise der Mensch die Erde verändert hat.
3. Gründe angeben, warum der Mensch in die Natur eingreift.
4. Gefahren anführen, die durch den Eingriff des Menschen in die Natur entstehen können.
5. Große Moore und Sumpfgebiete der Erde kennen.
6. Maßnahmen der Moorkultivierung beschreiben.

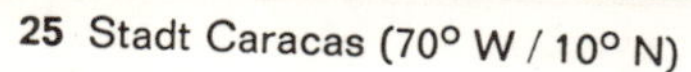

25 Stadt Caracas (70° W / 10° N)

26 Dorf in Niedersachsen

2 Steine wachsen in den Himmel

Noch leben mehr Kinder, Männer und Frauen in kleinen Städten und auf dem Lande als in Großstädten mit mehr als 100 000 Einwohnern.

1. Vergleiche Bild 25 mit Bild 26!

2. Jeder Wohnplatz hat Vor- und Nachteile. Auch für die Menschen, die in den Häusern der Bilder 25 und 26 wohnen. Stelle die Vor- und Nachteile in der Tabelle 27 zusammen! — Erfrage hierzu auch die Meinung der Erwachsenen! — Lies die Reportage Seite 17!

27

Stadt		Land	
Vorteile	Nachteile	Vorteile	Nachteile

28 Berlin, Märkisches Viertel (Wohnviertel) — Bau von Wohn-Silos

3. Betrachte Bild 28!
4. Wähle für deine Familie eine Wohnung aus (in Haus 1 oder 2)! Überlege gut!
5. Auch für die Bewohner der Häuser 1 und 2 gibt es Vor- und Nachteile. Stelle sie in der Tabelle 29 zusammen!
6. Erkläre den Begriff Wohn-Silo!

29

Hochhaus	
Vorteile	Nachteile
Einfamilienhaus	
Vorteile	Nachteile

Millionen lockt die Großstadt

Im Jahre 1965 lebte ca. $^1/_3$ aller Bewohner der Bundesrepublik in Großstädten. Das war nicht nicht immer so! — Siehe Tabelle 30!

1. Übertrage die Zahlen von 1970 in das Balkendiagramm Nr. 31 (1 Einwohner gleich 1 Millimeter)
2. Achte in Tabelle 30 auf die Verringerung in Zeile 2 und 4! — Versuche einen Grund hierfür zu finden!

30

Von 100 Bürgern der BRD lebten	1950	1965	1970
in Orten unter 20 000 Einwohnern	58	51	50
in Mittelstädten (20 000 bis 100 000 Einwohner)	14	16	18
in Großstädten (über 100 000 Einwohner)	28	33	32

31

1950	58 Klein	14 Mittel	28 Groß
1970			

Von 1875 bis 1972 wuchs die Zahl der Großstädte auf dem Gebiet Deutschlands (1937) von 11 auf 72. Das zeigen die Bilder 32—34.

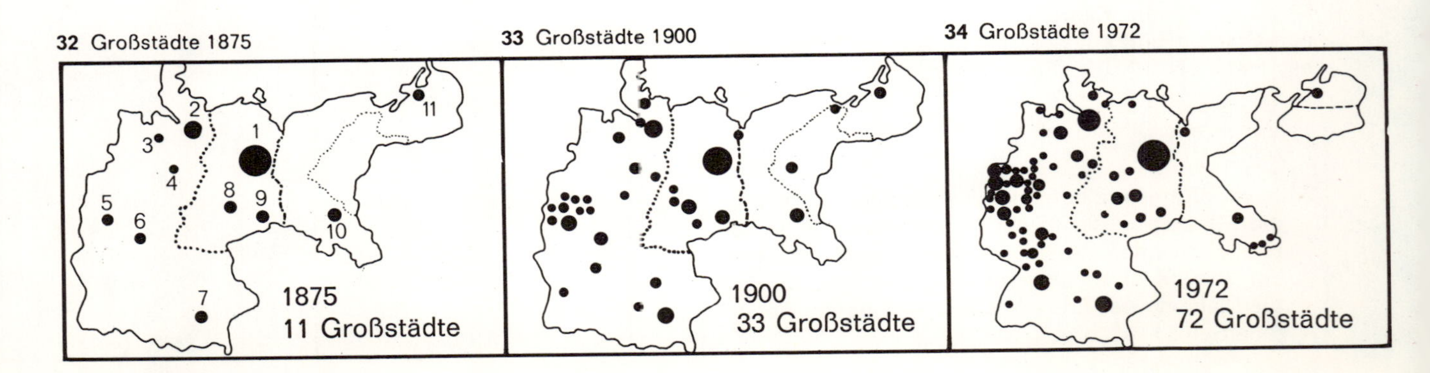

32 Großstädte 1875

33 Großstädte 1900

34 Großstädte 1972

3. 1875 gab es folgende Großstädte in Deutschland:

1. ....

2. ....

3. ....

4. ....

5. ....

6. ....

7. ....

8. ....

9. ....

10. ....

11. ....

Die Verstädterung

a) Durch den starken Zustrom vom Land in die Stadt vergrößern sich die Städte sehr schnell. (Landflucht!)

b) Zahlreiche Dörfer und Kleinstädte in der Nähe größerer Städte wurden in der Vergangenheit eingemeindet. Dies geschieht heute immer häufiger.

Oft behalten diese Orte ihre Namen. Doch sie bekommen einen Zusatz. Der Ort Zehlendorf, früher bei Berlin, heißt nach der Eingemeindung Berlin-Zehlendorf.

Die Verstädterung vollzieht sich nicht nur in Deutschland, sondern auch im übrigen Europa, in Nordamerika und in Asien. Diesen Vorgang beobachten wir besonders in den Ländern, die Industrienationen werden.

Die Städte der Erde wachsen von Jahr zu Jahr.

In der Großstadt

Aus einer Reportage:

Reporter: Ihr möchtet also lieber in einer Großstadt wohnen?

Andreas: Auf jeden Fall!

Petra: Hier ist mehr los!

Reporter: Was meinst du damit?

Andreas: Es gibt mehr Abwechslung — Sportplätze, Kinos, Theater.

Petra: Nicht nur das — denken Sie nur an die zahlreichen Geschäfte, an die Museen, an Oper und Konzert.

Andreas: Wer lernen will, hat hier viel mehr Möglichkeiten.

Reporter: Du meinst die verschiedenen Schularten, denkst an Vorträge und Lehrgänge der Volkshochschule? Aber das Leben in der Stadt ist doch teurer?

Petra: Das trifft nicht für alles zu — nur das große Angebot verleitet zum Geldausgeben.

Andreas: Manche Artikel sind sogar billiger — die Kaufleute haben mehr Konkurrenz — es gibt in der Großstadt eine viel größere Auswahl an Berufen.

Reporter: Aber die vielen Menschen, der Verkehr, der Lärm, die schmutzige Luft sind doch nicht angenehm? —

1. An dieser Stelle solltet ihr über die Reportage diskutieren!

Von Babel bis Berlin

Schon seit 7000 Jahren gibt es Städte auf dieser Erde. Sie lagen im Gebiet zwischen Mittelmeer und Persischem Golf (30—50° Ö / 30° N). Es waren damals zunächst von Erdwällen und Mauern umgebene Wohnplätze seßhafter Menschen. Im Gegensatz zu den meisten Erdgenossen wanderten ihre Bewohner nicht mehr als Hirten von Weideplatz zu Weideplatz.

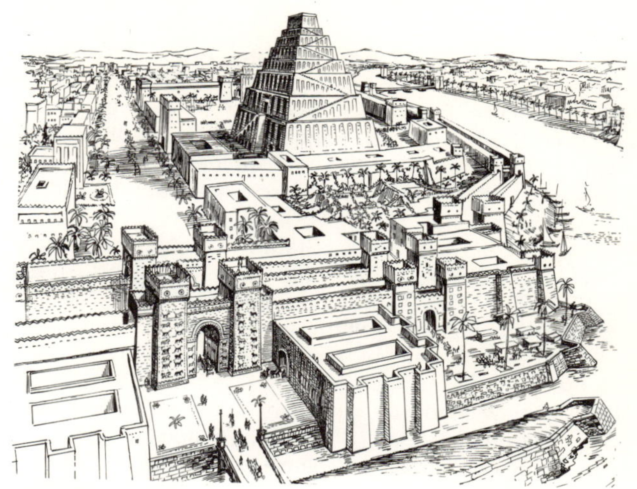

35 Babylon

36 New York, St. Patrick's Kathedrale

Fanden sie reichlich **Nahrung und Arbeit** an einem Ort, so bauten sie feste Häuser und schützten sie vor ihren Feinden. Wieviel Menschen in einer solchen Stadt wohnten, können wir nur schätzen. Es waren zunächst vielleicht nur einige hundert. Von diesen Städten wissen wir durch Ausgrabungen der Altertumsforscher.
Eine der berühmtesten Städte im Altertum war Babylon (40° O / 30° N) im Zweistromland des Euphrat und Tigris. Babylon soll vor 2600 Jahren 300 000 Einwohner gehabt haben. Die ummauerte Fläche — 300 km² — war fast so groß wie das Gebiet von München.
Wie in New York, so wuchsen auch in Babylon die Steine in den Himmel. (Siehe Bild 35 und Bild 36!)
Die Stadt Rom stand auf einer Fläche von 13,7 km². Sie soll 270 Jahre nach Kaiser Augustus 1 100 000 Einwohner gehabt haben. Das sind ca. 80 000 Menschen auf einen Quadratkilometer. Die Kampf- und Wettspiele in den großen Stadien, die verbilligte und manchmal sogar kostenlose Verpflegung lockten die Menschen nach Rom.
Viele Städte des Altertums sind durch Kriege und Naturkatastrophen zerstört worden. Manche moderne Stadt steht auf den Trümmern einer alten Siedlung. Die ersten Städte nördlich der Alpen wurden vor ca. 2000 Jahren von den Römern gegründet. Es waren befestigte Soldatenlager. Oft wurden sie in der Nähe alter Siedlungsplätze angelegt. Handwerker und Kaufleute ließen sich in ihrem Schutz nieder. Hier fanden sie **Arbeit, Nahrung und Geselligkeit.** Römerstädte sind unter anderen Köln, Mainz, Trier, Lyon und London. Um 400 n. Chr. war Lyon mit 100 000 Einwohnern viel größer als Paris.
Neue Städte entstanden dann erst wieder im Mittelalter. Sie wuchsen im Schutz von Burgen und Klöstern oder entstanden an wichtigen Handelswegen.
Mit der Verbesserung der **Dampfmaschine** vor ca. 180 Jahren vergrößerte sich die Zahl der Städte und ihrer Einwohner. Auch die Gesamtbevölkerung nahm zu. (Siehe Kapitel „Nicht alle werden satt", Bild 257) Die Maschine ermöglichte den Bau von Fabriken. Es gab Arbeitsplätze für viele. Die Menschen wollten in der Nähe der Arbeitsplätze wohnen. Man setzte Haus neben Haus. Die Grundstückspreise stiegen. Deshalb baute man in die Höhe.
Im Jahre 1931 wurde das damals höchste Haus der Welt gebaut. Es steht in New York. Es hat 102 Stockwerke und ist 380 m hoch. Auf diesem Haus steht noch ein 68,7 m hoher Fernsehturm. Es ist ein Bürohaus, in dem 50 000 Menschen arbeiten, und heißt: Empire State Building.

1. Lege Millimeterpapier unter die Folie! Übertrage die Zahlen von Tabelle 37 in eine Lauflinie (1 Jahr = 1 Millimeter, 100 000 Einwohner = 1 Millimeter)

37

Bevölkerungszuwachs	um 1850	um 1910	um 1970
Berlin	320 000	2 000 000	3 200 000
München	95 000	590 000	1 300 000
Hamburg	160 000	710 000	1 800 000
Moskau	360 000	1 100 000	7 000 000
London	2 200 000	4 500 000	7 900 000
New York	75 000	3 000 000	11 500 000
Chicago	30 000	1 700 000	7 300 000

Die Hauptstadt Deutschlands

Keine Stadt auf deutschem Boden hatte 1970 mehr Einwohner, mehr Industrie und eine größere Fläche als Berlin. Wie diese Stadt seit 1820 gewachsen ist, wie groß das Stadtgebiet heute ist, zeigen die Bilder 38 bis 40.
Zum Größenvergleich noch einige Zahlen:

West-Berlin	479 km²	Ost-Berlin	403 km²
Hamburg	747 km²	Leipzig	141 km²

(Siehe auch Seite 40, mittlere Spalte.)
Die Entscheidungen der Politiker nach dem 2. Weltkrieg (1939—45) haben diese Stadt geteilt. Hierdurch wurde das Wachstum von Berlin sehr erschwert.

1. Zeichne in Abbildung 40 die Grenze ein, die Berlin in zwei Teile teilt! Diese Grenze liefe in Abbildung 39 durch Essen und Wuppertal.

38 Die Vergrößerung des Stadtgebiets von Berlin in den Jahren 1820 bis 1970

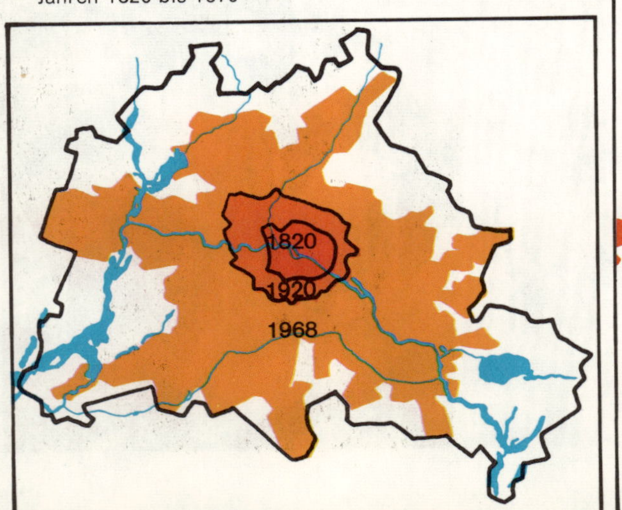

39 Stadtgebiet von Berlin übertragen auf den Raum zwischen Rhein, Wupper und Ruhr

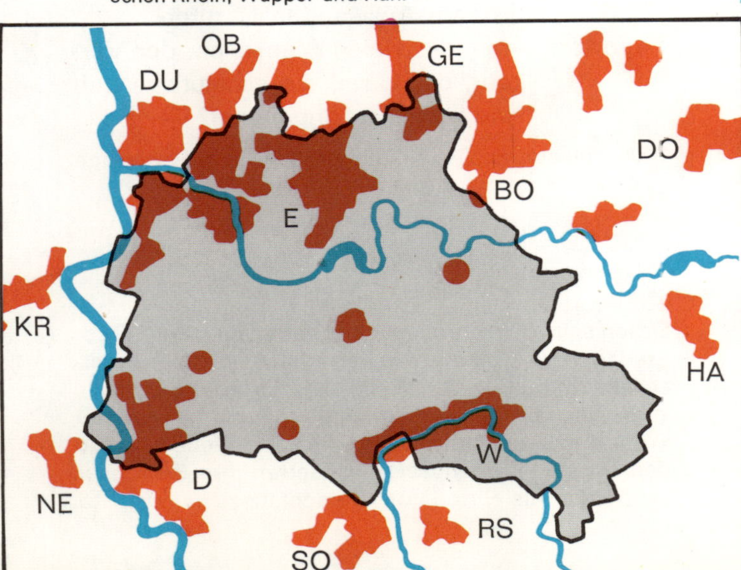

40

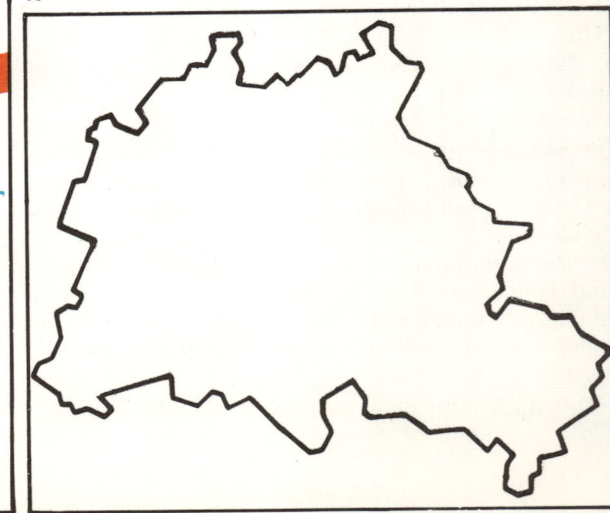

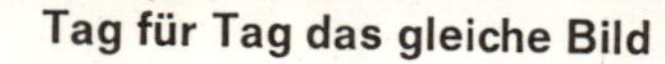

Tag für Tag das gleiche Bild

41 München

42 New York

43 Tokio

Zur Hauptverkehrszeit in einer Millionenstadt

Es ist Geschäftsschluß. Ströme von Kraftfahrzeugen wälzen sich durch die Straßenschluchten. Die Autos fahren in Sechserreihen. Sie kommen nur mühsam voran.

Die Bürgersteige können die Fußgänger kaum fassen. Alles schiebt und drängt. Man wird angerempelt und abgedrängt. Ich überhole links und rechts. Ameisengleich hastet alles durcheinander. Es ist fast unmöglich, auf die andere Straßenseite zu gelangen. Endlich bin ich an der Kreuzung. Das Rot der Ampel bremst die Schlangen der chromblitzenden Straßenkreuzer. Die Fußgänger benutzen Straßenunterführungen, um „über" die Kreuzung zu gelangen. Eine Rolltreppe trägt auch mich hinab. Taghelles Neonlicht umfängt mich.

Hier unter der Straße ist Geschäft neben Geschäft. Imbißstuben und Cafés laden zur kurzen Rast. Die Luft ist stickig. Das Stimmengewirr der Menschen wird übertönt vom Ruf der Zeitungsverkäufer. Radiomusik dringt an das Ohr. Ein unbeschreiblicher Lärm.

Weiter geht es ein Stück abwärts. Diesmal wähle ich die Stufen zwischen den rollenden Treppen. Lustig sieht es aus, wie der Menschenstrom rechts und links von mir hinauf- und hinuntergleitet.

Unten angekommen, stehe ich wieder an einer Autostraße. Fast das gleiche Bild wie oben. Auf acht Fahrspuren fahren Autos aller Typen an mir vorbei . . .

Rolltreppen bringen mich wieder an das Tageslicht. — Die Hochstraße über mir macht einen weiten Bogen. Von Stelzen getragen verschwindet sie im Gewirr der Hochhäuser.

Ich blicke hinauf und zähle die Stockwerke: 10, 15, 18, 20 . . . Ich verzähle mich. Fange von neuem an. Breche aber wieder ab. — Ich schätze, es sind 50 oder 60. — Ganz oben spiegelt sich der Sonnenschein in zahllosen Fensterscheiben. — Ob je ein Sonnenstrahl dorthin kommt, wo meine Füße jetzt gehen?

Um mich braust der Verkehr. Aus der Tiefe eines Schachtes dröhnt die Untergrundbahn. Von oben kommt das donnernde Getöse der Hochbahnen. Auf stählernen Brücken rasen sie dahin. Am Straßenrand parken die Autos dicht hintereinander.

Und immer wieder Menschen. Ich blicke in schwarze, braune, gelbe und weiße Gesichter. Völlig unbekannte Sprachfetzen dringen an mein Ohr. Ich atme Auspuffgase, Benzin und Staub. Mit Sirenengeheul bahnt sich ein Polizeiauto seinen Weg durch das Verkehrsgewühl. — Die endlosen Reihen der Schaufenster sind übervoll mit Waren. Restaurants, Cafeterias, Theater, Kinos und Bars wechseln sich ab.

Plötzlich flammen Lichter an den Hochhäusern auf. Von Minute zu Minute werden es immer mehr. Die Stadt ist in Licht getaucht. Ich sehe nicht nur weißes, sondern auch gelbes, grünes, rotes, lila und blaues Licht, nicht nur stehende, sondern auch bewegliche, fallende, wirbelnde, im Zickzack laufende, rollende, waagerechte und senkrecht tanzende Lichter. Buchstaben strahlen in die Nacht: Reklame, Reklame! — Ich blicke in die Höhe und lese die neuesten Nachrichten in riesigen Leuchtbuchstaben.

Tausende von Autos — Tausende von Menschen — ein Meer von Licht. Das ist ein Stück der Großstadt, in der Millionen leben und arbeiten.

44 Chicago (Industrieviertel)

Die Stadt und das Auto

Der ständig zunehmende Verkehr bereitet den Stadtplanern große Sorgen. Die meisten Straßen sind zu eng. Kreuzungen hemmen den Verkehrsfluß. Straßenbahnen und parkende Autos verengen die Fahrbahnen. Fußgänger verhindern eine zügige Durchfahrt.
Jeden Tag kommen viele tausend Menschen in die Großstadt, und jeden Tag verlassen sie ebenso viele. Große Geldsummen sind nötig, um die Probleme des Großstadtverkehrs zu lösen.
Hier einige Maßnahmen, um den Verkehr zu bändigen:

1. An Stelle der Straßenbahnen fahren Autobusse
2. Straßenbahnen kommen als Untergrundbahnen unter die Erde
3. Wohnhäuser werden abgerissen, um die Straßen zu verbreitern
4. Hochstraßen entstehen, um Kreuzungen zu vermeiden
5. Anlage von Stadtautobahnen und Umgehungsstraßen
6. Bau von Parkhäusern und Tiefgaragen
7. Bau von Fußgängerunterführungen an Kreuzungen
8. Einrichtung von Fußgängerzonen in Geschäftsvierteln

45 Wuppertal (Geschäftsviertel)

2. In einer Stadt gibt es viele unterschiedliche Stadtviertel. Sie haben oftmals eine ganz bestimmte Aufgabe. — Siehe Bilder: 28 - 44 - 45 - 46 - 50. Versucht in einer euch bekannten Stadt die einzelnen Viertel herauszufinden! — Kennzeichnet sie im Stadtplan!

3. Bild 44 hat diese Überschrift: ....

   .... von und nach Chicago.

   a) Lege die Folie über Bild 44! Zeichne den Verlauf aller Straßen ein! Deine Zeichnung hat .... Kreuzungen. Auf dem Bild sind .... Kreuzungen zu erkennen.
   b) Prüfe die Zahl der Fahrspuren auf der Durchgangsstraße!
   c) An einer Stelle überkreuzen sich drei Fahrbahnen. — Prüfe!

Motorisierung verändert das Aussehen einer Stadt.

1. Ergänze die Lücken im folgenden Text!

Die ersten Städte gab es vor .... Jahren. Die umherziehenden .... bauten feste .... Sie schützten sie mit .... Berühmte Städte im Altertum waren .... und .... Die Menschen wurden von .... und .... in die Städte gelockt.

Im Mittelalter entstanden Städte im Schutz von .... und .... und an .... Durch die Verbesserung der .... wuchs die Zahl der Städte sehr rasch. Die hohen ....-Preise zwangen die Menschen, immer .... zu bauen. Heute sind die Städte durch den .... verstopft. Deshalb werden sie für die .... umgebaut.

2. Löse das Silbenrätsel! Die ersten Buchstaben der gefundenen Wörter nennen in der Reihenfolge das „Groschen-Grab“ eines Autofahrers in der Großstadt.

au — bahn — bus — fah — frei — grund — haus — hoch — kreu — mer — park — rad — rer — rö — ße — stra — ter — to — un — zungs

1. Hochhaus für parkende Autos.
2. Er fährt für die Straßenbahn auf der Straße.
3. Sie bauten die ersten Städte nördlich der Alpen.
4. So möchten die Verkehrsplaner die Stadtautobahnen bauen.
5. Sie fährt unter den Häusern.
6. Straße auf Betonsäulen.
7. Er darf nicht über die Autobahn fahren.

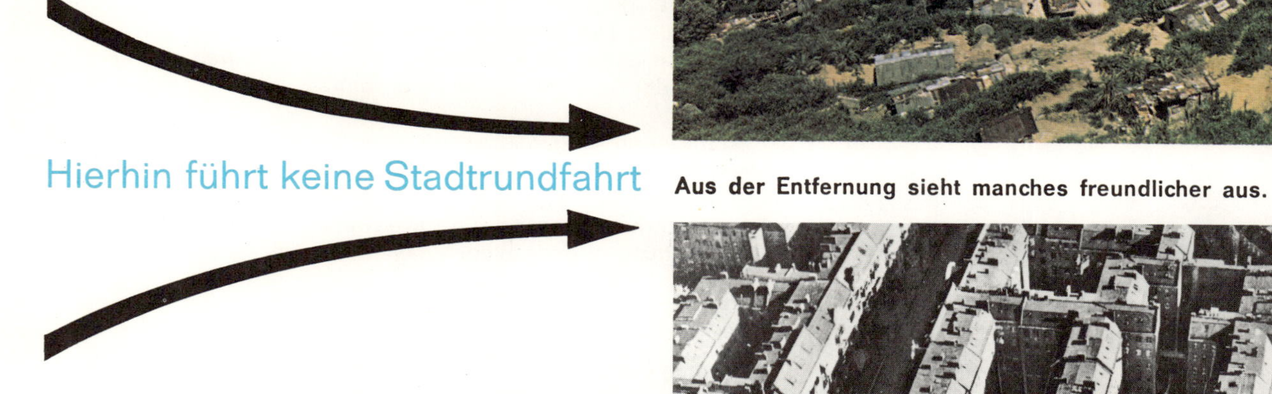

Hierhin führt keine Stadtrundfahrt

Südamerika

46

47

Aus der Entfernung sieht manches freundlicher aus. → Aber die Nähe erschreckt.

48

49

Deutschland

Für die Arbeiter, die um die Jahrhundertwende von der Berliner Industrie benötigt wurden, baute man große Wohnsiedlungen. Es entstanden die Mietskasernen mit den grauen Hinterhöfen. (Bild 48 und Bild 49)

In Südamerika strömen mehr Menschen in die Großstädte, als diese aufnehmen können. Millionen Arbeitslose hausen in den Bretterbuden der Elendsviertel, in den sogenannten Slums. (Bild 46 und Bild 47) In keiner Großstadt der Erde fehlen diese menschenunwürdigen Wohnviertel. Die Unzufriedenheit ihrer Bewohner kann zu schweren Unruhen führen. Deshalb müssen menschenwürdige Wohnungen gebaut werden.

Städte für die Zukunft

Um das Wohnungs- und Verkehrsproblem zu lösen, wurden außerhalb der Großstadtzentren neue Stadtteile mit Wohnungen, Schulen, Geschäften und Kirchen gebaut. Es entstanden die
Trabantenstädte.
Zur Arbeit fährt man in das Stadtzentrum. Zum Schlafen kehrt man zurück in die Vorstadt.
Doch viele Bewohner dieser sogenannten „Schlafstädte" vermissen die Geselligkeit der Großstadt. Sie möchten zurück in das Zentrum.
Werden wieder Mietskasernen mit lichtlosen Hinterhöfen entstehen? — Oder wird jede Familie einmal ein Einfamilienhaus mit Garten bekommen? —
Neue Wege im Städtebau zeigen die Bilder 50 und 51.
In die „Steinwüsten" der Großstädte muß die Sonne gelangen. Durch aufgelockerte Bauweise muß Platz für Grünflächen geschaffen werden. Die Hauptverkehrsadern sollten unter der Erde oder über Hochstraßen verlaufen.
Auf den Dächern der einzelnen Stockwerke einer Wohnpyramide können Dachgärten angelegt werden. Gärten wie in der Großstadt Babylon vor 2600 Jahren. Die neuen Großstädte dieser Erde werden sich immer ähnlicher werden, ob in Europa, Asien, Amerika, Afrika oder Australien.
Der Verkehr und die Industrie bestimmen das Aussehen der Stadt.

50 Berlin — Hansaviertel

51 Wohnpyramide in Montreal (80° W / 40° N)

Wir Menschen müssen unsere Städte so bauen, daß wir in ihnen leben können.

Die verwaltete Stadt

Die Großstädte der Erde sind immer zugleich Industrie- und Handelsstädte. Nur dort, wo es Arbeits- und Verdienstmöglichkeiten gibt, können sich so viele Menschen ansiedeln. (Über den Einfluß der Industrie auf das Wachstum der Stadt erfährst du einiges auf Seite 54.) Wo aber Menschen zusammenleben, kann der einzelne nicht tun und lassen, was er will.
Ein Zusammenleben in der Großstadt ist nur dann möglich, wenn neben den Verkehrs- und Wohnungsproblemen eine große Anzahl weiterer Aufgaben erfüllt wird. Das gilt auch für Dörfer, Klein- und Mittelstädte. In einer Großstadt sind diese Aufgaben aber viel umfangreicher.
Jede Stadt und jede Gemeinde hat eine Verwaltung. Die Frauen und Männer, die hier arbeiten, sorgen für ein geordnetes Stadtleben. Sie führen die Beschlüsse aus, die von der Mehrheit der Stadtvertreter oder den Abgeordneten der Parlamente für gut befunden wurden. Die Stadtvertreter aber werden von allen Bürgern ab 18 Jahren einer Stadt entweder in Kommunalwahlen oder bei Landtags- oder Bundestagswahlen gewählt.

1. Fast für jeden Aufgabenbereich einer Stadt gibt es innerhalb der Verwaltungen ein besonderes Amt. Gehe in das Rathaus oder in das Verwaltungsgebäude deiner Stadt (Gemeinde)! An den Türschildern oder auch am „Wegweiser" kannst du ablesen, welche Einzelämter es in der Verwaltung gibt.
2. Stelle eine Liste aller öffentlichen Gebäude der Stadt zusammen.
3. **Aufgaben einer Stadt**
   Löse dieses Silbenrätsel! — Setze die gefundenen Wörter an die richtige Stelle des Kreuzwortfeldes (Seite 23)!
   Das blau umrandete Feld nennt von oben nach unten den Mann, der an der Spitze der Männer und Frauen steht, die die Geschicke einer Stadt oder einer Gemeinde leiten.
   a — ab — ab — al — amt — amt — an — des — de — e — ein — er — feu — fuhr — fried — gas — gen — haus — heim — hof — kran — ken — la — le — lek — muell — mel — ner park — schu — ser — ser — stadt — stan — taet — ter — ters — the — tri — trink — was — was — wehr — woh — zi.
   1. Es fließt unter der Stadt in großen Rohren ab. — 2. In das Gebäude geht jeder Mensch mehrere Jahre lang. — 3. Ohne sie würden die Abfälle die Luft der Stadt verpesten. — 4. Mit ihren roten Wagen sind sie immer einsatzbereit. — 5. Leicht entzündbare Energie. — 6. In diesem Haus sind wenig Betten für Gesunde. — 7. Sie macht die Nacht zum Tag. — 8. In diesem Amt

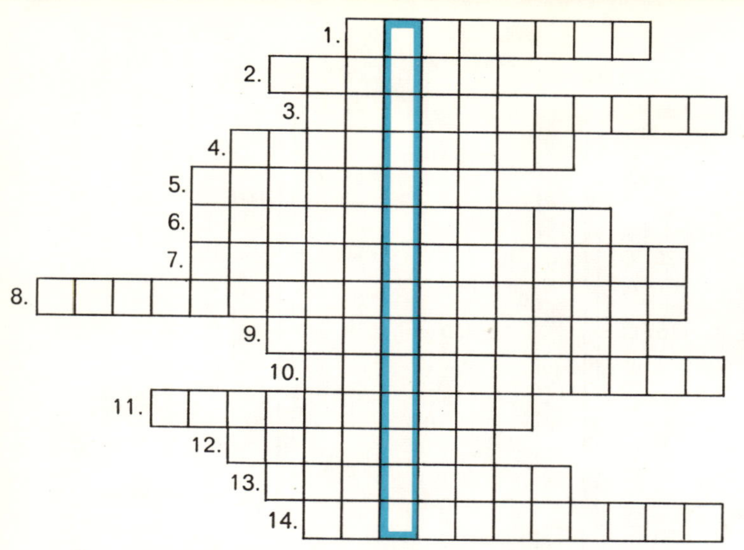

wird jeder Einwohner gemeldet. — 9. Hierher kommen alte und einsame Menschen. — 10. Es fließt durch Rohre bis in die höchsten Stockwerke. — 11. Ohne dieses Amt ist keine Hochzeit möglich. — 12. Das Haus für die Schauspieler. — 13. Der stillste Ort einer Stadt. — 14. Hier kann man sich vom Staub und Lärm der Stadt erholen.

4. Erkundigt euch nach Namen und Adressen eurer Stadt- oder Gemeindevertreter! Schickt eine Interviewgruppe zu ihnen! Fragt: Was haben Sie im vergangenen Jahr zur Verbesserung des Stadtlebens getan?

1. Vor- und Nachteile städtischen und ländlichen Lebens beschreiben.
2. Gründe für die wachsende Zahl von Stadtsiedlungen nennen.
3. Die Folgen zunehmender Motorisierung für den Städtebau beschreiben.
4. Angaben zur Entstehungsgeschichte von Stadtsiedlungen machen.
5. Ursachen und Folgen unterschiedlicher Wohnverhältnisse beschreiben.
6. Stadtviertel nach Typen abgrenzen und nach Funktionen einordnen.
7. Öffentliche Gebäude und Einrichtungen des heimatlichen Verwaltungsbezirkes aufzählen und ihre Funktionen erläutern.
8. Namen der Politiker kennen, die mitentscheiden, was in der eigenen Verwaltung unternommen wird.

52

3 Durch die Wüsten

Trockenwüsten

Die Steinwüste

Nun fährt unser Sattelschlepper schon stundenlang durch die kahlen Felsschluchten und wild zerklüfteten Berge. Unser Fahrzeug gehört zu einer motorisierten Kolonne. Wir sitzen zu dritt im Führerhaus. Zu uns hat sich Omar, der algerische Bodenforscher (Geologe) gesellt.

53

So bergig und felsig habe ich mir die Wüste nicht vorgestellt. Omar meint: „Du dachtest wohl, die Sahara besteht überwiegend aus Sand? Das ist ein großer Irrtum. Nur etwa ein Fünftel ist Sandwüste. Der größere Teil besteht aus Felsen, Felstrümmern und Kies. Sand ist erst das Endergebnis einer langen, ständigen Verwitterung. Die starke Sonnenbestrahlung am Tage dehnt das Gestein, nachts dagegen kühlt es sich stark ab und zieht sich zusammen. Oft platzt es durch diesen großen Temperaturunterschied — das hört sich an wie Flintenschüsse. Schon manchen ahnungslosen Wüstenreisenden haben diese Geräusche erschreckt! — Auch schleift der ständige Wind am Felsen." — „Aber in fast allen Berichten, die ich über die Wüste gelesen habe, spielt doch der Sand eine große Rolle?" — „Du meinst die Sandstürme?" — „Ja, das muß furchtbar sein." — „Ist es in der Tat. Stell dir vor, drei, sechs, manchmal neun Tage brütende Hitze, Sturm und Sand. Ein Sturm, der so stark ist, daß man sich gegen ihn stemmen muß, um aufrecht stehen zu können. Sturm, der den staubfeinen Sand in alle Ritzen weht." —
Unser Fahrer kramt in seiner Brieftasche. Die Piste läßt er nicht aus den Augen. „Hier, das habe ich neulich aufgenommen, als wir Rast in einer kleinen Oase machten. Ich spüre jetzt noch den Sand zwischen den Zähnen und die

54

brennenden Augen." Mit diesen Worten überreicht er uns ein Bild. (Bild 54)
Es ist Mittag. Die Hitze in unserem Fahrerhaus ist unerträglich. Ich habe Durst. Er ist nicht so quälend, wie ich erwartet hatte. Morgens hatten wir alle kochendheißen Tee getrunken. Kaum einen Becher voll. Zum Waschen gab es für jeden einen halben Liter Wasser. Das mußte reichen.
Ein Schluck aus der Thermosflasche genügt mir jetzt. Das Wissen um ausreichende Wasservorräte im zweiten LKW unserer Fahrzeugkolonne (Bild 53) beruhigt. Auch haben wir genügend Dieselöl mit. Die Ersatzteile für unsere Wagen werden auch ausreichen. Unsere Fahrt ist gut vorbereitet worden.
Doch nur ein bißchen zuwenig Wasser, ein fehlendes Ersatzteil kann unter Umständen für alle Beteiligten lebensgefährlich werden.
Damit die einzelnen Fahrzeuge sich nicht verlieren, sind wir mit Sprechfunkgeräten ausgerüstet. Auch Kofferradios führen wir mit. Doch die Musik der Transistorgeräte wird übertönt vom Lärm des Motors.

Als Junge war ich oft in Gedanken mit Karl May durch die Wüste gezogen. Doch so einsam, so trostlos hatte ich sie mir damals nicht vorgestellt. Immer wieder überraschen mich die nackten Berge, die tiefen Schluchten. Dazu unzählige Fels- und Steinbrokken, die unseren Weg säumen.
Die Fahrt heute erscheint mir längst nicht so abenteuerlich wie die Berichte über die Kamel-Karawanen. Das Kamel, das „Wüstenschiff", ist abgelöst worden vom wüstentauglichen Kraftfahrzeug. Doch der Gedanke an eine Panne, an einen längeren Aufenthalt, an Trinkwassermangel ist recht ungemütlich.
Anstrengend ist diese Fahrt auf jeden Fall. Mit dem Flugzeug geht es schneller und bequemer. Doch eine Notlandung in diesem Gebiet? —
Am Abend dieses Tages haben wir 115 km zurückgelegt. 10 Stunden waren wir unterwegs. „Morgen geht es sicher noch langsamer. Wir kommen in die Sandwüste: die Erg, wie die Araber sagen", bemerkte unser Fahrer.
Zur Nacht ziehen wir die pelzgefütterten Mäntel an und kriechen in die Schlafsäcke. Draußen ist es empfindlich kalt. Ich erinnere mich: In der Sahara gibt es Nachtfröste. (Fortsetzung folgt)

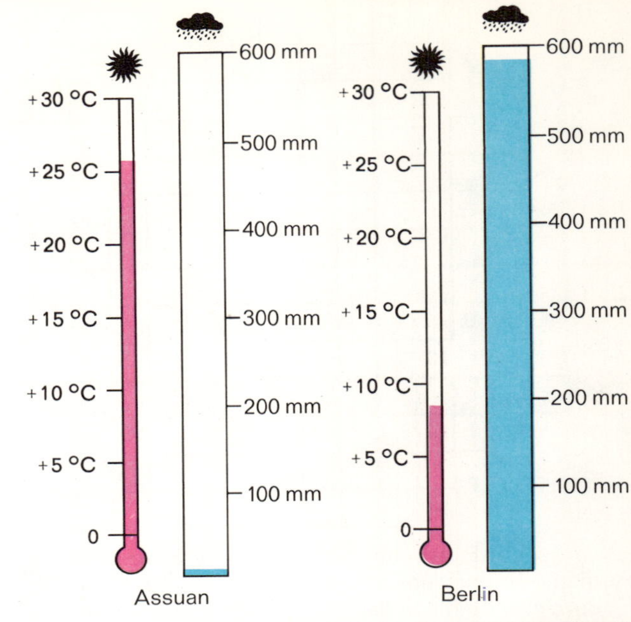

55

Jahresdurchschnitt	Assuan (30° Ö / 20° N)	Berlin (13° Ö / 52° N)
Temperatur	25,7 °C	8,5 °C
Niederschlag	3 mm	588 mm
Seehöhe	111 m NN	56 m NN

Ein Viertel des Festlandes der Erde ist trockenes, heißes und ödes Land. Das sind die Wüsten und die Halbwüsten. Diese Gebiete sind lebensfeindlich und deshalb dünn besiedelt.
Hier wohnen nur ca. 40 Millionen Menschen (BRD 60 Millionen). Den Grund hierfür kannst du aus der durchschnittlichen Jahrestemperatur und den Niederschlagsmengen eines Jahres ablesen. (Siehe Nr. 55)

56

	m NN		J	F	M	A	M	J	J	A	S	O	N	D	Jahr
Frankfurt	110	°C	0,3	1,3	5,4	10,0	14,3	17,6	19,2	18,4	14,9	9,6	5,2	1,2	9,8
		mm	49	41	43	45	50	59	68	69	56	61	56	59	656
Tuggurt	69	°C	10,4	12,5	16	20,5	25	30,3	33	32,5	29	22,4	16	11	21,5
		mm	6	5	10	6	2	1	0	1	1	6	11	9	59
Tuggurt	69	Max °C	17	20	23	29	33	39	43	42	37	31	23	18	29
Fort Flatters	381	Max °C	19	23	27	32	37	41	43	42	39	33	26	20	32
Tamanarasset	1382	Max °C	20	22	25	30	33	35	35	34	33	30	25	21	29

In den **Halbwüsten,** am Rande der **Trockenwüsten,** regnet es in jedem Jahr ein wenig. Hier ziehen Viehzüchter von Weideplatz zu Weideplatz. Ihren Wanderplan bestimmt der Regen.
Die Hauptstadt des Wüstenstaates Saudi-Arabien heißt Er Riad (45° Ö / 20° N). Sie liegt in einer Halbwüste.
Die meisten Wüsten findest du im Bereich des nördlichen und südlichen Wendekreises. (Siehe die Ziffern in Karte 57!)
Die Beckenwüsten Nordamerikas und Innerasiens liegen weiter nördlich. (Karte 57, Ziffer 3, 4 und 6)
In den tropischen und subtropischen Wüsten ist es das ganze Jahr tagsüber glühendheiß. In den Beckenwüsten Innerasiens toben im Winter eisige Schneestürme.
Die größten Wüsten sind: die Sahara in Afrika und die Gobi in Asien.

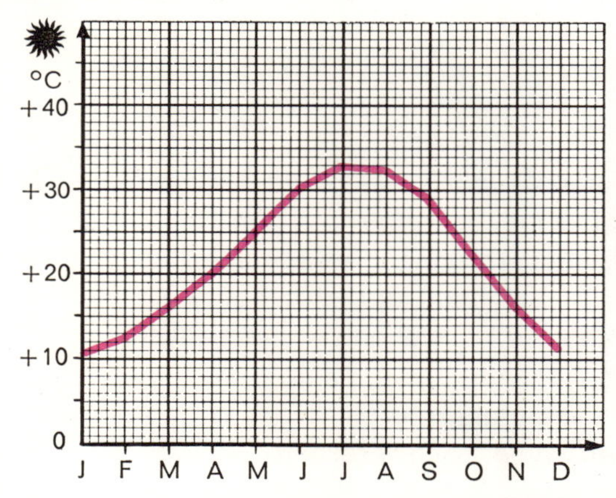

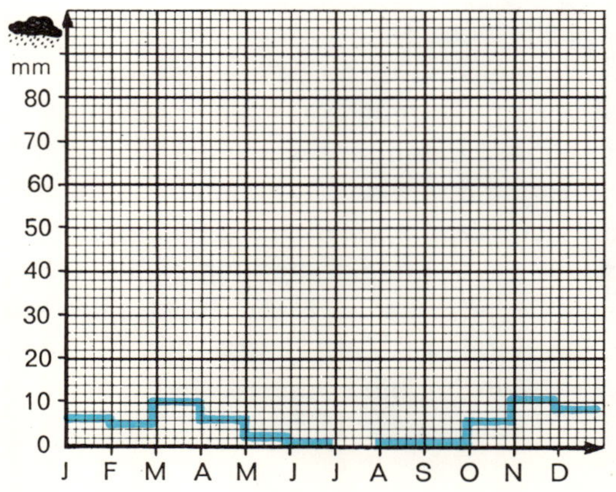

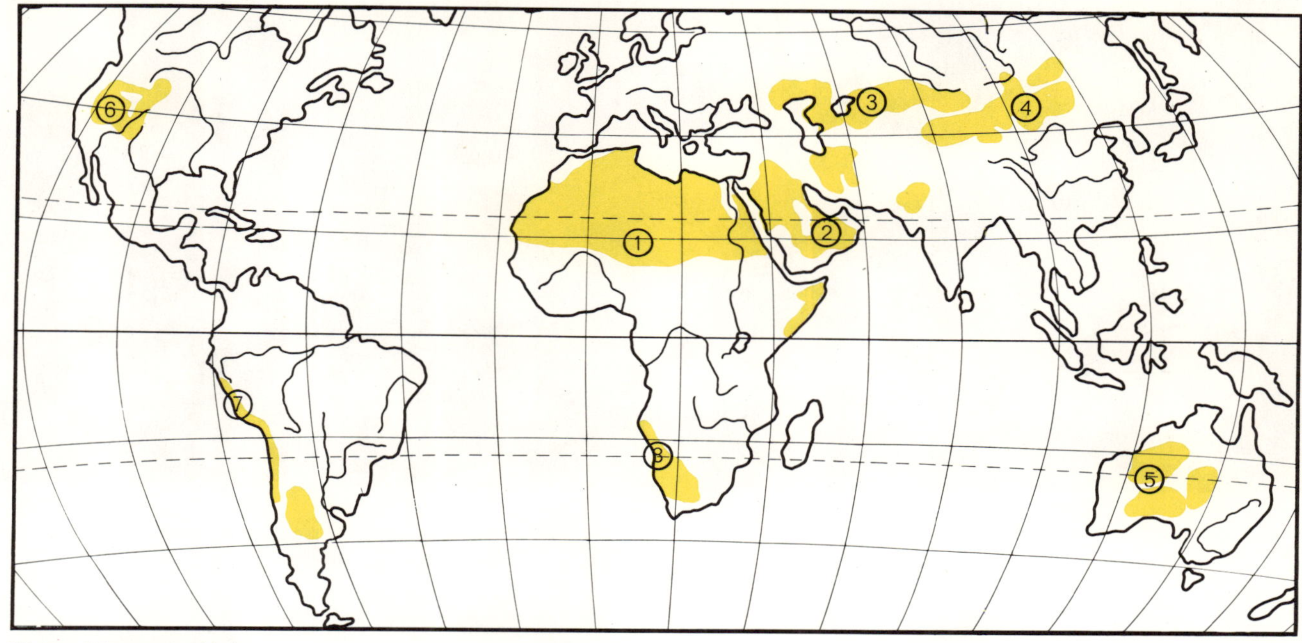

57 Die Wüsten der Erde

1. In die nebenstehenden Diagramme sind die durchschnittlichen Klimawerte für Tuggurt aus der Tabelle 56 übertragen. Zeichne auch die Werte für Frankfurt ein! (Folie)
2. Für das Leben in der Wüste sind die durchschnittlichen Tageshöchstwerte interessant (siehe Tab. 56). — Achte auf die Höhenlagen der Orte! Sie befinden sich an der Wüstenpiste Algier — Kano in der Sahara.
   a) Zeichne die Lauflinie eines dieser Orte!
   b) Miß die Entfernung der Orte vom Atlantik und vom Mittelmeer!
3. Miß die Nord-Süd- und die West-Ost-Ausdehnung der Sahara und Gobi und übertrage die Maße auf Europa! (Atlas)
4. Zeichne die Sahara und die Gobi in die Weltkarte Seite 127 ein! (Folie) Lege diesen Folienausschnitt auf Europa!
5. Suche die Namen der Wüsten im Atlas! Einige Buchstaben sind schon vorhanden.
   (Beachte Karte 57)

① ....h..................

② Große A.................................... Wüste

③ Kirg.................... St..................

④ Ta.............. B..........ken und ....b.....

⑤ Große ....nd Wüste und

Vi..

⑥ Großes B.........................

⑦ A..........c..........a

⑧ N..............b

58 .... in Israel

59 .... in der Sahara

6. Die Bilder 58 bis 61 zeigen verschiedene Wüstenarten. Finde zu jedem Bild die passende Überschrift!
7. Nur der kleinere Teil der Wüsten besteht aus Sand. Suche im Atlas die Hochgebirge der Wüsten!
8. Stelle eine Liste der Gegenstände zusammen, die ein Autofahrer unbedingt mitnehmen muß, wenn er durch eine Wüste fährt! Denke auch an die Nächte!
9. Verfolge im Atlas den Verlauf der Wüstenpisten und Karawanenwege durch die Sahara und Gobi! Miß ihre Streckenlänge!

Die Sandwüste

Am nächsten Morgen — die Sonne steht noch tief am Horizont und färbt ihn glutrot — fahren wir los. Nach zwei Stunden liegt die rot-gelbe Erg mit ihren Sandfeldern und Sicheldünen vor uns. Gleißendes Licht schmerzt in den Augen. Soweit man blickt nur Sand, Sand und nochmals Sand. Plötzlich entdecke ich am Horizont dunkle Punkte — ist es eine Luftspiegelung, eine Fata Morgana? —
Ich stoße Ali an, deute mit dem Finger in die Richtung. Er reicht mir den Feldstecher. „Eine Oase“, rufe ich. Ich erkenne eine Kamelkarawane, die sich nach Westen entfernt.
„Halten wir dort?“ — Beide schütteln die Köpfe. — „Die ist zu klein — nur zehn Dattelpalmen — Salzwasserbrunnen.“ — Mehr verstehe ich nicht. Der Motor heult auf, das Fahrzeug wühlt sich durch eine Verwehung — vergeblich, wir sitzen fest.
Mit Schaufeln und Sandleitern bahnen wir uns einen Weg. Schwerarbeit bei 70—80 °C am Boden. —
Nur nichts ausziehen — den Hut auf dem Kopf lassen — Schweißtropfen? — Merkwürdig, die Haut wird nicht feucht. — Sie wird spröde und rissig, die Lippen springen auf. Ein kräftiger Wind treibt den Sand. Tausend kleine Körner treffen wie Nadelspitzen das Gesicht.
Endlich freie Fahrt. Sandfahnen ziehen über den Boden. Die Piste ist hart, aber tückisch. Wie über Wellblech fahren wir. Halten die Achsen das aus? — Werden die Federn nicht brechen? —

Die Sahara von Norden nach Süden zu durchqueren, ist nicht mehr gefährlich, wenn die Fahrt gut vorbereitet ist. Es gibt Wüstenhotels und Rasthäuser mit Badezimmern. Jede Fahrt muß angemeldet werden. Trifft ein Transport nach 24 Stunden nicht in einer Meldestelle ein, beginnt eine Suchaktion.

60 .... in Jordanien

61 .... auf der Halbinsel Sinai

In der Wüste ertrunken

Langsam aber stetig kommen wir voran. Ausgediente Benzinkanister weisen den Weg. Wir nähern uns einem breiten Graben: ein Trockental, ein **Wadi.** (Bild 62)
Vorsichtig bugsiert der Fahrer unseren Sattelschlepper den Hang hinab. „Nun haltet die Daumen, daß wir ohne Zwischenfall auf die andere Seite kommen!" meint er.
Ich verstehe nicht, warum uns gerade hier etwas passieren soll. Er aber berichtet: „Als wir vor drei Monaten hier hindurch wollten, schnitt ein tobender, gurgelnder Schlammstrom uns den Weg ab." — „Und was tatet ihr?" — „Nun, wir warteten, bis das Wasser fort war." — Ich gucke ihn verdutzt an.
„Schon am nächsten Tag war nichts mehr zu sehen. Nur vereinzelt Pfützen. Wir konnten unsere Fahrt fortsetzen. Aber wir wären rettungslos verloren gewesen, hätten wir uns in dem Wadi befunden, als die Wassermassen angeschossen kamen. Das geht in Minutenschnelle."
„In der Wüste ertrinken mehr Menschen als verdursten", behauptet Omar. „Es gibt Gegenden, in denen jahrelang kein Regentropfen fällt. Wenn aber einmal ein Gewitter aufkommt, öffnen sich die Schleusen des Himmels, und es schüttet nur so von oben. Die Wassermassen reißen dann alles mit sich fort: Felsbrocken, Geröll, Sand.
So schnell wie es gekommen ist, verschwindet das Wasser. Es versickert im Sand oder verdunstet. Manchmal hinterläßt es seine Spuren. Für kurze Zeit kann es hier grünen und blühen. Doch die unbarmherzigen Sonnenstrahlen versengen schon bald den Pflanzenbewuchs. Was übrigbleibt, siehst du hier. Trockenpflanzen. Teilweise liegen im Wüstenboden Samen, Knollen und Wurzeln. Sie fangen bei genügend Feuchtigkeit an zu keimen oder treiben aus."

Das macht mir deutlich:

> In der Wüste gibt es fruchtbaren Boden.
> Es fehlt nur Wasser.

62 Wadi in Libyen (10° Ö / 25° N)

1. Was geschieht mit einem Stein, der im Feuer liegt?
2. Welche Kräfte besorgen die Verwitterung in deiner Heimat?
3. Warum darf man in der Wüste nicht nur mit der Badehose bekleidet sein?
4. Wie würdest du in der Wüste deine Haut pflegen?
5. Warum schützen die Wüstenbewohner Mund und Nase mit Tüchern?
6. Warum bleibt trotz der Hitze die Haut trocken?
7. Was hat die Nordseeküste mit der Sandwüste gemeinsam?
8. Welche Winde bringen in deiner Heimat den meisten Regen?
9. Welche Winde wehen überwiegend in der Sahara? (Siehe Atlas, Karte: Klimagebiete und Winde!)
10. Was kann man tun, um die wenigen Regenfälle in der Wüste zu speichern?
11. Wann wird man in der Wüste ertrinken?

63 Oase Tinerhir in Marokko (10° W /30° N)

Die „Gärten Allahs“

Am Ende unserer Tagesfahrt erfahre ich einiges über die „Gärten Allahs“. Überall dort, wo das Grundwasser hoch genug steht, haben sich Menschen in der Wüste angesiedelt. Diese Plätze heißen Oasen: grüne Inseln in lebensfeindlicher Umgebung. Dort leben Bauern und Viehzüchter. In den Städten gibt es sogar Handwerker und Kaufleute. Die flachen Ziegelhäuser stehen dichtgedrängt am Rande des bewässerten Bodens. Aus tiefen Brunnen werden Felder und Gärten bewässert.

Omar erzählt: „Ich kenne Oasen, die sich kilometerweit hinziehen. Meist sind sie nur schmal. Aber wenn man sieht, wie es dort blüht und reift, dann versteht man, warum die Araber sie die „Gärten Allahs“ nennen. Dennoch möchte ich nicht mehr für immer in die Oase zurück. Meine Eltern und Verwandten leben noch dort. Sie haben es nicht leicht. Mein Vater hat das ebenso ehrenvolle wie schwierige Amt des Wasserwächters. Jeder Bauer bekommt sein Wasser nach genauer Vorschrift zugeteilt. Die zahlreichen Felder und Beete sind von Wassergräben umgeben. Das Anlegen von neuen Kanälen und Brunnen ist eine mühsame Arbeit. Dazu kommt der ständige Kampf mit dem Flugsand.“

„Stimmt es“, frage ich, „daß die jungen Dattelpalmen in trichterähnliche Löcher gepflanzt werden, um sie vor dem Flugsand zu schützen?“ — „Ja“, sagt Omar. „Aber trotzdem muß auch aus diesen Palmennestern der Flugsand jeden Morgen herausgeholt werden.“

„Was wächst außerdem noch in einer Oase?“ — „Weizen, Gerste, Zwiebeln und Bohnen, Tomaten, Apfelsinen und Aprikosen, ja sogar Reben. Es kann bis zu dreimal im Jahr gesät und geerntet werden.“

„Das klingt wie im Schlaraffenland“, werfe ich ein. — „Nur, daß man hier sehr schwer arbeiten muß. Die Familien sind groß, und die Felder klein. Armut herrscht.“

Mir fallen Berichte von anderen Wüstengegenden ein. In Israel versucht man, die Wüste Negev (34° Ö / 31° N) sogar mit Salzwasser zu bewässern.

In der Sowjetunion hat man in der Kara-Kum-Wüste (55° Ö / 40° N) durch einen 800 km langen Kanal große Gebiete zum Leben erweckt.

Omar weiß mehrere Möglichkeiten, die Sahara zu bewässern. Zwei große unterirdische Wasserlager hat man erforscht. Sie würden ausreichen, große Gebiete zu versorgen. Mit Hilfe von Bohrtürmen könnte man Tiefbrunnen anlegen. Dieselpumpen förderten dann das Wasser zutage.

Ein anderer Plan sieht vor, vom Mittelmeer Kanäle in die Trockengebiete zu bauen. Das Wasser müßte allerdings entsalzt werden. Das könnte mit Hilfe der Atomkraft geschehen.
Ich hänge eine Weile meinen Gedanken nach. Sollte es der Technik möglich sein, das Wasserproblem in den Wüsten zu lösen? — Ich sehe Städte entstehen, sehe im Geiste vor mir weite Wüstenstriche als riesige Oasen, sehe Autostraßen, Eisenbahnen, Fördertürme und Fabrikanlagen. Denn ich weiß, unter dieser öden, trostlosen Oberfläche verbergen sich auch reiche Bodenschätze: Erdgas, Erdöl und Erze. — Wir sind schließlich auf dem Wege, neue Bohrrohre in ein Erdöllager mitten in der Wüste zu transportieren. — Kann mein Traum Wirklichkeit werden? — Wird eine solche Veränderung in der Wüste die Menschen dort glücklicher machen?
Neue Siedlungen entstehen heute an Plätzen, wo früher kein Mensch leben konnte. (Bild 166)

1. Stelle in einer Liste die Bodenschätze der Wüstenstaaten der Erde zusammen! (Benutze den Atlas!)
2. Ergänze die Tabelle 64!

64

Pflanzen einer Oase in der Sahara		
Getreide	Gemüse	Obst
Hirse	Erbsen	Mandeln
....	Paprika	Feigen
....	....	Zitronen
	....	Granatäpfel
	....	Pfirsiche
		....

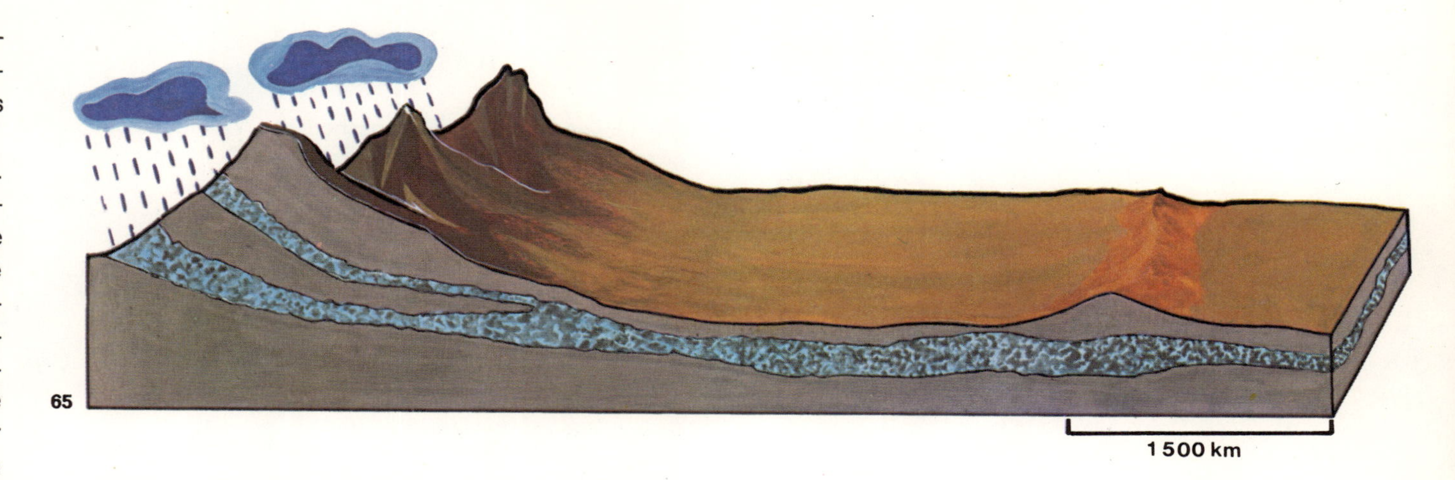

65

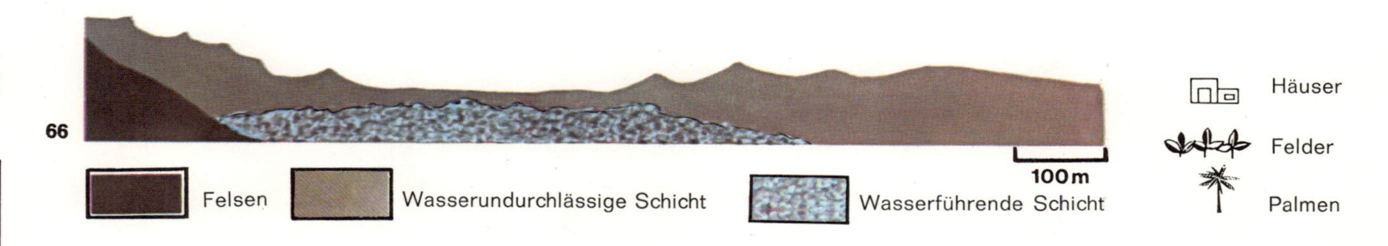

66

3. Bild 65 zeigt einen Schnitt durch die Wüste.
   Zeichne ein: a) wo eine Oase angelegt werden kann (Folie)
   b) wo Brunnen gebohrt werden können (Folie)

4. Vergleiche Bild 66 mit Bild 63! — Achte auf den Maßstab!
   Bild 66 ist ein Schnitt durch die Landschaft, die du auf Bild 63 siehst. Zeichne in das Bild 66 die Lage der Häuser, Felder und Dattelpalmen ein! (Folie)

Der große Bedarf der Industrienationen an Bodenschätzen macht es notwendig, die Vorkommen in den Wüsten auszunutzen. Manche kleine Oase ist wieder zugeweht, weil ihre Bewohner Industriearbeiter wurden.

67 Wüstensteppe zur Trockenzeit

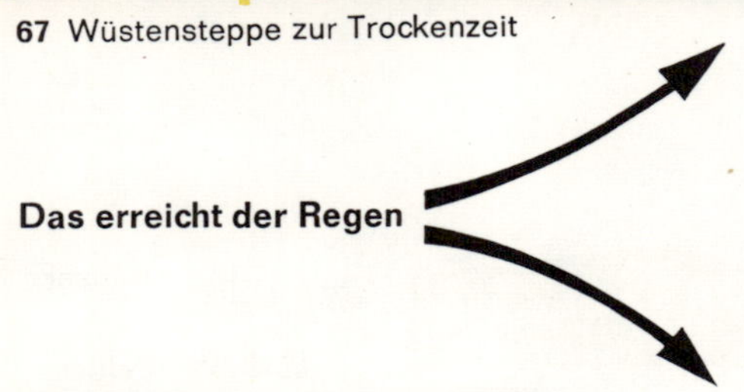

68 Wüstensteppe zur Regenzeit

Wasser für die Wüste

Die Oasen haben den Menschen der Wüstenländer gezeigt:

> Wasser und Fleiß lassen Wüsten erblühen.

Überall auf unserer Erde sind Bodenforscher, Landwirte und Förster bei der Arbeit, ausgetrocknete Wüsten- und Steppenböden zu bewässern und zu bepflanzen.

> Für die täglich zunehmende Erdbevölkerung müssen neue Äcker und Gärten gewonnen werden.

Das Wasser der Wüsten- und Steppenflüsse darf nicht mehr ungenutzt ins Meer abfließen oder im Boden versickern.

In der Sowjetunion

Die Regierung der UdSSR hat in der Vergangenheit viele tausend Männer und Frauen zum Bau von Bewässerungsanlagen herangezogen.

In weiten Teilen dieses großen Landes fällt zuwenig Niederschlag. Zwischen dem Kaspischen Meer und dem Balchasch-See (70° Ö / 40° N) liegen Wüsten und Wüstensteppen.

1. Schlage im Atlas auf: Asien, Niederschlag und Bodennutzung!
2. Suche im Atlas den Kara-Kum-Kanal (Karte 69)!
3. Vergleiche die Größe des Wüstengebietes mit der BRD!

Durch den Bau des Kara-Kum-Kanals (800 km lang) wurden:

1 600 km² Neuland gewonnen
70 000 km² Weiden bewässert

Bis 1980 wollen die Sowjets in diesem Gebiet zusätzlich 10 000 km² neues Ackerland durch Bewässerung erschließen.

70

Vergleichszahlen:	
Bayern	70 550 km²
Hessen	21 108 km²
Saarland	2 567 km²

Aschchabad, einstmals ein armseliger Ort, ist heute eine moderne Gartenstadt mit 250 000 Einwohnern.

Auf dem Kara-Kum-Kanal fahren Frachtschiffe und Motorboote. Wälder werden aufgeforstet, Badeanstalten gebaut. Wassersportler und Angler finden Erholung in der „Wüste".

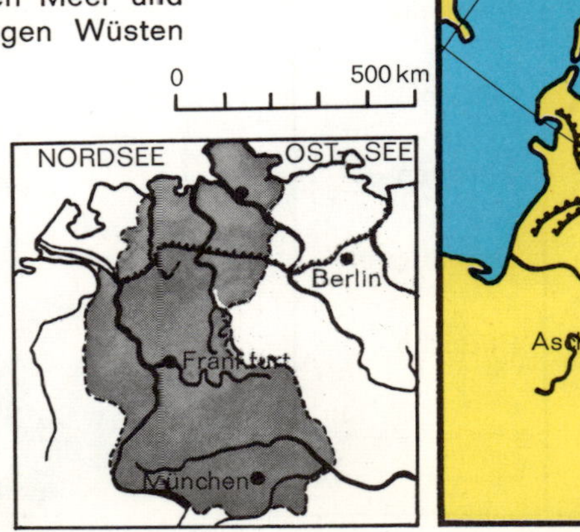

69 Kara-Kum-Kanal mit Vergleichskarte Bundesrepublik Deutschland

71 Durch diese gewaltigen Rohre, die in der Erde verlegt werden, soll einmal das Wasser des Jordan in die Negev-Wüste fließen und sie fruchtbar machen.

72 So begann im August 1966 die Bepflanzung im Südteil der Negev.

73 18 Monate später stand die Binsenplantage im üppigen Grün. Gegossen wurde mit zweiprozentigem Salzwasser.

In Israel

Die Bilder 71—73 zeigen Ausschnitte von der Arbeit der Israelis zur Bewässerung der Wüste.

1. Schlage die Karte von Israel (35° Ö / 30° N) auf!
2. Verfolge den Lauf des Jordan!
3. Was sagt die Karte über die Höhenlage des Jordan?
4. Suche die Wüste Negev!

Ein Schüler schreibt nach einer Israel-Reise in sein Tagebuch: „Schon in Deutschland hatten wir gehört und gelesen, daß aus einer Wüste ein Garten geschaffen worden sei. So traten wir unsere Fahrt durch diese Gebiete mit Spannung und Neugier an. Man hatte nicht übertrieben. Wir sahen Obstgärten, Weinberge, Bananenpflanzungen, junge Apfelsinen- und Zitronenhaine, riesige Baumwoll- und Erdnußfelder, Felder mit Weizen, Gerste und Melonen. Auf unsere Frage, wie man ein solches Wunder hatte vollbringen können, erhielten wir bereitwillig und stolz die Antwort: „Mit künstlicher Bewässerung und natürlich mit ungeheurem Fleiß."

In Ägypten

Was die Israelis, die Russen und viele andere Völker dieser Erde heute durch künstliche Bewässerung erreichen, haben sie von der Natur gelernt.

Schon seit uralten Zeiten fließt der längste Strom der Erde — der Nil — durch die östliche Sahara. Sein Wasserreichtum im Quellgebiet ist so groß, daß er trotz starker Verdunstung nach 6671 km das Mittelmeer erreicht. Sein Lauf geht 2700 km durch die Wüste.

Schon vor vielen tausend Jahren haben sich Menschen an diesem Strom angesiedelt. Er hat sie reich und mächtig gemacht. So wurden sie zu Herren vieler Völker.

In jedem Jahr trat dieser Strom einmal über seine Ufer. Für die Menschen damals war dies ein Geschenk. Seine Fluten **bewässerten** das ausgetrocknete Land. Der mitgeführte fruchtbare Schlamm setzte sich ab und **düngte** die Felder.

Der Nil bewässerte und düngte in jedem Jahr die Flußoase Ägypten.

Noch vor 100 Jahren teilte man in Ägypten das Jahr in drei Jahreszeiten:

Überschwemmung	(Juli bis Oktober)
Aussaat	(November bis Februar)
Ernte	(März bis Juni)

Doch eine einmalige Ernte reicht nicht mehr für die Menschen am Nil. In den vergangenen 70 Jahren hat sich die Bevölkerung der Flußoase verfünffacht. Die alten Bewässerungsanlagen — Schöpfräder, Ziehbrunnen und Überschwemmungskanäle — sind heute unwirtschaftlich. Deshalb sind zeitgemäße Bewässerungsanlagen erforderlich. Auch in der Trockenzeit müssen die Felder und Gärten mit Wasser versorgt werden.

Die Ägypter können dreimal im Jahr ernten. Sie führen Baumwolle aus, damit sie Geld für Maschinen bekommen.

Damit das Nilwasser nicht ungenutzt abfließt, haben die Ägypter Stauwehre und Staudämme errichtet.

Der größte Staudamm steht bei Assuan. Deutsche Ingenieure haben ihn entworfen. Mit russischer Unterstützung wurde er von den Ägyptern gebaut.

Der Damm ist 111 m hoch und 3,5 km lang. Seine Breite am Grund des Flußbettes beträgt 180 m.

In den Damm ist ein Kraftwerk mit 12 Turbinen eingebaut. Die gestaute Wasserfläche ist 500 km lang. Dieser Stausee in der Wüste heißt: **Lake Nasser.**

Der Assuan-Staudamm hat zwei Aufgaben:
1. Er sorgt für regelmäßige Wasserführung des Nil.
2. Sein Kraftwerk versorgt das Land mit Elektrizität.

Wasser und Elektrizität sind Voraussetzungen für moderne Landwirtschaft und Industrie in Ägypten.

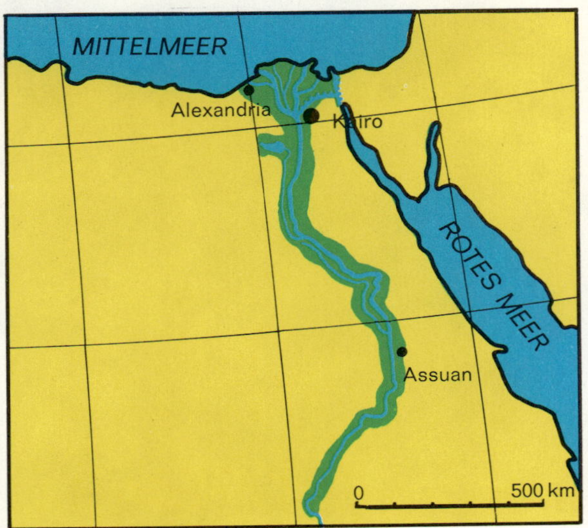

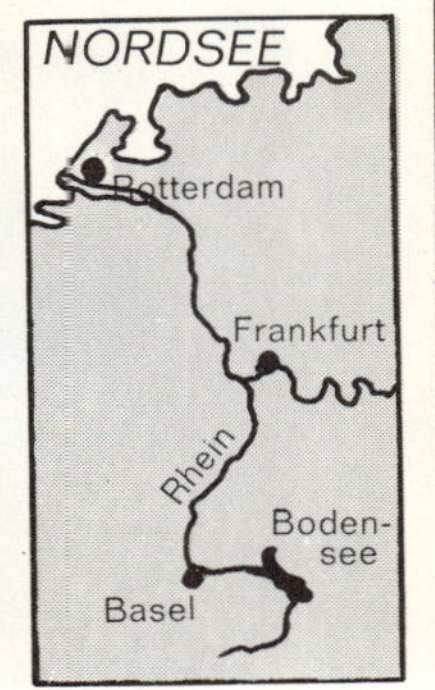

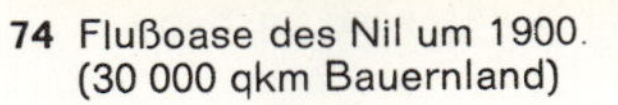

74 Flußoase des Nil um 1900.
(30 000 qkm Bauernland)

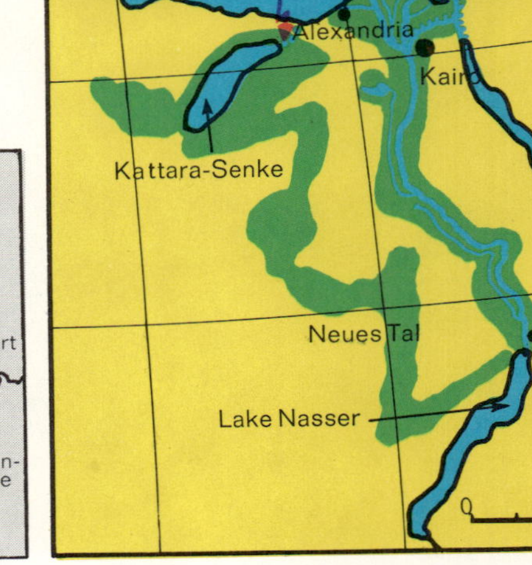

75 Flußoase mit „Neuem Tal" um 2000.
(65 000 qkm Bauernland)

1. Vergleiche Karte 74 mit Karte 75!
2. Läge der Lake Nasser in der Bundesrepublik, dann erstreckte er sich am Rhein von .... bis ....
3. Durch den Dammbau bei Assuan hat sich das anbaufähige Land ....
4. Die Kattara-Senke liegt .... m .... dem Meeresspiegel. Vom Mittelmeer wurde ein .... bis in die Senke gebaut. Ein .... erzeugt auch hier Elektrizität.
5. Der .... hat bis zum Bau der Staudämme die Felder der Flußoase gedüngt. Diese natürliche Düngung fällt jetzt aus. — Begründe!
Im Lake .... sinkt der fruchtbare .... zu Boden.
6. Überlege, welche Fabriken benötigen jetzt die Ägypter, um die Fruchtbarkeit des Bodens zu erhalten!
7. Durch den Assuan-Damm entfällt auch die natürliche Bewässerung der Felder. Der Wasserspiegel des Nil wird tiefer liegen. Damit sinkt auch das Grundwasser. Überlege und ergänze folgenden Text!
Der Nil wird auf natürliche Art und Weise die Felder der Flußoase nicht mehr .... und .... Die veralteten .... und .... reichen für eine Bewässerung nicht mehr aus. Da der Assuan-Staudamm ein Kraftwerk hat, werden ....-pumpen die künstliche .... der Felder übernehmen. Diese Pumpen müssen ständig laufen, denn der niedrigere Wasserstand des Nil senkt auch den ....-spiegel. Fehlendes Grund-.................... muß durch neue Bewässerungsanlagen ersetzt werden. Der Kunstdünger wird den fruchtbaren .... ersetzen.
8. Der Nilschlamm, der ins Mittelmeer getragen wurde, bildete dort die Voraussetzung für das Leben von kleinsten Lebewesen (Plankton). Dieses Plankton ist die Hauptnahrung für die Fische. — Begründe die Folgen des Assuan-Staudammes für die Fischerei vor dem Nil-Delta!

1. Wüstenklima, Wüstenvegetation und Wüstenarten beschreiben und erklären.
2. Verhaltensregeln für Wüstenbewohner nennen und begründen.
3. Die Entstehung und die Bebauung von Oasen beschreiben.
4. Maßnahmen der Wüsten- und Steppenbewässerung beschreiben.
5. Folgen des Assuan-Staudamms erläutern.
6. Klimadiagramme herstellen und erläutern.

76

Das Kühlhaus der Erde

An zwei Orten unserer Erde gibt es für längere Zeit keine unterschiedlichen Tageszeiten. Fast ein halbes Jahr geht hier die Sonne nicht unter. Aber trotz ständiger Sonneneinstrahlung klettert das Quecksilber im Thermometer nicht über den Gefrierpunkt.

In der zweiten Hälfte des Jahres liegt ständige Dunkelheit über diesem Gebiet. Die Temperatur sinkt unter 50 °C.

Ob Sommer oder Winter, hier gibt es nur Eis und Schnee. Beide Orte sind 20 000 km voneinander entfernt. Der eine liegt im Meer, der andere auf dem Festland. Ihre Lage auf dem Globus: 90° nördlicher Breite und 90° südlicher Breite.

1. Suche diese beiden Orte auf dem Globus und im Atlas!

2. Der .... liegt im ....polar-

   ....

   Der .... liegt auf dem ....land.

3. Das Gebiet um den N.................... heißt

   A.....................

   In der A.................... befindet sich der

   S.....................

Die **Antarktis** ist der 7. Kontinent. Er ist fast vollständig mit Eis bedeckt. (Bild 76)

4. Auch in der Arktis gibt es eine Anzahl von Inseln, die unter ewigem Eis begraben liegen. Die größte

   Insel heißt ....

Vor 15 000 Jahren hat es in großen Teilen Europas genauso ausgesehen wie heute auf Grönland und in der Antarktis. Der Eispanzer hatte sich damals bis an die deutschen Mittelgebirge vorgeschoben. Diese Zeit nennen wir heute: **Eiszeit.**

Eiszeit auf Grönland

Hier ist es das ganze Jahr über so kalt, daß im Inland alle Feuchtigkeit der Luft als Schnee zur Erde fällt. Seit Jahrtausenden hat es hier immer wieder geschneit. Auch in diesem Augenblick fällt an irgendeiner Stelle dieser größten Insel der Erde Schnee.

Die Sonne vermag die Schneemassen nicht wegzuschmelzen. Die Flocken werden unter der Last des Neuschnees zu Körnern gepreßt. Schmelzwasser der Oberfläche sickert in die Zwischenräume und gefriert. Dadurch werden die einzelnen Körner zu Eis zusammengeschweißt.

Die Eisschicht wächst ständig. Stellenweise ist sie mehr als 3000 m dick.

Diesem Gewicht können die unteren Schichten nicht standhalten. Das Eis beginnt unter dieser Last langsam, aber unaufhaltsam zu wandern. Mit dem Auge kann man diese Bewegung nicht sehen: Das Eis läßt sich Zeit. Nur wenige Meter im Jahr schiebt es sich vor. Jahrtausende dauert es, bis das Inlandeis als **Gletscher** das Meer erreicht.

Da Eis im Wasser schwimmt, wird es hochgedrückt. Die Gletscherzunge bricht ab. Man sagt: Der Gletscher **kalbt.**

Die Meeresströmung trägt die Gletschertrümmer als mächtige Eisberge oder als Treibeis fort. Sie können so groß wie die Insel Helgoland (7° Ö / 54° N) sein.

Eisberge behindern den Schiffsverkehr.
Ein Eisdienst überwacht sie und meldet ihr Vorkommen den Kapitänen.

Die Gletscher haben im Laufe von Jahrtausenden die Landschaft geformt. In das Küstengebirge von Norwegen wurden tiefe Täler „gehobelt". Es entstanden die **Fjorde.**

1. Schlage im Atlas die Karte von Norwegen (5° Ö / 56° N) auf!
2. Verfolge die Festlandsküste! Miß die Länge des Sogne-Fjords!

Während das Inlandeis auf Grönland sehr mächtig ist, liegt über dem Nordpolmeer nur eine wenige Meter dicke Eisschicht. Sie schwimmt auf dem Wasser. Sie bewegt sich viel schneller als das Gletschereis. Unter dieser Eisdecke können Unterseeboote vom

Atlantischen Ozean in den Pazifik fahren. Wenn die Eismassen in den beiden Polargebieten auftauten, dann stiege der Wasserspiegel der Weltmeere um 60 Meter an.
Es hat einmal eine Zeit gegeben, da fehlten der Erde diese Eiskappen. Die Forscher haben hierfür Beweise gefunden. Auf der Insel Spitzbergen (10° Ö / 80° N) und in der Antarktis war einmal Wald. Heute gibt es dort in der Erde Steinkohle. Kohle kann nur dort entstehen, wo es einmal Pflanzenwuchs gegeben hat.

Der Eispanzer wird erforscht

Auf dem Polareis halten sich das ganze Jahr über Forscher auf. Sie beobachten das Wetter, untersuchen das Eis, suchen nach Bodenschätzen, beobachten die Tiere, warnen die Schiffahrt und lenken Flugzeuge über den Pol. Außer diesen Forschungsstationen gibt es in den Polargebieten militärische Beobachtungsplätze. Rings um den Nordpol liegt eine Kette von Radar- und Raketenwarnstationen. Der amerikanische Luftwaffenstützpunkt Thule (70° W / 25° N) auf Grönland hatte 1972 eine Besatzung von über 6000 Soldaten. Die Rollbahn des Flugplatzes dort ist über 5 km lang.

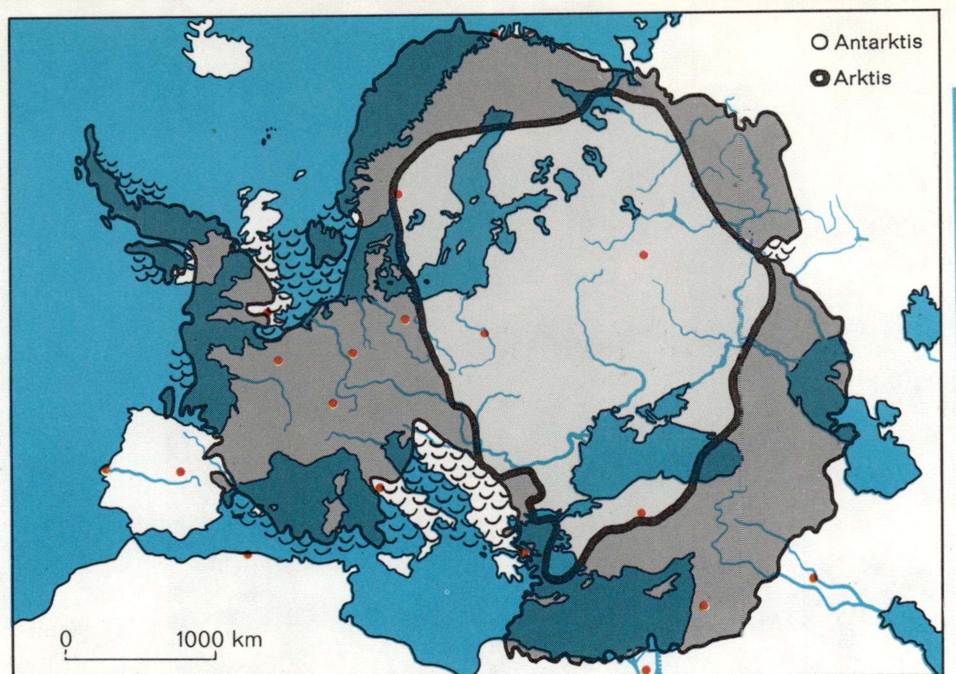

78 Die Größe der Polargebiete im Vergleich zu Europa

1. Vergleiche die Größe der Antarktis mit Europa! (Karte 78)
2. Die dickere Linie umgrenzt die Fläche des Packeises im Nordpolarmeer. Vergleiche die Größe der Eisflächen an beiden Polen! Was mag die Ursache für die kleinere Eisfläche am Nordpol sein? — Siehe Karte „Meeresströmungen“ im Atlas!
3. Verfolge auf den Karten der Polargebiete im Atlas den Verlauf des 50. nördlichen und südlichen Breitengrades!
4. Der 50. nördliche Breitengrad verläuft durch folgende Kontinente: a) .... b) .... c) ....
5. Der 50. südliche Breitengrad schneidet den Südzipfel von ....
6. Das meiste Festland befindet sich auf der .... Halbkugel der Erde.

Zahlreiche Forscher scheuen keine Mühe, ihr Wissen über unsere Erde zu vergrößern. Dieses Wissen aber kann gefährlich werden, wenn es zur Ausübung von Gewalt mißbraucht wird.

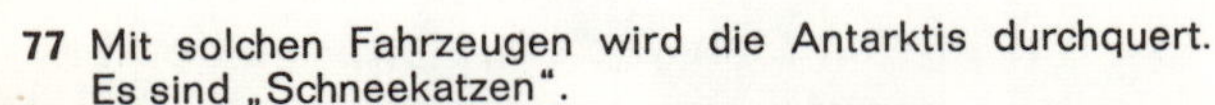

77 Mit solchen Fahrzeugen wird die Antarktis durchquert. Es sind „Schneekatzen“.

79 Der Atem gefriert, der Bart vereist, aber einen Schnupfen kennt man nicht.

80 Mit 130 km/st Windgeschwindigkeit tobt ein furchtbarer Schneesturm über die Antarktis. Dicke Pelze und Gesichtsmasken schützen die Forscher bei der Arbeit.

81 Blanker Schnee bildet den Boden der Lagerräume in der Forschungsstation. Eis und Reif bedecken die Wände. Der Tunnel wurde 9 m tief unter den Schnee gegraben.

82 Warmzeit

83 Tundrengürtel am nördlichen Polarmeer

Bei den „Rohfleischessern"

Das Nordpolarmeer wird begrenzt von den Kontinenten Amerika, Europa und Asien. Hinzu kommt die Insel Grönland. (Siehe Atlas!)
Das Hinterland dieser Kontinentalküsten besteht hauptsächlich aus einem endlos erscheinenden Tiefland mit zahlreichen Seen und Tümpeln. Diese eintönige Landschaft wird unterbrochen von kahlen Hügeln und Bergen. Nirgendwo findet man Wälder. Bäume können hier nicht wachsen. Die warme Jahreszeit ist zu kurz. Der Boden taut nur wenig auf.
Moose, Flechten, Zwergsträucher und an geschützten Stellen Birkengewächse beleben im Sommer das Land. In dieser kurzen Warmzeit überzieht sich der Boden mit einem blühenden Teppich. Die Sonne versinkt wochenlang nicht unter dem Horizont.

Im Winter aber fällt das Quecksilber weit unter den Gefrierpunkt. Die Luft ist ruhig und klar. Schnee fällt nur wenig. Den ganzen Tag über ist es finster. Die unendliche Weite hat sich dann mit einem eisigen Teppich überzogen. Das ist die Tundra. (Aus „tunturi" gleich „waldloser Berg")

1. Karte 83 zeigt den Tundrengürtel am nördlichen Polarmeer. Vergleiche dieses Bild mit dem Atlas! Schlage hierzu die Karte von Eurasien und Nordamerika auf! Achte auf das Zeichen für Tundra.
2. Die Landschaft der Tundra liegt im Bereich des nördlichen **Polarkreises** ($66\frac{1}{2}°$ nördliche Breite). Verfolge den Verlauf des Polarkreises im Atlas und auf dem Globus!
3. Suche die Tundra der südlichen Halbkugel der Erde im Atlas auf! Begründe deine Feststellung!

84

	m NN		J	F	M	A	M	J	J	A	S	O	N	D	Jahr
Workuta (60° Ö / 65° N)	65	°C	– 20,6	– 18,7	– 14,4	– 5,0	– 0,8	+ 7,7	+ 12,2	+ 10,4	+ 5,0	– 3,0	– 13,8	– 19,0	– 4,8
		mm	25	20	20	19	30	42	61	64	55	44	32	28	440
Essen (6° Ö / 51° N)	151	°C	+ 1,5	+ 1,9	+ 5,3	+ 8,9	+ 13,1	+ 16,0	+ 17,5	+ 17,3	+ 14,6	+ 10,0	+ 5,8	+ 2,8	+ 9,5
		mm	75	65	62	65	70	76	91	86	70	81	72	84	897

4. Fertige von den Klimawerten der Tabelle 84 ein Schaubild an!

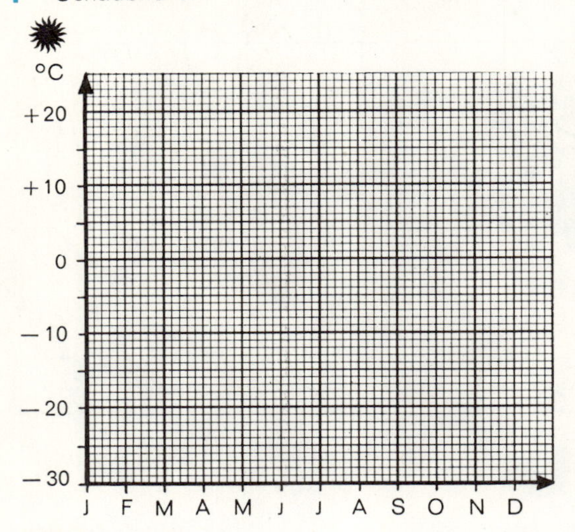

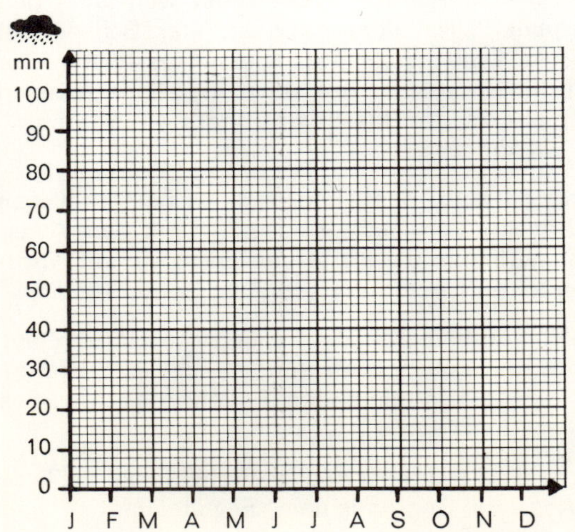

5. Frühling, Sommer und Herbst dauern in Workuta

von .... bis ....

6. Der August in Workuta ist fast genauso warm wie

der Monat .... in Essen.

7. In den Monaten Januar bis März fallen in Essen

..........mal so viel Niederschläge wie in Workuta.

8. Workuta und Essen haben eines gemeinsam. Schlage hierzu die Karte für Bodenschätze auf!

9. Was sagt der Atlas über die Einwohnerzahl von Workuta?

Trotz der schlechten Lebensbedingungen wohnen in der Tundra Menschen

Im Norden Amerikas:	die Eskimos
Im Norden Europas:	die Lappen
Im Norden Asiens:	nordsibirische Völkerstämme (z. B. Jakuten, Tungusen und Samojeden)

Noch vor einigen Jahrzehnten waren diese Völker nur Jäger, Fischer oder Rentierzüchter. Sie lebten in Schnee- und Eishütten (Iglus) oder in Zelten aus den Fellen der erlegten Tiere.
Die oftmals weit verstreut lebenden Bewohner werden heute in zentralen Orten zusammengezogen.

Die jungen Menschen verlassen heute oft ihre Herden, Fischgründe und Jagdreviere und finden neue Arbeitsplätze. Aus Dörfern werden Siedlungen mit Schulen und Krankenhäusern. Städte mit Industrieanlagen werden auf dem dauernd gefrorenen Boden gebaut.
Jäger, Fischer und Rentierzüchter bilden Genossenschaften, um mehr Geld zu verdienen. Zu den Kajaks kommen Motorboote. Das Gewehr ersetzt die Knochenharpune. Weite Strecken werden mit dem Flugzeug zurückgelegt, kürzere mit Motorschlitten. Rentierherden werden vom Hubschrauber aus beobachtet.

Der Hundeschlitten wird nach wie vor unentbehrlich sein.

Es wird nicht mehr lange dauern, bis alle amerikanischen, europäischen und russischen Facharbeiter, Techniker, Ingenieure, Ärzte und Piloten von den ausgebildeten Ureinwohnern der Tundra abgelöst werden. Schon jetzt arbeiten Männer und Frauen der Polargebiete auf Flugplätzen, in Autowerkstätten, in Wetterstationen.

Die Bodenschätze der amerikanischen, der europäischen und asiatischen Tundra sind noch nicht alle entdeckt. Erdöl, Kohle, Erze, sogar Gold sind bereits gefunden worden. Diese Bodenschätze werden auch mit Hilfe der Eskimos, der Lappen, der Jakuten und Tungusen gefördert, aufbereitet und dorthin verschickt, wo sie verbraucht werden.

Auch der Mittagstisch dieser Menschen ändert sich. Nicht nur Konserven aus den Industrieländern stehen ihnen zur Verfügung, sondern auch frisches Obst und Gemüse. Auf russischen Mustergütern zum Beispiel werden Gemüse, Beerenobst und Getreide in riesigen Treibhäusern angebaut.

„Eskimo" war einmal ein Schimpf- und Spottname. Er bedeutete „Rohfleischesser".

In der Tundra kennt man heute die Elektrizität. Deshalb können die Eskimos ihr Fleisch auch kochen und braten. Sogar Kühlschränke wurden 1970 in Westgrönland gekauft.

Auch in der Tundra verändert die Technik immer mehr die Lebensweise der Menschen.

85 Eskimo beim Iglubau

Bilder, die noch mehr erzählen (Bilder 85—88):

10. Achte auf die Kleidung der Kinder und Erwachsenen!
11. Schau die Gesichter der Menschen an!
12. Fertige eine Niederschrift an: Bei den Eskimos in der Schule.
13. Das Kleinkind sitzt unter der Kleidung der Mutter auf dem Rücken. Das hat einen ganz bestimmten Grund.
14. Zu welcher Jahreszeit wurden die Bilder fotografiert? — Begründe deine Meinung!

86 Eine Schule in der Kanadischen Tundra. Die Regierung hat als „Schulbus" einen Hundeschlitten zur Verfügung gestellt.

87 Ein amerikanischer Techniker begrüßt ein Eskimokind mit seiner Mutter.

88 Seit einigen Jahren gehen die Eskimokinder regelmäßig zur Schule. Es genügt nicht mehr, mit Lasso, Pfeil und Bogen oder mit der Harpune umgehen zu können.

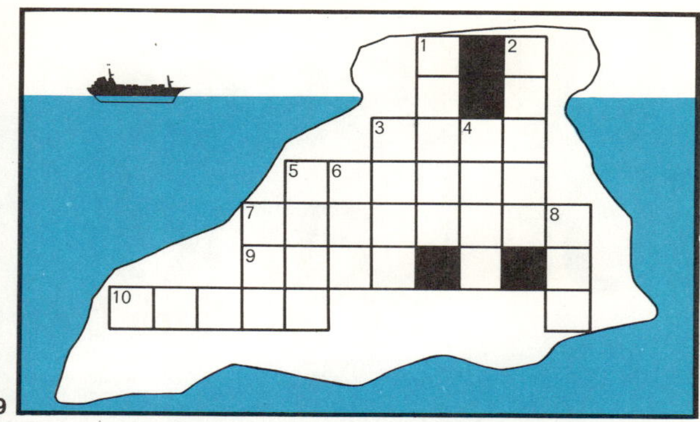

89

15. Löse das Kreuzworträtsel Nr. 89! — Es hat die Form eines Eisberges. Diese Eisberge schauen nur zu $^1/_7$ aus dem Wasser.
Waagerecht: 3. ein anderes Wort für Sumpf, 5. Kleidungsstück der Eskimos, 7. er war der erste Mensch am Südpol, 9. Zugtier der Menschen in der Tundra, 10. Wüste an der Westgrenze Indiens. — **Senkrecht:** 1. von einem Gletscher ausgehobeltes Tal an der Küste Norwegens, 2. Gartengerät, 3. Himmelskörper, 4. Garten in der Trockenwüste, 5. russisch-chinesischer Grenzfluß, 6. ein anderes Wort für jetzt, 7. Nebenfluß des Rheins aus der Eifel, 8. bei Assuan gestaut.

Du weißt:
Große Teile des Festlandes der Erde sind öde und kaum besiedelt. Einmal ist es die Kälte, ein anderes Mal die Trockenheit, die uns Menschen das Leben dort erschwert. Aber die wachsende Erdbevölkerung kann auf den Boden dieser **Kälte-** und **Trockenwüsten** nicht verzichten. Deshalb werden immer wieder Männer und Frauen mit Hilfe der Technik versuchen, auch hier erträgliche Lebensbedingungen zu schaffen.

1. Die Lebensverhältnisse in den Polargebieten der Erde beschreiben und begründen.
2. Die Gletscherbildung erklären und ihre Einwirkung auf Mensch und Landschaft beschreiben.
3. Vegetation der Tundra erläutern und die Lebensvoraussetzungen begründen.
4. Über die Wandlung der Lebensverhältnisse der Urbewohner der Tundren berichten.
5. Die Bedeutung der Polargebiete für Wissenschaft und Technik kennen.

4 Wasser frißt Land

Wasser baut Land

Die Gefahr noch nicht gebannt
Norddeutschland ist zum Katastrophengebiet erklärt

Weit über 50000 Menschen verloren ihr Heim — Tote und Verletzte
Unübersehbare Schäden in den norddeutschen Küstenländern

350 Tote durch Unwetterkatastrophe

Sturmfluten und Orkan über Westeuropa — Notstand in Holland ausgerufen — Häuser wie Streichholzschachteln eingedrückt — Westdeutschland: Sturmböen und Schneeverwehungen

Eine halbe Milliarde Flutschäden in Niedersachsen und Schleswig-Holstein

Mehr als tausend Todesopfer in Brasilien?

Typhus droht nach Naturkatastrophe – Unterspülte Berge beginnen zu wandern

15000 Lehmhütten in den Fluten versunken

Schwere Wolkenbrüche verursachten Katastrophen in Japan und Indien — Auch Wien in Gefahr

Rio Grande trat über die Ufer
Fünfzehntausend sind obdachlos

Wahrscheinlich Hunderte von Toten — Flüchtlinge ohne Nahrung

Eagle Pass (Texas) (dpa)
Das amerikanisch-mexikanische Grenzgebiet am Mittellauf des Rio Grande wird von einer Ueberschwemmungskatastrophe heimgesucht. Fünfzehntausend Menschen sind obdachlos. Es wird m... gerechnet. Bisher wurden 55 Ertrunkene aus ... schwersten betroffen ist die mexikanische Stad...

Italien von Überschwemmungen heimgesucht

16 Tote – Florenz ohne Strom und Trinkwasser – Vier Todesopfer du...

Über 100 Tote durch Wolkenbrüche

Verkehr in Rio de Janeiro brach völlig zusammen

Auch die Ostsee holt sich kostbares Land

Von Wulf Meiners

Kiel. Wenn von Küstenschutz die Rede ist, so denkt man im Binnenland stets an die Nordsee. Aber auch die ...von Tribut. Ein Beispiel dafür ist ...öhagen: In 40 Jahren fraß die ...tar, also 50000 Quadratmeter. ...ligen Messungen im Jahre 1873 ...undesrepublik gehörenden Küste

Überschwemmungen in Argentinien halten an

Überschwemmungen in Oberbayern
Straßen gesperrt – Bahn gefährdet

Garmisch und Mittenwald einseitig abgeschnitten / 36 Stunden Regen

Garmisch (dpa)
Seit über 36 Stunden anhaltende starke Regenfälle in Oberbayern haben in der Nacht zum Freitag die Gebirgsflüsse Loisach, Isar und Ammer stellenweise bis zu einem Partenkirchen und Mittenwald wurden auf diese Weise vom Kraftfahrzeugverkehr abgeschnitten. Oberammergau kann von München aus nur über Murnau und Bad Kohlgrub erreicht werden. Zwischen Eschen-

Die Menschen auf den Halligen mußten sich auf die Dächer retten

Das war die schlimmste Flut seit 300 Jahren / Angst in der tobenden See

Hamburg (UPI)
Die deutschen Halligen an der Nordseeküste erlebten in der Nacht zum Samstag die stärkste Sturmflut seit 300 Jahren. Wie die schleswig-holsteinische Landesregierung in Kiel mitteilte, mußten sich die Menschen auf den Halligen, die teilweise so weit vor der Küste liegen, daß das Festland bei schlechtem Wetter außer Sicht gerät, unter und teilweise auf die Dächer ihrer Häuser retten, um

Hochwasserkatastrophen aus aller Welt

Katastrophennachrichten aus vielen Teilen der Erde sind in diesen Zeitungsausschnitten zusammengestellt. Hier ist es Wasserkraft, die menschliches Leben, Hab und Gut bedroht und vernichtet.
Immer dann ist Wasser gefährlich, wenn es seinen gewohnten Platz verläßt.

Zu starke Regengüsse lassen Bäche, Flüsse und Ströme anschwellen und über die Ufer treten. Treibt ein Sturmwind das Meer gegen die Küste, können große Teile des flachen Landes überspült werden. Deshalb haben die Menschen zu allen Zeiten versucht, sich vor den Gefahren des Wassers zu schützen.

1. Dies sind einige Orte und Länder, von denen in den Zeitungsmeldungen berichtet wurde.
Argentinien (70° W / 40° S)
Florenz (10° Ö / 42° N)
Halligen (8° Ö / 54° N)
Hamburg (10° Ö / 53° N)
Indien (70° Ö / 20° N)
Italien 10° Ö / 44° N)
Holland (4° Ö / 51° N)
Japan (130° Ö / 30° N)
Niedersachsen (8° Ö / 52° N)
Rio de Janeiro (40° W / 30° Süd)
Schleswig-Holstein (8° Ö / 54° N)

2. Lies nach, was von diesen Plätzen gemeldet wird! Suche die Orte und Länder im Atlas auf! Notiere sie auf der Weltkarte im Buch! (Folie)
3. Unterscheide Katastrophen, die durch Meer und Sturm entstanden sind, von denen, die durch Flüsse und Niederschläge entstanden sind!

Der Kampf mit dem Wasser wird weitergehen.

Die Uhr der Weltmeere geht nach dem Mond

Der Wasserspiegel der Weltmeere senkt und hebt sich Tag für Tag. Das geschieht zweimal innerhalb 24 Stunden 50 Minuten (das ist die Zeit für einen Umlauf des Mondes um die Erde). Sinkt der Wasserspiegel, dann ist **Ebbe.** Steigt er, so spricht man von **Flut.** Dieses tägliche Fallen und Steigen nennt man „**Gezeiten**" oder „**Tiden**".
Der Unterschied zwischen diesem natürlichen Hoch- und Niedrigwasser heißt „**Tidenhub**". Er beträgt in Wilhelmshaven (8° Ö / 53° N) in der Regel 3 m, in Hamburg 2,3 m, London (0° / 50 ° N) 7 m, in der Bucht von St. Malo (2° W / 48° N) bis zu 14 m, im Bristol-Kanal (4° W / 50° N) bis zu 14 m, in der Fundybai (70° W / 40° N) bis zu 21 m. (Bild 84)

90 Unterschiedlicher Tidenhub an den Meeresküsten

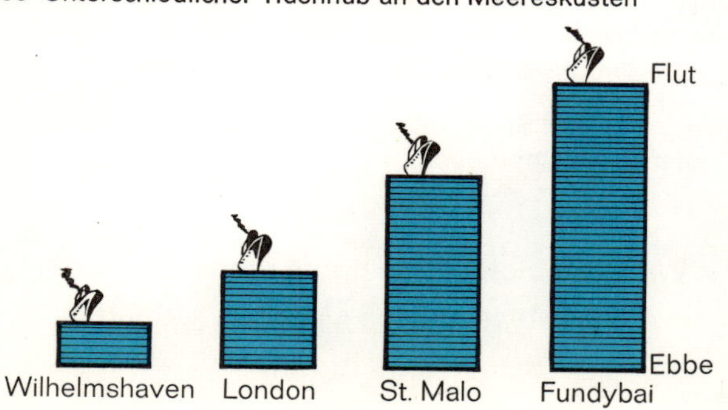

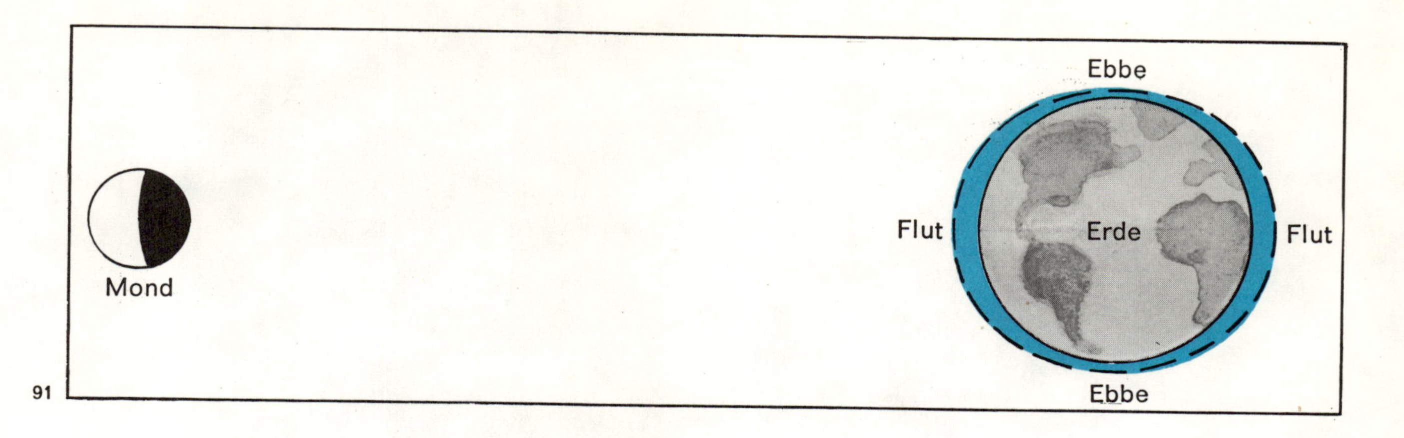

91

Der Wasserstand wird täglich gemessen. Die Zeiten für Ebbe und Flut sind bekannt. Dadurch ist man in der Lage, für das Niedrigwasser (Ebbe) und das Hochwasser (Flut) Mittelwerte anzugeben. Deshalb heißt es in den Nachrichten oft: „Das Hochwasser an der deutschen Nordseeküste wird zwei Meter über dem Mittleren Hochwasser liegen."

Wasserstandsnachrichten sind für die Schiffahrt und die Küstenbewohner lebenswichtig.

Hauptsächlich der Mond verursacht die Gezeiten. Hinzu kommt die Fliehkraft durch die Erdumdrehung. Auf der dem Mond zugewandten Seite der Erde werden die Wassermassen durch die **Anziehungskraft des Mondes** angezogen. Die Fliehkraft bewirkt auf der entgegengesetzten Seite der Erde ebenfalls Flut. (Bild 91)

1. Bild 92 zeigt einen Querschnitt einer Hafenmauer (A) und eines Küstenstreifens (B). Beide liegen auf gleicher Höhe. Es ist Ebbe. Der Gezeitenunterschied beträgt 3,5 m. Zeichne bei beiden Querschnitten den Wasserstand bei Flut ein! (Folie)

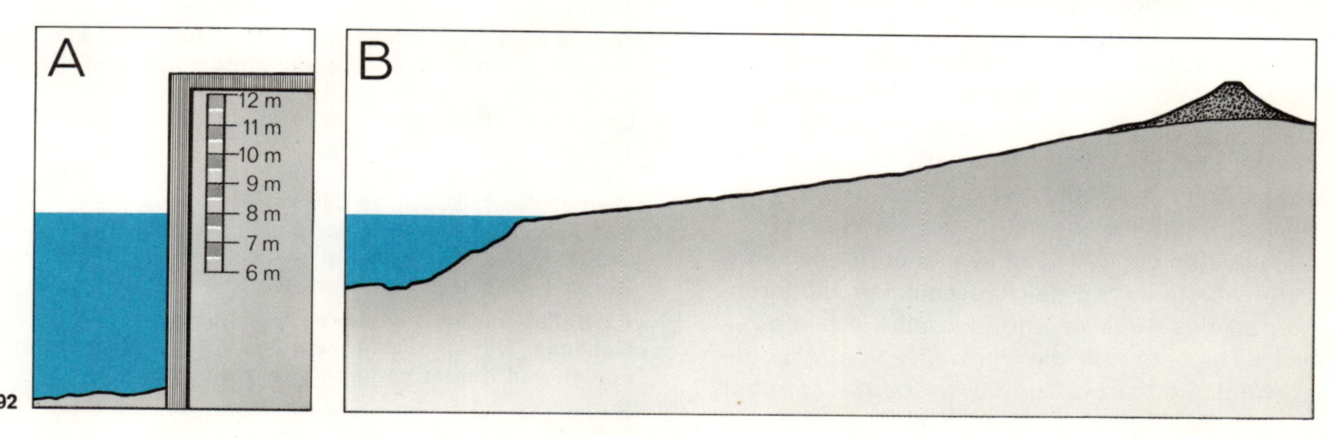

92

Durch die Gezeiten werden täglich die Wassermassen der Weltmeere hin und her bewegt.

93 Folgen einer Sturmflut

94

95

Sturm und Flut

Wenn die **Flut** und ein **Sturm** gleichzeitig auftreten, kommt es zur **Sturmflut.** Dies geschieht besonders häufig im Herbst und im Frühjahr.
Schau dir die Karte von Europa an! Ein Nordweststurm drückt die Flutwelle gegen die Küsten von England, Belgien, Niederlande, Deutschland und Dänemark.

Am 18. Februar 1962 stand in der Zeitung: „Als gestern die Sonne am wolkenlosen Himmel über Hamburg aufging, wurde den Hubschrauberpiloten erst das volle Ausmaß der Sturmflutkatastrophe bewußt. Wohin das Auge auch blickte, überall standen Häuser im Wasser.
Die meisten der 100 000 Einwohner der betroffenen Gebiete in den deichgeschützten Niederungen an der Südelbe und Nordelbe schliefen in ihren Häusern, als die Flutwelle, von Windgeschwindigkeiten bis zu 160 km getrieben, über die Deichkrone brach. Sie retteten sich in den einstöckigen Häusern wie auf den Nordseehalligen bis aufs Dach. Viele kletterten auch auf Bäume, von denen sie erst am Tage von Hubschraubern geborgen werden konnten. Von den zunächst 150 eingesetzten Schlauchbooten wurden viele durch Stacheldraht aufgeschlitzt. Kleinere Schlauchboote erwiesen sich während des Sturmes als lebensgefährlich für ihre Besatzungen, weil sie wie Laubblätter über das Wasser gefegt wurden."

Auch in der Nacht zum 1. Februar 1953 wurden große Teile der Nordseeküste von einer Sturmflut heimgesucht. Besonders schwer wurden England und die Niederlande getroffen.
Das Meer überflutete damals in den **Niederlanden** 1700 km² Land. (Zum Vergleich: Flächengröße von Frankfurt/Main 200 km², Düsseldorf 160 km², München 310 km², Bodensee 540 km²)
(1700 km² ist eine Fläche von 68 km Länge und 25 km Breite. Diese Fläche kannst du im Atlas ausmessen. Gehe von deinem Heimatort aus!)

Am 1. Februar 1953 ertranken 1835 Menschen. 25 000 Gebäude wurden völlig zerstört. 300 000 Männer, Frauen und Kinder verloren ihre Wohnungen.

Sturmfluten haben im Laufe von Jahrtausenden große Teile der deutsch-niederländischen Küste geformt. Folgende Buchten sind dabei entstanden: Ijssel-Meer (5° Ö / 52° N), Dollart (7° Ö / 53° N), Jade-Busen (8° Ö / 53° N). (Siehe Atlas!)

Ein Schutzwall gegen das Meer

Sicheren Schutz gegen eine Sturmflut bilden die Dünen (siehe Bild 95!). Sie werden bepflanzt, damit der Wind den feinen Sand nicht forträgt. Das Bild zeigt einen Ausschnitt aus dem nordholländischen **Dünengürtel** zwischen Den Haag und Den Helder (4° Ö / 52° N).

Wo keine Dünen schützen, baut man hohe Schutzwälle, die **Deiche** (Bild 96 - 97 - 102 - 104).

Die Sturmflut 1962 hat gezeigt, daß manche Deiche nicht hoch genug waren. Sie wurden erhöht. Auch die Form des Deiches änderte man. Die dem Land zugekehrte Seite darf nicht steil abfallen: Deiche wurden zerstört, weil das überlaufende Wasser durch starkes Gefälle die Deichrückseite ausgehöhlt hatte.

Ein friesisches Sprichwort heißt: „Wer nicht will deichen, muß weichen."

Weite Gebiete lägen heute unter Wasser, wenn die Menschen es nicht gewagt hätten, dem Meere zu trotzen.

Größe und Gestalt eines Deiches richten sich nach der Aufgabe, die er zu leisten hat.
Die Länge aller Deiche an der deutschen und niederländischen Küste beträgt ca. 3000 km.

Deiche sind Verteidigungsstellungen des Menschen gegen das Meer.

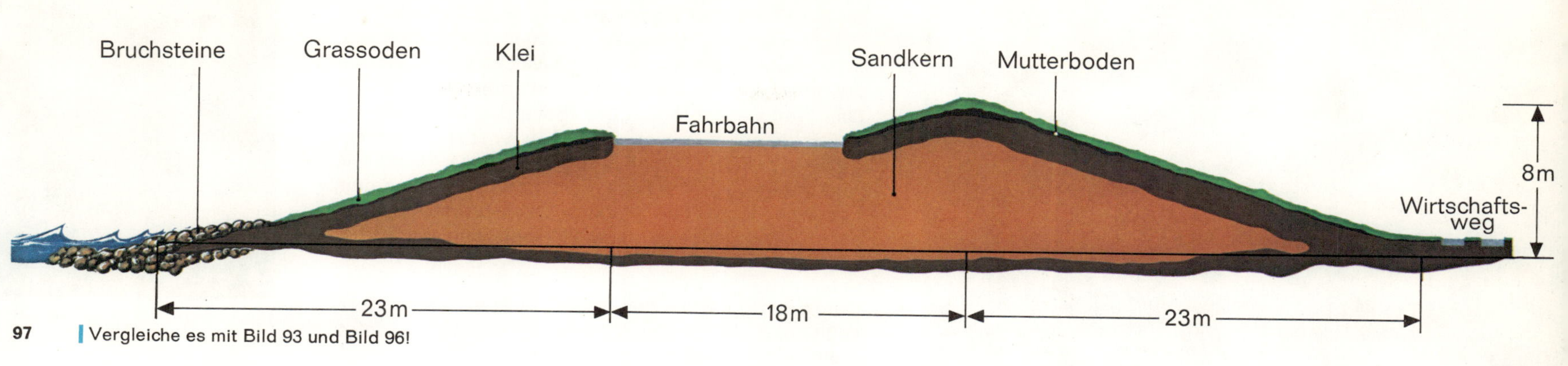

97 | Vergleiche es mit Bild 93 und Bild 96!

96

Wasser baut Land

1. Vergleiche die Tiefe der Nordsee mit der des Atlantischen Ozeans! (Europakarte)
2. Folge dem Lauf der niederländisch-deutschen Küste! (Karte von Norddeutschland)
3. Was verrät der Atlas über die Meerestiefe an dieser Küste?

Von der niederländischen Insel Texel (4° Ö / 54° N) bis zur deutschen Insel Sylt (8° Ö / 54° N) gliedert sich die Küste in drei Teile:

Inseln
Watten
Marschen

Die Westfriesischen und Ostfriesischen Inseln, mit Ausnahme der Insel Texel, **wurden von der Meeresströmung der Nordsee aufgebaut.**

Die Wellen brechen sich beim Anlaufen aus der tieferen See auf die flachen Küstenwasser. Dabei wirbeln sie Sand vom Meeresboden auf. Gezeitenstrom und Küstenstrom nehmen Sand mit. Sie lagern ihn ab. Bei Ebbe kann der Wind den Sand zu Dünen aufwehen.

Die Nordfriesischen Inseln und die Halligen sind Reste des ehemaligen Festlandes.

Die Sandinseln an der Küste erleben Jahr für Jahr eine Völkerwanderung. Salzwasser, Seeluft und Sand locken die Menschen.
Aus den Fischerinseln wurden Urlaubsinseln. (Bild 98)

98

99

Auch die Flüsse haben mitgeholfen, neues Land zu bauen. Sie bringen feine Schlamm- und Tonteilchen an die Küste und lagern sie dort ab. Das Meer vermischt sie mit Resten abgestorbener Pflanzen und toter Tiere. So entstand der Schlick in den Watten zwischen den Inseln und dem Festland.
Das Watt wird geformt durch Ebbe und Flut. Zweimal täglich kann man hier zu Fuß über den „Meeresgrund" gehen. Priele durchziehen das Watt wie Bäche und Flüsse. Diese Landschaft erscheint dem Menschen leblos und feindlich. Doch zahlreiche Kleintiere, Vögel und Algen sind hier heimisch. Sie helfen mit, das Land aufzubauen. (Bild 99)

Damit der Ebbstrom den Schlick nicht wieder mit fortspült und die Neulandgewinnung schneller erfolgt, greift der Mensch ein.

1. Vom Deich wird das Watt durch Lahnungen in rechteckige „Felder" aufgeteilt. (Bild 100) Lahnungen sind Pfahlreihen mit Steinen und Reisig ausgefüllt. In diesen Feldern beruhigt sich das Wasser. Der Schlick sinkt leichter zu Boden.
2. Hat sich genügend Schlick angesammelt, werden Entwässerungsgräben ausgehoben. Die Schlickfelder werden dadurch höher.
3. Nach einigen Jahren wächst dort der Queller, eine salzliebende Pflanze. Mit seinen feinverzweigten Wurzeln befestigt er den Boden. An seinen Stengeln und Blättern bleibt neuer Schlick hängen. (Bild 101)
4. So wächst der Boden Jahr um Jahr. Neue Entwässerungsgräben werden gezogen. Einige Stellen des Neulandes erreicht das Hochwasser nun nicht mehr.
5. Nach 30 bis 40 Jahren wird dieses Neuland eingedeicht. Das Regenwasser wäscht das Salz aus. Die ersten Süßwasserpflanzen siedeln sich an. (Bild 102, rechter Teil)
6. So ist ein neuer **Koog** oder **Polder** entstanden. (Bild 96 rechts, Bild 102 links)
7. Ein Deichtor, das Siel, ermöglicht die Entwässerung. Liegt das neue Land jedoch unter dem Meeresspiegel, so sorgen Elektropumpen für den Abfluß des Oberflächenwassers.

Ein Koog oder Polder besteht aus Marschboden.
Marschland ist sehr fruchtbar.

100

101

102

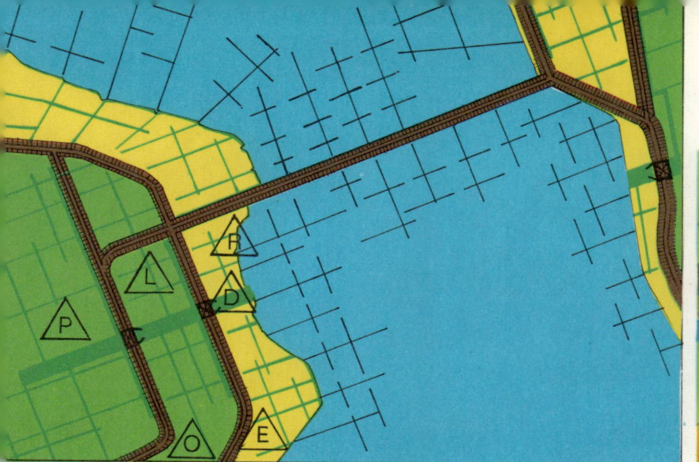

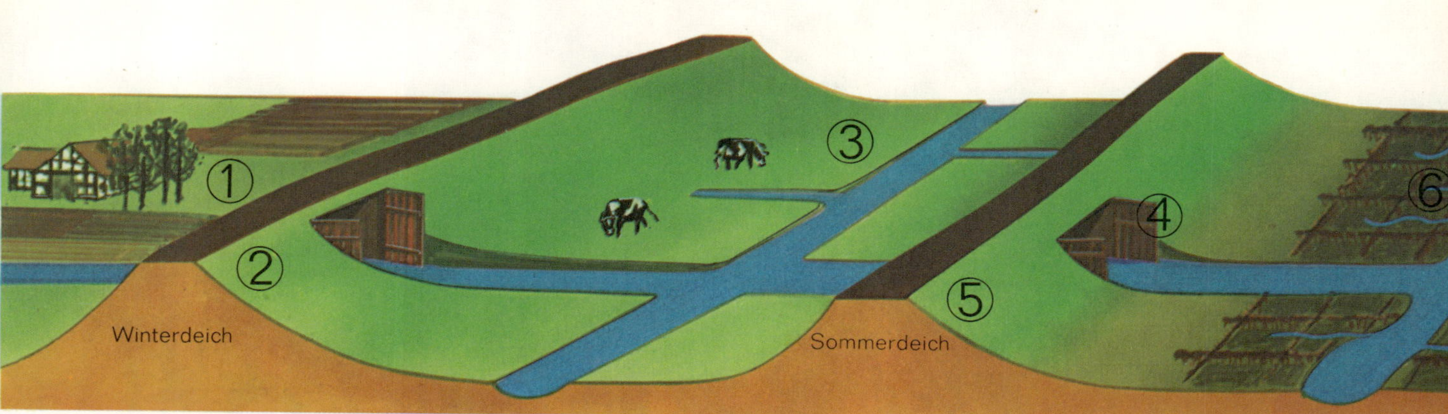

103 und **104** Zwei Inseln wachsen zusammen

Weizenernte in Hektarerträgen:	
Im Koog oder Polder:	37,5 dz
Durchschnitt in der Bundesrepublik:	34,8 dz

Eine starke Sturmflut
kann die Arbeit von Jahrzehnten vernichten!

4. Auf dem Blockbild 104 (rechts) sind Kreise mit Zahlen eingezeichnet, auf dem Kartenausschnitt 103 (links) Dreiecke mit Buchstaben. Zu jedem Kreis gehört ein entsprechendes Dreieck. Verbinde die passenden Zeichen miteinander! (Folie) Bei richtiger Lösung ergeben die Buchstaben in der Reihenfolge der Kreise (1—6) das Wort.

5. Schau die Karte 103 an:
   a) Welches Bauwerk war nötig, damit die Inseln zusammenwachsen?
   b) In 5 Jahren wird man neue Deiche bauen. Zeichne den Verlauf dieser Deiche ein! (Folie 1)

6. Wie kann der Deichverlauf in 40 Jahren aussehen? — Zeichne! (Folie 2)

Die Zähmung der „Sintflut“

1. Lies noch einmal auf Seite 38 und 40 über die Sturmflutkatastrophe in den Niederlanden 1953!

Die Niederlande sind das Land mit der größten Bevölkerungsdichte in Europa. Das Meer hat in der Vergangenheit große Teile ihres Landes „gefressen“. Die Niederländer holen es sich zurück.

Ein Drittel des Staatsgebietes liegt 5 bis 6 m unter dem Meeresspiegel. Daher gibt es die vielen Entwässerungsgräben und Pumpwerke in diesem Land.

2. Vergleiche die beiden Kartenausschnitte Nr. 105!
3. Miß die Ausdehnung der Wasserfläche vor und nach der Neulandgewinnung!
4. Übertrage die ermittelten Maße (in km) in die Heimatkarte! Achte auf den Maßstab!
5. Schlage die Karte der Niederlande im Atlas auf! Lege eine Folie darüber! Schraffiere die Gebiete, die unter dem Meeresspiegel liegen (Senken)! Vergleiche die Größen mit Gebieten deiner Heimat!
6. In den Atlanten gibt es Sonderkarten zum Thema „Landgewinnung an den Küsten“ und „Änderung der Küstenverläufe“ — Orientiere dich! Versuche die Information dieser Karte in Worte zu kleiden!

105 Aus der Zuidersee wurde das Ijssel-Meer

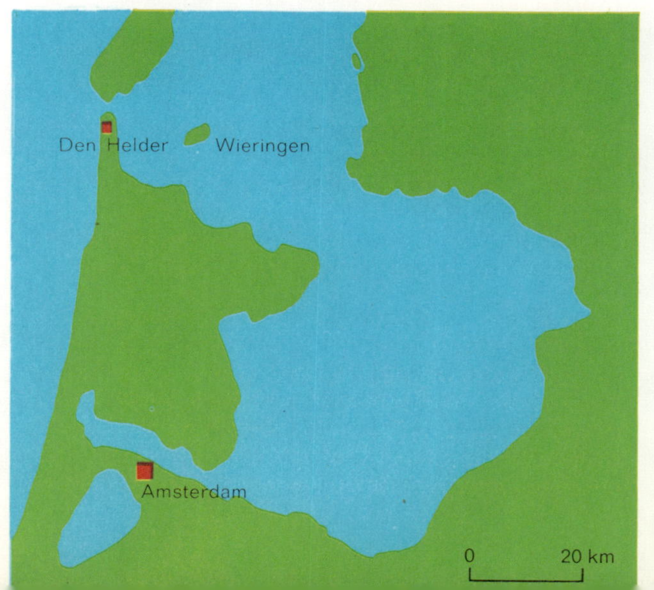

106

107

So haben die Niederländer Neuland gewonnen

Zuerst gewannen sie neues Land bei Den Helder. Dann wurde die Insel Wieringen mit dem Festland verbunden. Diese Arbeit dauerte über 100 Jahre.
Von Wieringen aus baute man einen 32 km langen Damm bis zur anderen Seite des Festlandes. (Bild 106)
Die Meeresbucht wurde allmählich ein Süßwassersee, das **Ijssel-Meer.**
Vom Ufer aus wurden ringförmige Dämme im Ijssel-Meer aufgeschüttet. Pumpen saugen das Wasser ab. Das trockengelegte Land durchziehen Wassergräben. Der Regen wäscht das Salz aus. Erst wenn dieses Land eine lange Zeit Schilf und Riedgras getragen hat, kann es landwirtschaftlich genutzt werden. Damit haben die Niederländer einen neuen Polder gewonnen.
Täglich müssen die Pumpen das Oberflächenwasser in die höher liegenden Landesteile befördern. Die Windmühlen werden immer mehr durch Elektropumpen ersetzt.

Ohne die elektrischen Wasserpumpen würden weite Gebiete der Niederlande „ertrinken".

700 km Deiche ersetzt durch 25 km Dämme

Der gefährlichste Landstrich der Niederlande war das Mündungsgebiet von Lek, Waal (Rhein), Maas und Schelde (4° Ö / 51° N). Der größte Hafen der Welt, Rotterdam, liegt in diesem Abschnitt. Außerdem befindet sich hier ein holländisches Industriegebiet. (Karte 112)

7. Was kann geschehen, wenn Sturmflut u n d Hochwasser der Flüsse gleichzeitig eintreten?

Durch die Katastrophe von 1953 wurde der Deltaplan zum Gesetz: „Absperrung der Mündungsarme durch Dämme. Bau eines Wasserweges für die Schifffahrt." (Karte 112)
Bis Ende 1970 will man dieses Vorhaben fertigstellen. Die geschätzte Bausumme beträgt 3 Mrd. DM.

Jeder dieser Dämme verlangt eine besondere Bauweise. Für den Damm am Veeregat (Karte 112 [1]) und am Volkerat (Bild 112 [3]) wurden sieben große Betonkästen nacheinander auf dem Meeresgrund verankert. (Bild 111) Die Wände dieser Senkkästen bestanden aus einem Drahtgeflecht. Ebbe- und Flutstrom konnten zunächst ungehindert hindurchfließen.

Als der letzte Kasten in der Dammreihe stand, wurden die Falltore aus Beton heruntergelassen. Das Meer war ausgesperrt. Die Aufschüttung des Sanddammes konnte beginnen.

Im Damm des Haringvliets (Karte 112 [2]) mußte eine **Entwässerungsschleuse** eingebaut werden. Durch diesen Meeresarm fließt ein sehr großer Teil der Wassermassen von Waal und Maas. Hier hindurch zwängen sich im Winter auch die Eisschollen der Flüsse.

Wie diese Schleusen gebaut wurden, zeigen die Bilder 108 — 110. Bild 107 gibt einen Eindruck von dem Bauwerk kurz vor der Vollendung.

Die Aussperrung des Meeres schenkt den Niederländern einen zweiten großen Süßwassersee.

Dieser See ist für die Landwirtschaft und die Industrie von großem Nutzen.
Die Inseln sind zukünftig nicht mehr vom Festland isoliert. Ein großes Erholungsgebiet ist erschlossen. Ein neues Paradies für Wassersportler entsteht.

108

109

110

111

Die Niederländer sind die Fachleute auf dem Gebiet des Küstenschutzes und der Wasserbautechnik.

112 Neulandgewinnung und Küstenschutz im Mündungsgebiet von Waal, Maas und Schelde

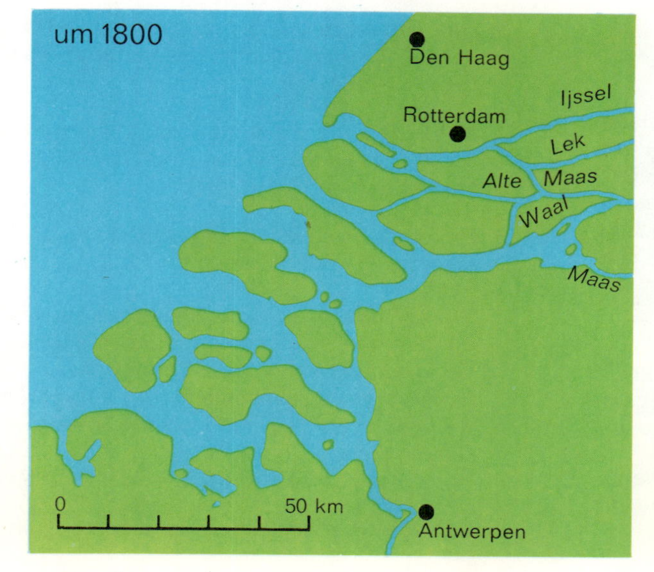

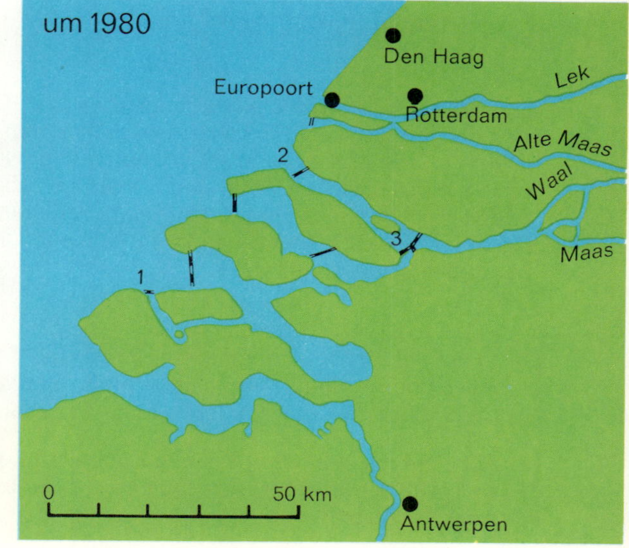

113 So hat ein Bergbach, der über seine Ufer getreten ist, eine Autobahn zerstört.

114 Hochwasser am Inn. Nur die höher liegenden Teile einer Stadt oder Ortschaft bieten Schutz vor solchen Katastrophen.

Ein Fluß bricht aus

Ebenso gefährlich wie die Sturmfluten an den Küsten sind die Überschwemmungskatastrophen in den Flußtälern und Flußniederungen. Anhaltender Niederschlag, plötzliches Tauwetter und die Schneeschmelze in den Hochgebirgen im Frühling sind die Ursachen. Dennoch haben die Menschen ihre Siedlungen in großer Zahl an Flüssen errichtet.

1. Viele der größten deutschen Städte (ab 500 000 Einwohnern) liegen an einem Fluß. Stelle eine Liste dieser Städte mit ihren Flüssen zusammen!
2. Auch die meisten europäischen Hauptstädte liegen an Flußläufen oder Meeresbuchten. Schreibe die Ausnahmen auf!
3. Das Gebiet des Ganges in Indien (80° Ö / 25° N) gehört zu den dichtbesiedeltsten Gebieten der Erde. Siehe Atlas!
4. In China leben die meisten Menschen im Flußgebiet des Jangtsekiang (110° Ö / 30° N) und des Hwangho (110° Ö / 30° N).
5. Prüfe die Bevölkerungsdichte in Nord- und Südamerika (Sonderkarte im Atlas)!
6. Warum haben sich die Menschen in der Vergangenheit immer wieder an Flüssen angesiedelt? — Dazu einige Stichwörter: Trinkwasser — Fische — fruchtbares Schwemmland — Verkehrsmittel — weniger Wald — Transportmöglichkeit — Verteidigungslinie —
   Bilde aus den Stichwörtern erklärende Sätze!
7. Lies die Überschwemmungsberichte (Seite 38)!

So kann es in jedem Jahr in irgendeiner Zeitung dieser Erde stehen:

Wasser steigt - Menschen verzweifeln

Von unserem Sonderberichterstatter

Schon am Donnerstagabend war die kommende Gefahr zu erkennen. Aber das Geschehen während der Nacht übertraf die schlimmsten Befürchtungen. Schon seit 14 Stunden prasselte der Regen erbarmungslos nieder. Das sonst so schmale Flüßchen nahm das Aussehen eines großen Stromes an. Schon gurgelte das Wasser an den Flußdämmen. — Der Regen ließ nicht nach. Sturmböen peitschten ihn. — Die Fluten stiegen weiter. —

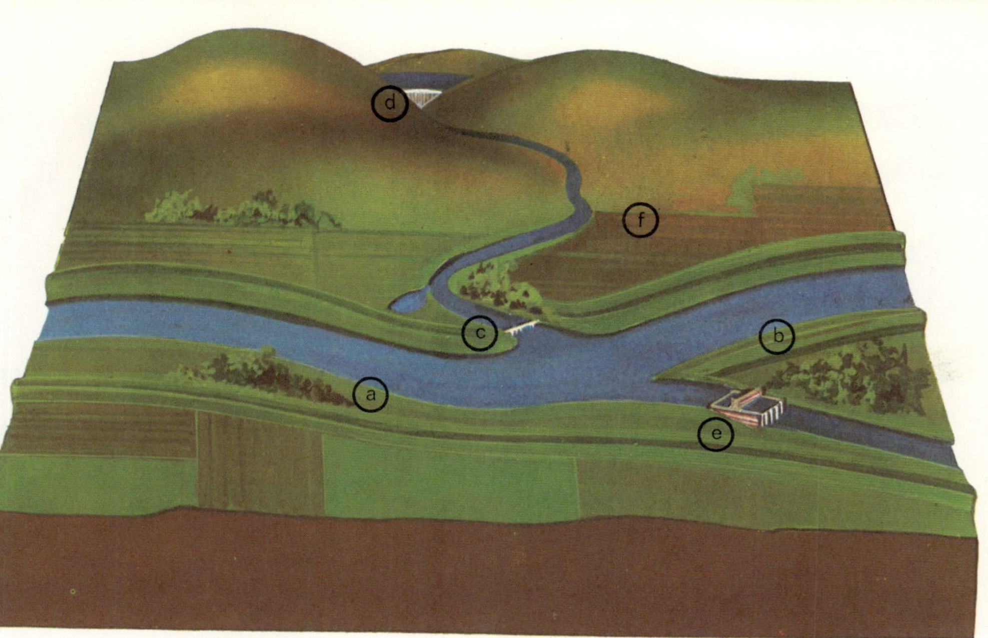

115

Kurz nach Mitternacht brach der Damm. Ströme von braunem, schmutzigem Wasser ergossen sich über das Land.
Die Menschen versuchten mit letzter Kraft, ihre Habe vor der Gier der Wasserfluten zu retten. Frauen und Kinder, Männer und Greise stehen entsetzt vor den Wassermassen. Angsterfüllt schauen sie über die brodelnden Fluten zu ihren versunkenen Häusern.
Die Rettungsmannschaften können sich nur darauf beschränken, von den Fluten eingeschlossene Menschen in Sicherheit zu bringen, Tiere zu bergen und andere Gegenstände vor den noch immer steigenden Wassermassen zu schützen.

Wie an den Küsten, so haben die Menschen auch im Inland große Anstrengungen unternommen, um das Hochwasser zu bekämpfen.
An gefährdeten Stellen baute man Dämme und **Deiche.** Flußläufe wurden **begradigt. Talsperren** und **Rückstaubecken** errichtet, um überschüssiges Wasser zu sammeln. Flußteile wurden **kanalisiert** und **Hochwasserrinnen** angelegt.
Flußregulierungen können aber auch schwere Schäden für die Flußlandschaft bedeuten. Eine zu große Fließgeschwindigkeit vertieft das Flußbett und senkt damit den Grundwasserspiegel.

1. Die Blockbilder 115 zeigen einen Flußlauf vor und nach den Hochwasserschutzbauten. Schreibe auf, welche Arbeiten die Menschen hier verrichtet haben und was sie dadurch erreichten!

   a) ....

   b) ....

   c) ....

   d) ....

   e) ....

   f) ....

2. Passau (13° Ö / 48° N) ist oft von Hochwasser bedroht. Begründe diese Aussage! — Benutze Atlas und Lexikon!
3. Zähle Folgen auf, die durch eine Senkung des Grundwasserspiegels eintreten können!

Sturm und Flut, Tauwetter und Niederschläge kann der Mensch nicht beeinflussen. Vor den Gefahren dieser Naturereignisse muß er sich schützen.

1. Entstehung und Folgen des Tidenhubs beschreiben.
2. Auswirkungen von Sturmfluten auf Landschaften und Menschen erklären.
3. Unterschiedliche Maßnahmen der Landsicherung und Neulandgewinnung an Küsten erläutern.
4. Luftaufnahmen von Küstenstreifen deuten.
5. Die Bedeutung des Delta-Plans für die Niederländer beschreiben.
6. Die Notwendigkeit von Flußregulierungen erkennen und zweckmäßige Fluß-Schutzbaumaßnahmen aufzählen.
7. Gründe nennen können, warum häufig die Besiedlung entlang der Flüsse erfolgte.

5 BODENSCHÄTZE

Der Erdball, den du mit 3,6 Milliarden anderen Menschen bewohnst, birgt unermeßlichen Reichtum. Im Erdboden ruhen Schätze, ohne die ein Leben undenkbar ist. Selbst der einfache Stein hat Wert: er kann zum Werkzeug werden.
Ohne die Bodenschätze gäbe es keine Kleidung, keine Wohnung, keine Nahrung. Dein Spielzeug, dein Handwerkszeug wären ohne diese Schätze unvorstellbar. Kein Auto, keine Eisenbahn könnten fahren, kein Flugzeug fliegen, wenn nicht Tag und Nacht Männer und Frauen sich mühten, die Schätze des Bodens zu heben und zu verarbeiten.

Mit den Steinen fing es an

Allein auf seine Kraft angewiesen, ist der Mensch ein hilfloses Geschöpf. Er braucht Werkzeuge, um leben zu können.
Die Steine waren jahrtausendelang die einzigen Bodenschätze, die der Mensch kannte und benutzte.
Er fand sie an der Erdoberfläche (Steinbruch) oder unter der Erde (Feuersteinbergbau).
Holz und Knochen erweiterten seinen „Werkzeugschrank". (Bild 116)

116 Steinwerkzeuge

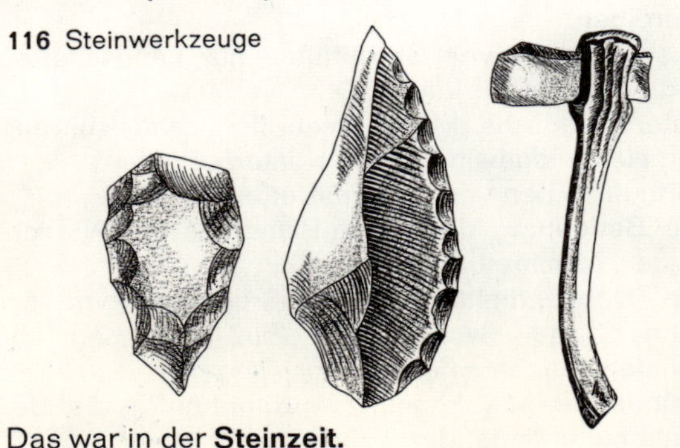

Das war in der **Steinzeit.**

Viel später fand der Mensch einen „Stein", der in der Glut seines Lagerfeuers weich wurde. Es war das Kupfererz. Mit einem anderen Erz, dem Zinn, vermischte er das Kupfer, und es entstand Bronze. Ein neues Zeitalter begann für die Menschen: die **Bronzezeit.**

Schon sehr früh entdeckten die Menschen Gold, Silber, Blei, Salz, Zink. Es dauerte aber sehr lange, bis sie das wertvolle Eisenerz fanden und nutzten.

Dieses Erz gab einem neuen Zeitalter seinen Namen: **Eisenzeit.**

Mit der Erfindung der Dampfmaschine — vor 200 Jahren — wurde der „schwarze Stein", die Kohle, zu einem der wichtigsten Bodenschätze unserer Erde.

Aber heute ....

....

1. Lies Seite 60, Nr. 1—4, und vervollständige den oben angefangenen Satz!
2. Du hast ein Geschichtsbuch oder ein Lexikon. Lies nach, was dort über die Stein- und Bronzezeit berichtet wird!
3. Gelingt es dir, einen Tag lang ohne die Gegenstände auszukommen, die aus Bodenschätzen hergestellt sind?

Überall hat die Entdeckung neuer Bodenschätze das Leben der Menschen verändert!

Steinkohlenbergbau

117 Übertagebetrieb einer Zeche in Großbritannien

Grundstoff Kohle

Ein „Stück" Kohle gleicht einem Warenhaus

Nur ein geringer Teil der Kohle wird zum Heizen benutzt. Kohle ist der Ausgangsstoff für viele Gegenstände des täglichen Lebens:

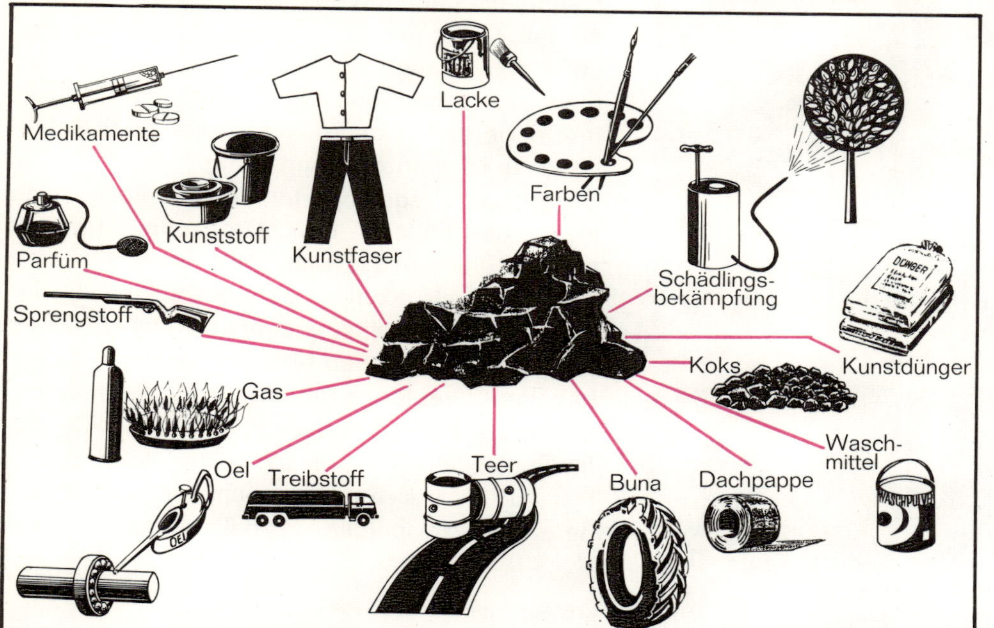

118

Wo heute „schwarze Kohle" liegt, war einmal grüner „Wuchs"

Aber kein Wald, wie du ihn kennst. Laub- und Nadelbäume gab es nicht. Kein Mensch hat jemals diesen „Wald" gesehen. Doch aus den Versteinerungen können wir uns heute ein Bild von jenen Pflanzen machen.
Die meisten Kohlelagerstätten dieser Erde sind aus verrotteten Sumpfpflanzen entstanden. Sie bedeckten vor über 300 Millionen Jahren weite Teile des Festlandes. Diese Pflanzen wuchsen bis zu 40 m hoch. Es waren blütenlose Bäume.
In diesen Sumpfwäldern, dem **Steinkohlenwald,** schwirrten die ersten Insektenarten. Einige hatten eine Spannweite bis zu 70 cm. Lurche bevölkerten das Festland. Doch von Menschen gab es keine Spur. (Bild 119)
Das Klima war feucht und warm. Die Pflanzen starben ab und versanken im morastigen Grund.
Die Erdkruste war noch jung. Erdbeben ließen sie erzittern. Mächtige Gebirge wurden hochgedrückt. Weite Gebiete des Festlandes versanken in den Fluten der Ozeane. Die Kohlenwälder wurden überspült, zugedeckt von Schwemmland und Gestein und so luftdicht abgeschlossen. (Bild 120)
Dann gab das Meer den Boden wieder frei. Neue Wälder wuchsen heran. (Bild 121)
Doch nach einigen hunderttausend Jahren überflutete erneut das Meer den Sumpfwald. (Bild 122)
Im Zeitraum von 80 Millionen Jahren wiederholte sich dieses Heben und Senken viele Male. Unter dem Druck des Deckgebirges und durch die Wärme im Erdinnern wurde das Urwaldholz zu Steinkohle.
Im **„Braunkohlenwald"**, der später große Gebiete der Erde bedeckte, standen schon Palmen, Kastanien, Eichen, Kiefern und Mammutbäume. Säugetiere, z. T. größer als unsere Elefanten, stampften über die Erde.

Kohle gibt es in allen Erdteilen, aber nicht in allen Ländern. Die Vorkommen sind unterschiedlich groß.

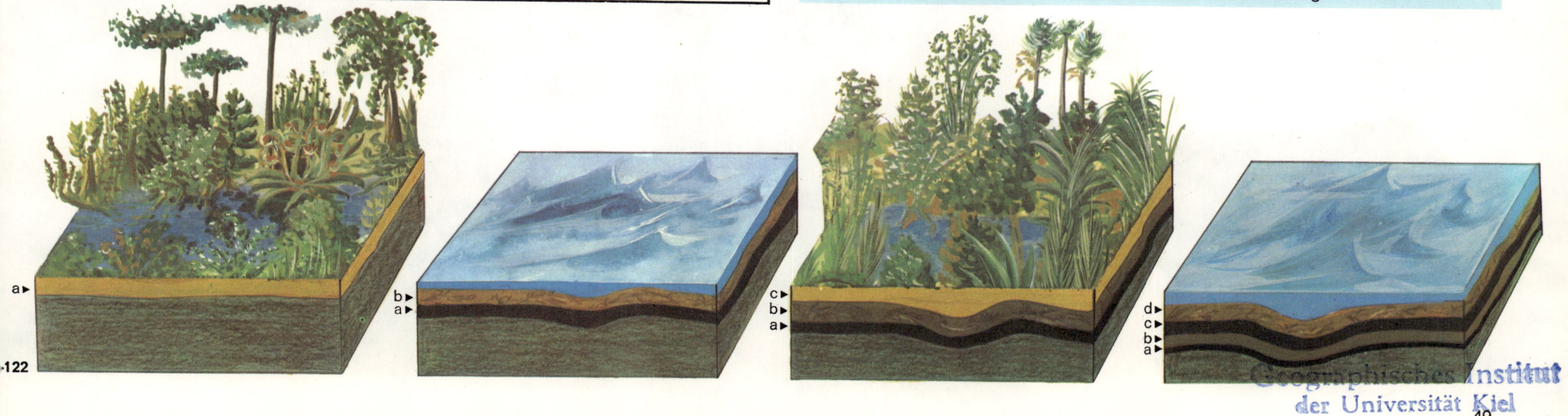

119-122

1. Suche auf den Karten der einzelnen Erdteile die Kohlevorkommen! Übertrage die größten Vorkommen in die Erdkarte Seite 127! (Folie)
2. Übertrage die Stein- und Braunkohlenvorkommen Europas in die Europakarte Seite 126! Kennzeichne mit unterschiedlichen Farben!
3. Stelle fest, welche europäischen Länder keine Steinkohlenlager haben!
4. Das sind die an Steinkohle reichen Länder Europas. An den Kfz-Nationalitätszeichen kannst du die Länder erkennen.

123

5. Aber die größten **Braunkohlenlagerstätten** Europas liegen in:

a) .... b) ....

c) .... d) ....

e) ....

6. Braunkohle liegt meist dichter unter dem Deckgebirge. Betrachte die Bilder 22 und 185! Vergleiche mit Bild 134! Vervollständige das Blockbild 124 durch eine **Braunkohlenschicht!**

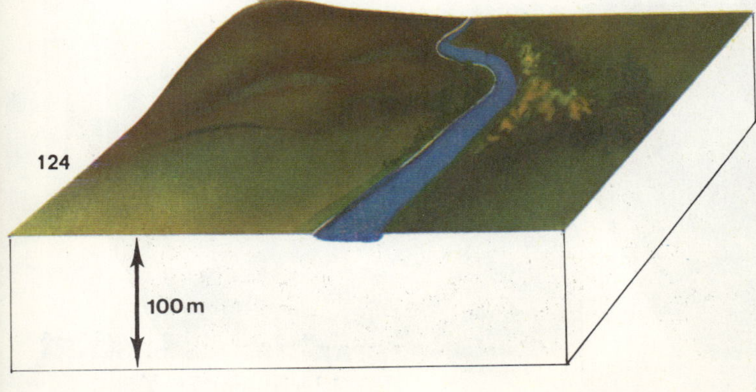

124

125 Abbau der Kohle mit dem Preßlufthammer

So gewinnt man Steinkohle in Europa

126 Kohlenhobel

Tausend Meter unter Tage

Als der Förderkorb wieder zur **Hängebank**[4] kommt, steige ich ein. Der Korb ist ein großer, dreistöckiger, offener Fahrstuhl, aus starkem Eisenblech gebaut. Über ihm schwankt das Förderseil. Es ist fast faustdick und glänzt von Fett und Kohlenstaub.
Ein kurzes Signal, und es geht durch den Schacht in die Tiefe. Auf der Achthundert-Meter-**Sohle**[9] verlasse ich den eisernen Käfig.
Ein großer, ausgemauerter Raum umfängt mich. Es ist der **Füllort**[3]. Leuchtstoffröhren erhellen das tunnelartige Gewölbe.
Auf dem mit Kohlenstaub bedeckten Boden laufen blanke Schienenpaare. Weichen, Kreuzungen, Signallampen erinnern an einen Güterbahnhof. Zwei lange Reihen von **Kohlenhunden**[6] stehen zur Abfahrt bereit. Der Führer der Elektrolok kontrolliert seine Maschine. Ich steige zu.
Der Zug setzt sich in Bewegung. Mit immer größerer Geschwindigkeit verläßt er die Lichter-

127 Ausgemauertes Gewölbe unter Tage

kette und fährt ins Dunkle hinein. Nach zehn Minuten verlasse ich den Zug, gehe durch einen **Querstollen**[8] zum **Blindschacht**[1]. Die Lampe am Helm wirft riesige Schatten gegen den Berg. Von der Luftleitung über mir fällt ab und zu ein Tropfen auf das **Liegende**[7]. Zu meinen Füßen plätschert ein Rinnsal im gemauerten Bett. Am Blindschacht nimmt mich ein Förderkorb hinunter zur Eintausend-Meter-**Sohle**[9].
Nach kurzer Wegstrecke bin ich **„vor Ort"**[12]. Im Lichtkegel einer elektrischen Lampe steht ein Mann vor einer Schalttafel. Bald hier, bald dort drückt er auf einen Knopf, bedient einen Hebel. Kleine Lämpchen melden ihm, ob alles richtig funktioniert. Den Kopfhörer des Telefons hält er am Ohr.
Keinen Augenblick läßt er seine Schalttafel aus den Augen. Neben ihm, auf einem niedrigen, massiven Tisch, sind drei Motoren aufmontiert. Zwei setzen den Kettenzug des Förderbandes in Bewegung, der dritte zieht die Ketten des Hobels.
Ich krieche durch den Streb, um den Hobel bei der Arbeit zu beobachten. Das **Hangende**[5] wird von Metall**stempeln**[10] getragen, schnurgerade stehen sie hintereinander.
Das Förderband, an dem ich entlangkrieche, hat an beiden Seiten schmale Stahlschienen. Es bewegt sich in einer festen Rinne und ist mit Stahlplatten ausgelegt.
Der Lärm wird stärker. Der Hobel kommt. Von einer starken Kette gezogen, reißen seine scharfen Meißel die Kohlenwand auf. Es knirscht, stürzt, poltert. Wie Pflugscharen in den Acker, so fressen sich die Meißel in das **Flöz**[2]. Was der Hobel nicht losratscht, fällt von oben berstend nach. Dicke und kleine, glänzende Brocken landen in der Rinne des Förderbandes, werden mitgenommen und münden ein in den Kohlenstrom, der zum Füllort am Schacht hinfließt.

129 Abbau und **Versatz**[11]

Der Bergmann benutzt viele Ausdrücke, die du nicht sofort verstehst. Die Erklärungen stehen in der Tabelle 128. Schreibe die passenden Begriffe dazu! Beachte die Nummern 1—12. Siehe Text.
Der Abbauhammer (Bild 125), für lange Zeit das wichtigste Werkzeug des Bergmanns, wird immer mehr durch große Abbaumaschinen verdrängt. **Der Bergbau wird mechanisiert.**
Häufig ist heute „vor Ort" kein Bergmann mehr zu sehen. Vollautomatische und ferngesteuerte Anlagen sorgen für den Abbau, den Transport und das Verladen der Kohle. Maschinenschlosser, Elektriker und Ingenieure beaufsichtigen und warten „unter Tage" die großen Maschinen.
Doch noch lassen sich nicht überall Maschinen einsetzen. Es gibt Kohlenflöze mit flacher und auch mit steiler Lagerung. Bei steiler Lagerung wird man so lange den Abbauhammer einsetzen müssen, bis auch hier Abbauverfahren entwickelt werden, die die menschliche Muskelkraft ersetzen können.

128

1	....	Schacht ohne Zugang zum Tageslicht
2	....	Kohlenlagerstätte
3	....	Verladestelle am Schacht
4	....	Einstiegort der Bergleute über Tage
5	....	Gestein über der Kohle
6	....	Kohlenwagen
7	....	Gestein unter der Kohle
8	....	Abzweigung unter Tage
9	....	Stockwerk im Bergwerk
10	....	Stütze
11	....	Ausfüllen der leeren Räume unter Tage (Bild 129)
12	....	Arbeitsplatz des Bergmanns im Kohlenfeld

130 Schrämmwalze

Die Flöze sind nicht gleich mächtig dick. Auch liegen sie unterschiedlich tief unter dem Deckgebirge. (Tabelle 131)

131

Land	Durchschnittl. Tiefe der Kohlenlager	Durchschnittl. Mächtigkeit der Flöze
BRD	700 m	1,0 m
Frankreich	400 m	1,3 m
Polen	360 m	6,0 m
Großbritannien	250 m	1,7 m
USA	130 m	2,0 m

Es gibt verschiedene Steinkohlensorten. Nicht aus jeder läßt sich z. B. Koks gewinnen. Auch gibt es Sorten, die für den Hausbrand weniger gut geeignet sind. (Tabelle 132)

132

Steinkohlensorte		
Chemiekohle	Kokskohle	Hausbrand
Flammkohle Gasflammkohle	Gaskohle Fettkohle	Eßkohle Magerkohle Anthrazit

Eigentümliche Arbeiten

Neben dem Abbau der Kohle hat der Bergmann auch noch weitere wichtige Aufgaben:

1. Er muß immer für gutes „Wetter" sorgen.
2. Er muß auch Wasser fördern.
3. Er muß die ausgekohlten Flöze vor Einsturz sichern.
4. Er muß die geförderte Kohle waschen und sortieren.

Zu 1.: Durch alle Schächte, Strecken, Querstollen, Strebe wird ständig Frischluft bis „vor Ort" geblasen. Für einen ausreichenden Luftkreislauf (**Wetter**führung) muß immer gesorgt sein. Oft treten aus dem Gestein Gase aus, die unverdünnt zu schweren Explosionen führen können. (Siehe Bild 133: Zeitungsmeldung vom 9. 2. 1962 — über Grubenunglück in Völklingen [6° Ö / 49° N].)

Zu 2.: Das Grundwasser im Bergwerk wird laufend ausgepumpt. Geschähe dies nicht, würde der ganze Untertagebetrieb in kurzer Zeit „absaufen".

Zu 3.: Die Gebirgslast des Hangenden muß abgestützt werden. Das geschieht durch Mauerwerk, Stahl- oder Holzstempel oder durch das Zuschütten der ausgekohlten Strebe mit taubem Gestein (Versatz). (Bild 129)

Zu 4.: Über Tage steht außer dem Förderturm mit dem Maschinenhaus und der Waschkaue die Kohlenwäsche, die Sortieranlage, die Brikettfabrik und die Verladeeinrichtung.
In der **Waschkaue** zieht der Bergmann seine Arbeitskleidung an und reinigt sich nach der Schicht.
In der **Kohlenwäsche** wird in einem rasch fließenden Wasserstrom die Kohle von dem „tauben Gestein" getrennt. (Kohle ist leichter als das Gestein.)
Mit Hilfe von großen mechanischen Rüttelsieben wird die Kohle nach Stückgröße sortiert und mit Transportbändern zur Verladestelle befördert.
Der feine Kohlengrus wird auch weiterverarbeitet. Er läßt sich zu Steinkohlenbriketts oder Eierkohlen zusammenpressen.

Bergwerke und Kohlenaufbereitungsanlagen nennt man Zechen.

Verbreitungsgebiet der 10 Lokalausgaben mit 11 Anzeigenausgaben: Ostwestfalen-Lippe, Kreise Osnabrück, Bersenbrück, Melle, Wittlage; Anzeigenbedingungen u. -preise: Tarif Nr. 17; IVW angeschl.
15. Jahrgang — Einzelpreis 30 Pfennig
Freitag, den 9. Februar 1962 — Nummer 34

HALLER TAGESZEITUN

Deutschland trauert um 284 Saarkumpel
Unglücksursache: starker Gasausbruch?
Noch 8 Vermißte — Welle der Hilfsbereitschaft — Stiftung für die Waisen

Nachrichtendienst der FREIEN PRESSE

Frankfurt

Deutschland trauert um 284 Kumpel, die am Mittwoch bei einer der schwersten Grubenkatastrophen seit Kriegsende in Deutschland auf der Zeche „Luisenthal" bei Völklingen den Tod fanden. Während die Bergungsarbeiten ununterbrochen weitergingen, wurden in der Bundesrepublik auf den meisten öffentlichen Gebäuden die Fahnen auf halbmast gesetzt. Eine Welle der Hilfsbereitschaft ergoß sich in das schwer betroffene Saarland. Noch immer werden acht Bergleute vermißt, die wahrscheinlich tot sind. Nach Mitteilung des Oberbergamts Saarbrücken lagen am Donnerstagnachmittag noch 81 schwerverletzte Bergleute in den Krankenhäusern.

Das Unglück ist möglicherweise durch einen plötzlichen starken Gasausbruch aus dem unterirdischen Gestein verursacht worden. Das gab am Donnerstagnachmittag Berghauptmann Karl Hugo auf einer Pressekonferenz in Völklingen bekannt. Ein Funke hätte genügt, um das Gasluftgemisch zur Explosion zu bringen. Die Gasabsauganlage der Grube sei in der Nacht vor dem Unglückstag etwa eine Stunde lang außer Betrieb gewesen. Dann habe sie aber wieder bis zum Augenblick der Explosion sieben Stunden lang gearbeitet.

aus. Die Bundesregierung hat zur Linderung der ersten Not eine Million Mark bereitgestellt. Bei der Trauerfeier, die am Samstag in Saarbrücken stattfinden soll, wird voraussichtlich Bundespräsident Lübke die Totenrede halten.
Der SPD-Bezirk westliches Westfalen in Dortmund sprach der Saar-

(Siehe hierzu auch 3. Seite Politik: „Eine fürchterliche Detonation")

bergwerk AG telegrafisch sein Beileid zu dem Grubenunglück in Völklingen aus. In dem Telegramm heißt es: „Das alle erschütternde furcht-

valsveranstaltungen in Köln ab. Die gleiche Maßnahme empfahl de „Bund deutscher Karneval" alle Mitgliedsvereinen im Bundesgebie und Westberlin.
Schnell reagierte gestern de Einzelrichter beim Amtsgericht Ba Oeynhausen auf das tragische Ge schehen in Völklingen. Die 200 D Geldbuße, die er neben einer Ge fangnisstrafe einem 29jährigen A geklagten wegen Hausfriedensbruc und Widerstandes gegen die Staats gewalt auferlegte, sollen dem Hilf fonds für die Hinterbliebenen de schweren Grubenunglücks zugefüh werden.

Wahrscheinlich 20 weitere

133

Das sollte man wissen

In China, Nordamerika und Sibirien ist Steinkohle viel leichter zu fördern.
Bei Fushun, einer Millionenstadt eines großen chinesischen Industriegebietes (120° Ö / 40° N), gibt es ein Steinkohlenflöz von einer Mächtigkeit von 80 bis 100 m. Diese Kohle wird sogar im Tagebau gewonnen. Dies gilt auch für große Teile der sibirischen Kohlenlagerstätten. Die meisten Flöze liegen flach. Sie sind bis zu 6 m dick.
Bei Pittsburgh (80° W / 40° N) in den USA kommt man im Steinkohlenbergbau auch ohne Schachtanlagen aus. Der amerikanische Bergmann steht aufrecht vor der Wand der bis zu 8 m mächtigen Kohlenflöze. Deshalb kann er im Gegensatz zum europäischen Bergmann in weit größerem Umfang Abbaumaschinen einsetzen.

Die Kosten der Steinkohleförderung werden durch maschinellen Abbau gesenkt. Maschinen lassen sich im Tagebau besser einsetzen als im Schachtbau.

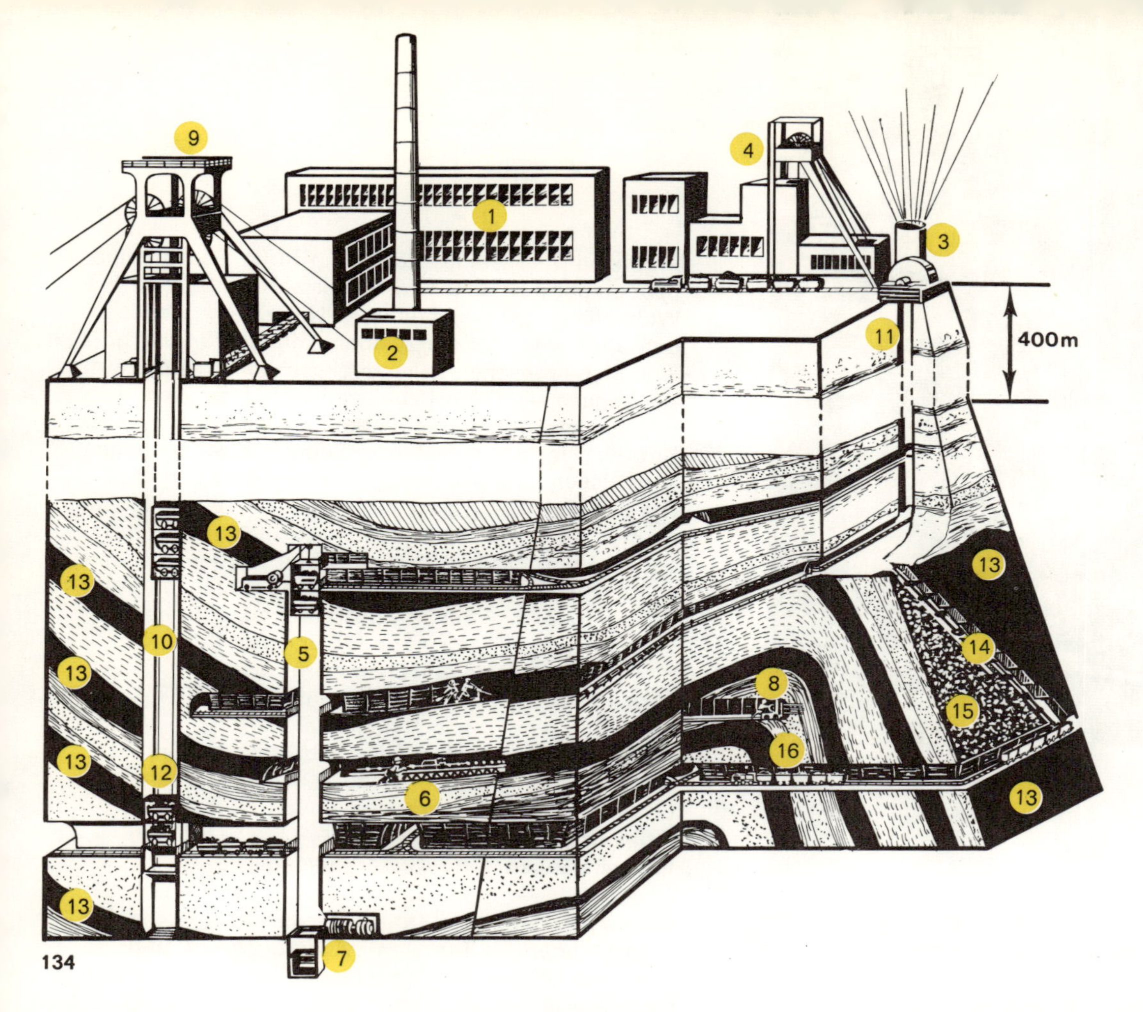

135 Lagerung der Steinkohle bei Pittsburgh/USA (80° W / 40° N)

1. Das Blockbild (Bild 134) zeigt vereinfacht eine Zechenanlage. Schreibe zu den Zahlen die fehlenden Erklärungen!
   1. Kohlenwäsche und Sortieranlage
   2. Fördermaschinenhaus
   3. Ventilator zur Wetterführung
   4. Förderturm für Material
   5. Blindschacht
   6. Querstollen
   7. Pumpe zur Wasserhaltung
   8. Streckenvortrieb
   9. ....
   10. ....
   11. ....
   12. ....
   13. ....
   14. ....
   15. ....
   16. ....
2. Laß dir vom Kohlenhändler die Preise für die verschiedenen Hausbrandkohlen sagen!
3. Bild 135 zeigt einen Querschnitt eines Berges mit Steinkohlenflöz in Nordamerika.
   Zeichne ein, wie hier am besten Steinkohle gefördert werden kann!
4. a) Siehe Tabelle 131! — Erinnere dich an die entsprechenden Werte im Text (China, Sowjetunion, USA)! Du kannst jetzt herausfinden, in welchem der genannten Länder die Steinkohleförderung leichter ist. — Einigt euch hierüber in der Gruppe!
   b) Abbauverfahren und Steinkohlepreis hängen voneinander ab. Diskutiert die Schlagzeile: „Amerikanische Kohle für deutsche Industrie"!

136 Zeche „Jakobi" in Oberhausen-Sterkrade

Steinkohle prägt das Gesicht einer Landschaft

Überall dort, wo Menschen Steinkohle aus der Erde holen, sind sie gezwungen, die Landschaft zu verändern.
Wo einst der Bauer seinen Boden für die Ernte brach, wo Tiere Nahrung und Schutz fanden, schließt heute oft eine Decke aus Beton, Stahl, Teer und Steinen den Boden zu.
Industrieanlagen, Verkehrswege, Wohn- und Geschäftshäuser nehmen weite Gebiete der ehemaligen Naturlandschaft ein.
Auch vom Ruhrtal nahm eine solche Landschaftsveränderung in Deutschland ihren Anfang. Dieser Vorgang ist heute noch nicht abgeschlossen. Die Zahl der Industrieanlagen wächst von Jahr zu Jahr.
An den südlichen Hängen der Ruhr treten Steinkohlenflöze bis an die Erdoberfläche. Hier standen die ersten Zechen. Heute gibt es jedoch dort nur noch wenige abbauwürdige Kohlenfelder. Der Bergbau hat sich immer mehr nach Norden zur Lippe verlagert.

Gleichzeitig mit den Bergbaubetrieben entstanden die Industrieanlagen, die Kohle als Energiequelle und Grundstoff benötigen.
Im Zeitraum von 100 Jahren wurden Arbeitsplätze für Millionen Menschen geschaffen.
Deshalb gibt es nirgendwo in der BRD so viele Großstädte wie im Städtedreieck Köln — Hamm — Krefeld.
In diesem Gebiet liegt das **Rheinisch-Westfälische Industriegebiet.**
Diese Zusammenballung von Menschen und Industrien, Banken und Handelsunternehmungen hat Folgen für die Qualität des Lebens in solchen Ballungsräumen. — Lies hierzu nochmals die Reportage Seite 17!
So sauber, wie sich die Luft auf Bild 136 darstellt, wird sie im Rheinisch-Westfälischen Industriegebiet nur ganz selten sein. Auch die aufgelockerte Bauweise, wie hier am Rand einer Großstadt, ist in den Innenstädten des Reviers nicht möglich. Mit welchen Problemen die Stadtbevölkerung fertig werden muß, hast du auf den Seiten 15—22 erfahren.
Wohnplätze in unmittelbarer Nähe von Industriebetrieben und Verkehrswegen können für die dort lebenden Menschen gesundheitsschädlich sein (Lärm — Abgase — Geruchsbelästigung). Der Weg zum Arbeitsplatz durch das Verkehrsgewühl verstopfter Straßen, in dichtbesetzten Zügen, Straßenbahnen und Bussen zerrt an den Nerven vieler Arbeitnehmer.
Die Verschmutzung der Umwelt wird auch in Ballungsräumen viel deutlicher gespürt. Deshalb müssen besonders dort Maßnahmen getroffen werden, die Umwelt so vieler Menschen zu schützen. Dazu gehören:

Kläranlagen	zur Abwasserreinigung (Seite 65)
Filteranlagen	zur Absonderung von Verbrennungsrückständen
Lärmschutz	bei Industrieanlagen und allen Maschinen
Abfallbeseitigung	ohne Geruchsbelästigung und Verunstaltung der Landschaft
Erholungsparks	zur Erholung und Belüftung
Grüngürtel	
Freizeitanlagen	für Kinder, Jugendliche und Erwachsene
Bildungseinrichtungen	für alle Bevölkerungsschichten

Nicht die Interessen der Industrie, der Banken und Versicherungen, der Handelsunternehmungen dürfen vorrangig behandelt werden, wenn es um die Gestaltung der Industrielandschaft geht. Die Interessen der arbeitenden Bevölkerung sollten Maßstab für die Neu- und Umgestaltung der Ballungsräume sein.
Hierzu ist es allerdings notwendig, daß sich die Bevölkerung über die Planung in ihrem Gebiet informiert. Informationen hierüber geben die Tageszeitungen, die Regionalprogramme der Funk- und Fernsehanstalten, die Beamten in den Verwaltungen und die gewählten Vertreter in den Gemeinde- und Stadtparlamenten.
Auch können sich die Bürger zur Durchsetzung ihrer Interessen zusammenschließen. Solche **Bürgerinitiativen** veranlassen die Verantwortlichen, ihre Entscheidungen zu überdenken.

1. Trage in die Tabelle 137 die Einwohnerzahlen von heute ein! Ergänze die Tabelle mit weiteren Städten!

137

	Einwohnerzahlen um 1820	heute
1. Essen	5 000	....
2. Duisburg	5 000	....
3. Recklinghausen	2 500	....
4. Hagen	800	....
5.	....	....
6.	....	....
7.	....	....
8.	....	....
9.	....	....
10. Ruhrgebiet	270 000	....

2. Tabelle 138 zeigt dir die Bevölkerungsentwicklung von Dortmund. Vom Einwohnermeldeamt deines Heimatortes kannst du die entsprechenden Zahlen für deine Stadt erfahren. Veranschauliche diese Zahlen in einer Lauflinie! — Vergleiche!
3. Nicht nur in Dortmund ist die Einwohnerzahl seit 1965 gesunken. — Nenne Gründe für diese Tatsache!

138 Bevölkerungszahlen Dortmunds:

1816	4 800 Einwohner
1880	66 500 Einwohner
1895	111 000 Einwohner
1910	260 000 Einwohner
1939	542 000 Einwohner
1965	651 000 Einwohner
1970	649 000 Einwohner
1972	645 000 Einwohner

4. Betrachte Karte 139! Um 1840 war das Gebiet zwischen Ruhr und Lippe noch dünn besiedelt. — Zeichne in Karte 139 die Stadtflächen von heute ein! — Orientiere dich im Atlas!
5. Vergleiche Bild 140 mit Bild 141! — Stell dir vor: Du wohnst in einem Haus des Bildes 140, dein Banknachbar irgendwo in Bild 141. Schreibt euch gegenseitig einen Brief über eure Erlebnisse! Vergeßt die Zeit vor dem Einschlafen nicht!
6. Als Energielieferant wird die Kohle immer mehr vom Erdöl und Erdgas verdrängt. Siehe Seite 66!
   a) Erkläre in diesem Zusammenhang den Begriff „Zechensterben"!
   b) Nenne einige Folgen für die Bergleute und die Städte, wenn Zechen stillgelegt werden!
7. Stelle fest, welche Industriezweige in deiner Gemeinde/Stadt vorhanden sind! Erarbeitet dann in der Gruppe die Folgen, die eintreten können, wenn der bedeutendste Industriezweig bei euch seine Produktion einstellen muß!

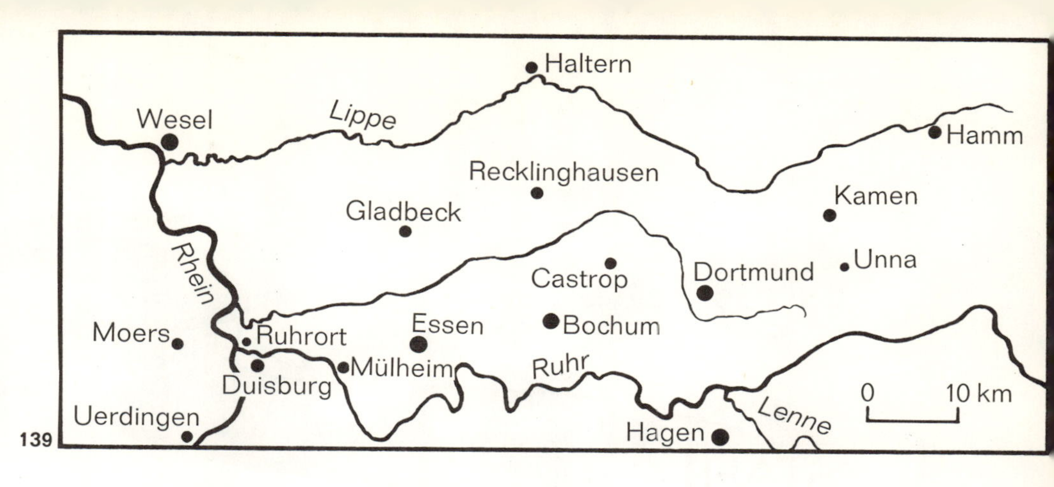

139

Kein Umweltschmutz — mehr Umweltschutz!

1. Die Entstehung von Kohle erklären.
2. Die wichtigsten europäischen Kohlenlagerstätten kennen.
3. Auf einer Wirtschaftskarte Kohlenlagerstätten finden.
4. Die Verwendung der Kohle beschreiben.
5. Eine Zechenanlage beschreiben und dabei die Fachsprache benutzen.
6. Die Untertage-Arbeit beschreiben und ihre Funktionen erklären.
7. Das Verhältnis von Kohlepreis und Abbauverfahren erläutern.
8. Beziehungen zwischen Industrialisierung und Verstädterung aufzeigen.
9. Gefahren einer unkontrollierten Industrialisierung für die Umwelt beschreiben und begründen.

140

141 Erholungsgebiet an der Ruhr (Baldeney-See)

Vom Erz zum Stahl

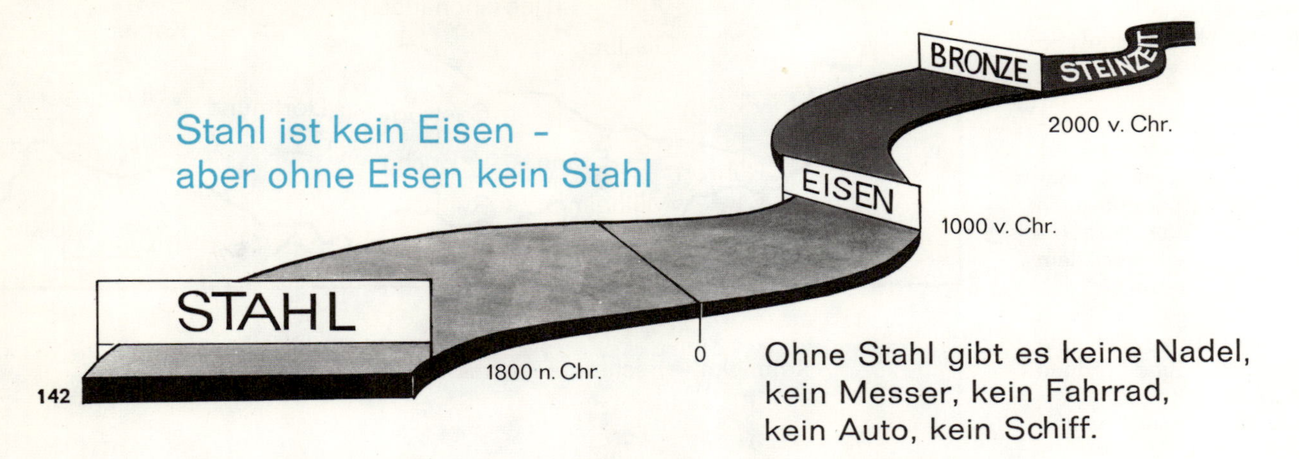

142

Stahl ist kein Eisen – aber ohne Eisen kein Stahl

Ohne Stahl gibt es keine Nadel, kein Messer, kein Fahrrad, kein Auto, kein Schiff.

1. Diese Staaten haben sehr große Eisenerzvorkommen. Schreibe die Namen neben die Flaggen! (Bild 143)

143

2. Übertrage die Eisenerzvorkommen der Erde in die Erdkarte des Buches!

3. Auch in der BRD gibt es Eisenerz. Die größten Vorkommen liegen im Gebiet der Stadt

....

Die Bergleute bauen das Erz dort tief unter der Erde ab. Eine gefährliche und harte Arbeit. — Gib du dir auch Mühe, den Namen dieser Stadt zu enträtseln. Die ersten Buchstaben des folgenden Silbenrätsels nennen ihn.

ab — bau — bau — bra — dam — der — di — dor — en — es — ge — ge — ham — in — la — le — mer — nus — rot — see — sen — soh — ta — tau — ten — ter — zei — zui.

1. Stockwerk im Bergbau 2. Preßluftwerkzeug unter Tage 3. Hier liegen die größten Erzvorkommen Kanadas 4. Ehemalige Meeresbucht der Niederlande 5. Vom Mond verursachte Bewegung des Meeres 6. Land, das einem Ozean den Namen gab 7. Gebirge nordwestlich von Frankfurt 8. Günstiges Abbauverfahren im Bergbau 9. Stadt im Ruhrgebiet 10. Größter Hafen der Welt

4. Die Eisenerzvorkommen in Deutschland reichen nicht aus. Deshalb kaufen wir Erze im Ausland ein. Zu den Lieferanten gehören:
Schweden, Kanada, Brasilien, Frankreich, Spanien und Marokko.
Zeichne den Weg des Eisenerzes von diesen Ländern nach Deutschland in die Weltkarte!

144

145

5. Die Bilder 144 und 145 berichten über den Erzabbau in Labrador (70° W / 50° N). Schau sie gut an! Vervollständige dann diesen Text!
In Labrador erfolgt der Abbau des Eisenerzes im

....

Durch eine .... lockert man

das Erz. Mit .... wird es auf

.... verladen.
Von Labrador nach Deutschland kann das Erz nur

mit .... transportiert werden.

Spateisenstein

EISEN
Magnetit

146

Eisenglanz

Brauneisen

Bild 146 zeigt dir einige Eisenerze. Sie bestehen nicht aus reinem Eisen. Reines Eisen kommt auf der Erde kaum vor. Die Erze enthalten viele Stoffe, die entfernt werden müssen.

147

Das geschieht in **Hochöfen.** Sie sind teilweise bis zu 60 m hoch. Einzelne erreichen noch größere Höhen (Bild 147). Sie haben einen Durchmesser von 7 bis 8 m. Die Innenwände sind aus feuerfestem Stein. Außen sind sie mit Stahl verkleidet.

Ein Hochofen wird mit Koks beheizt. Ein Gebläse sorgt für ständige Luftzufuhr. Bei sehr hohen Temperaturen schmilzt das Erz. Das Roheisen kann durch den Abstich abfließen (Bild 148).
Wie heiß flüssiges Eisen ist, zeigt die Weißglut im Bild. Die Männer, die hier arbeiten müssen, sind durch besondere Kleidung geschützt.
Im Stahlwerk wird in besonderen Schmelzöfen aus dem **Roheisen** der Stahl hergestellt. (Bild 149)
Der so gewonnene **Rohstahl** wird in Walzwerken und Stahlgießereien zu gebrauchsfertigen Gütern verarbeitet. (Bild 150)

Fabriken, in denen Roheisen und Stahl erzeugt wird, heißen **Hüttenwerke.**

148

149

150

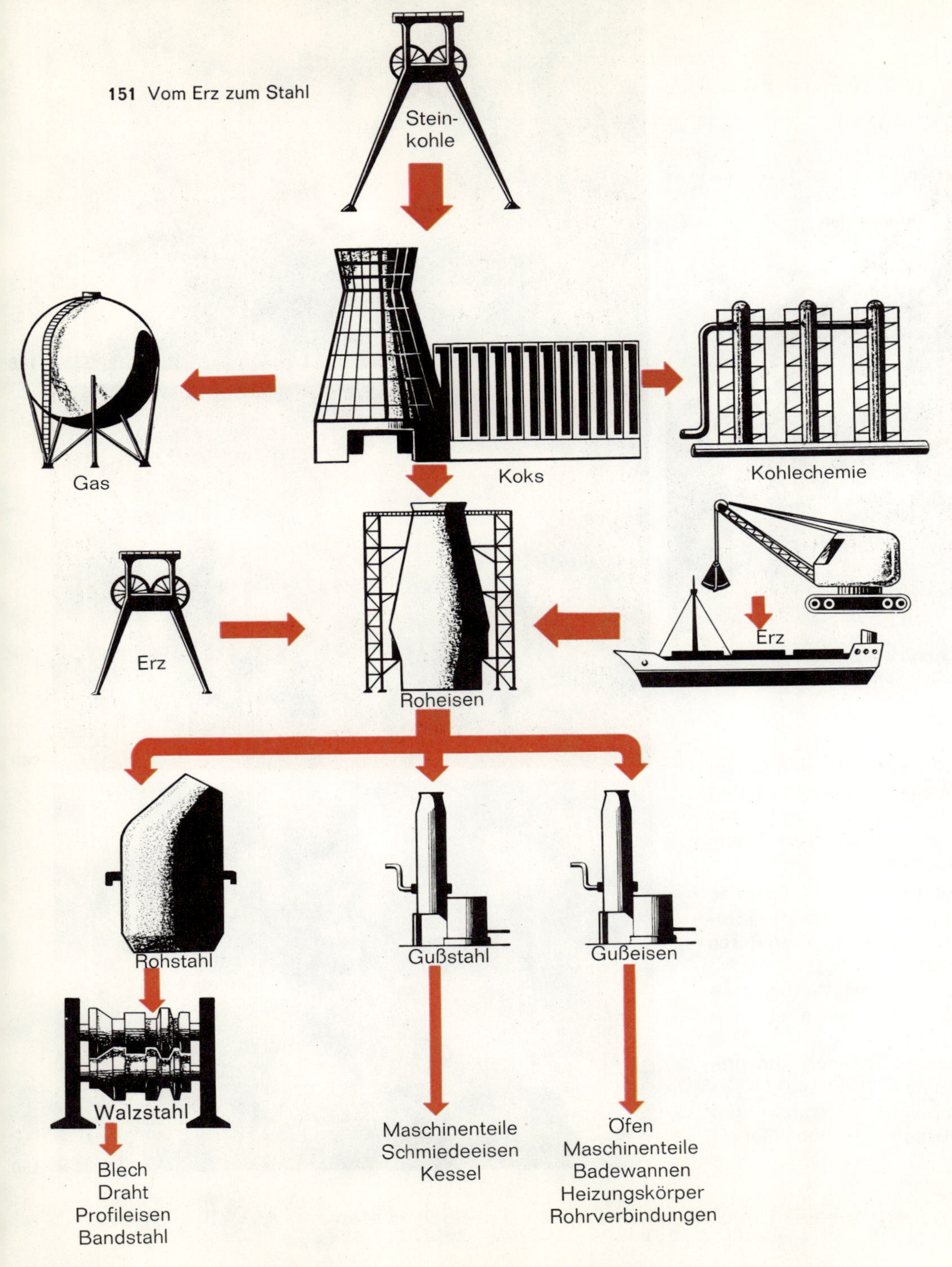

151 Vom Erz zum Stahl

Ein Stahlwürfel mit einer Kantenlänge von 1 m wiegt 7800 kg.
Die im Jahr 1968 in der BRD erzeugte Stahlmenge ergibt ungefähr 5 300 000 solcher Würfel. Hintereinander gelegt ergäbe das eine Strecke von 5300 km.
Um in solchen Mengen Stahl herzustellen, muß etwa die doppelte Menge Eisenerz abgebaut werden. (Siehe Bild 146!)

Die BRD hat sich im Steinkohlenbergbau und bei der Stahlerzeugung mit den Ländern Frankreich, **Be**lgien, **Ne**derlande, **Lux**emburg (Benelux) und Italien verbündet. Dieses Bündnis führt den Namen **Montanunion** (montes, lateinisch = die Berge). Durch den Zusammenschluß in der Montanunion zählen diese sechs Staaten mit zu den größten Stahlerzeugern der Erde. (Bild 152)
Seit dem 1. 1. 1973 zählt auch Großbritannien zur Europäischen Wirtschaftsgemeinschaft.

6. Veranschauliche die Rohstahlerzeugung von 1972 für die Staaten (Abb. 152) — Beachte: Großbritannien gehört zur Montanunion!

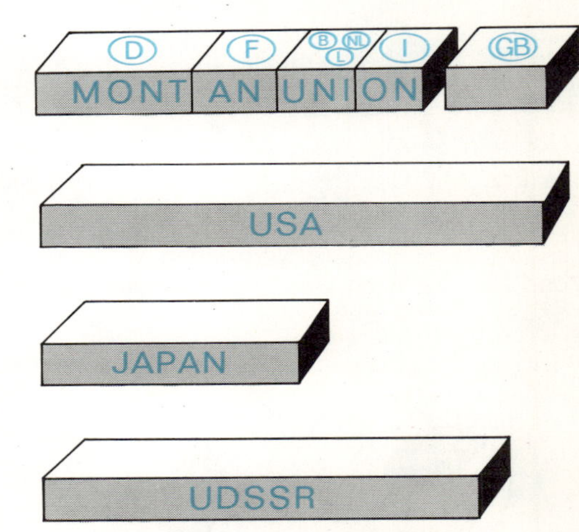

152 Rohstahlerzeugung im Jahr 1968

Ohne Kohle kein Koks

Ohne Koks kein Roheisen

Ohne Roheisen kein Stahl

153 Alles hängt zusammen

E I S E N
T
A
K O H L E
O L R
K Z
S E

Kohle und Stahl sind eng miteinander verbunden (Abb. 153). Wer Stahl herstellen will, benötigt Kohle und Eisenerze. Deshalb gibt es überall dort auf der Erde Hüttenwerke, wo sich Kohle und Erze treffen. Entweder kommt das Erz zur Kohle oder die Kohle zum Erz. Auch kommen sich beide auf „halbem Wege" entgegen (Bild 155), denn in Europa liegen die Erz- und Kohlelagerstätten nicht unmittelbar an einem Ort. Für Staaten, die von einem der beiden Bodenschätze keine ausreichenden Vorkommen haben, ist es zweckmäßig, die Hüttenindustrie an die Küste oder an Wasserstraßen zu legen. (Siehe Niederlande!) Der Transport der Rohstoffe auf dem Wasserwege ist nämlich am preiswertesten.

So unterscheidet sich Stahl vom Eisen

Eisen bricht — Stahl biegt sich.

Stahl läßt sich deshalb walzen, pressen, recken, ziehen, schmieden, nieten und schweißen.

Eisen ist starr — Stahl aber elastisch.

Stahl ermöglicht den Bau
a) höchster Türme (Eiffelturm in Paris)
b) höchster Häuser (Empire State Building in New York)
c) weitgespannter Brücken (Golden Gate Bridge in San Francisco)

Stahl, als Stütze in Beton (Stahlbeton), findet heute fast auf jeder Baustelle Verwendung.
Bild 155 zeigt ein Hütten- und Stahlwerk an der Unterweser. Seeschiffe befördern Kohle und Erze direkt bis zum Werk.

1. Prüfe im Atlas den Standort der deutschen, europäischen, sowjetrussischen und amerikanischen Hütteindustrie!
2. Stelle fest, wo die Rohstofflagerstätten dieser Hüttenwerke liegen können!

155

154

Rohstahlerzeugung in Millionen Tonnen der größten Stahlerzeuger

Land	1963	1967	1969	1971	1972	19......	19......	19......
BRD	31,6	36,7	45,3	40,3	43,7	......	......	......
Frankreich	17,5	19,7	22,5	22,8	24,1	......	......	......
Benelux	13,9	17,6	23,0	22,7	25,6	......	......	......
Italien	9,8	15,9	16,4	17,4	19,8	......	......	......
Montanunion	72,8	89,9	107,2	103,2	113,2	......	......	......
Großbritannien	22,9	24,3	27,2	24,2	25,3	......	......	......
USA	101,3	118,3	132	109	123,5	......	......	......
UdSSR	80,2	102,2	110	120,9	126	......	......	......
Japan	31,5	62,2	82,1	88,5	96,9	......	......	......
China	......	14,0*	15,0*	21,5*	23*	......	......	......
Welt	388	498	576	578	629	......	......	......

* Schätzungen

Die Menge der Stahlerzeugung ist noch ein Maßstab für die wirtschaftliche Bedeutung eines Landes. Die Stahlindustrie gehört zu den wichtigsten Industriezweigen der Erde.

1. Staaten mit bedeutenden Eisenerzvorkommen mit Hilfe der Wirtschaftskarte ermitteln.
2. Die Notwendigkeit von Erzimporten für die BRD begründen.
3. Das Verfahren der Verhüttung beschreiben.
4. Die Bedeutung der Montanunion für die Stahlerzeugung erläutern.
5. Standortbedingungen für Hüttenwerke nennen.

156

Der Computer hat errechnet:

Täglich hast du 1972 mehr als 6 l Erdöl verbraucht. (Bild 157)

157 Durchschnittlicher Erdölverbrauch pro Kopf der Bevölkerung in der BRD

1960

1963

1967

1972

Doch du nicht allein, sondern jeder in deiner Familie, die Großen und auch die Kleinen. Dein Bedarf an Erdöl wächst aber von Jahr zu Jahr. Hierfür gibt es unterschiedliche Gründe:

1. Durch die zunehmende Motorisierung werden immer mehr **Schmieröle** und **Kraftstoffe** (Diesel, Benzin) benötigt.

2. Die Zahl der Haushalte mit **Ölfeuerungen** wächst ständig.

3. Aus **Erdöl** kann man **leichter** und **billiger** all die Dinge herstellen, die aus **Steinkohle** gewonnen werden (Petrochemie). Deshalb erhöht die Kunststoffindustrie ihre Produktion. (Siehe Bild 118!)

4. Die **Industrie** nutzt verstärkt die **Energie** des Erdöls.

Nur ein geringer Teil des Erdölbedarfs kann in Deutschland selbst gefördert werden; das meiste Erdöl kommt aus dem Ausland. Es wird mit Tankschiffen bis an die Küste transportiert und gelangt durch Pipelines zu den Raffinerien im Inland. (Bild 165)

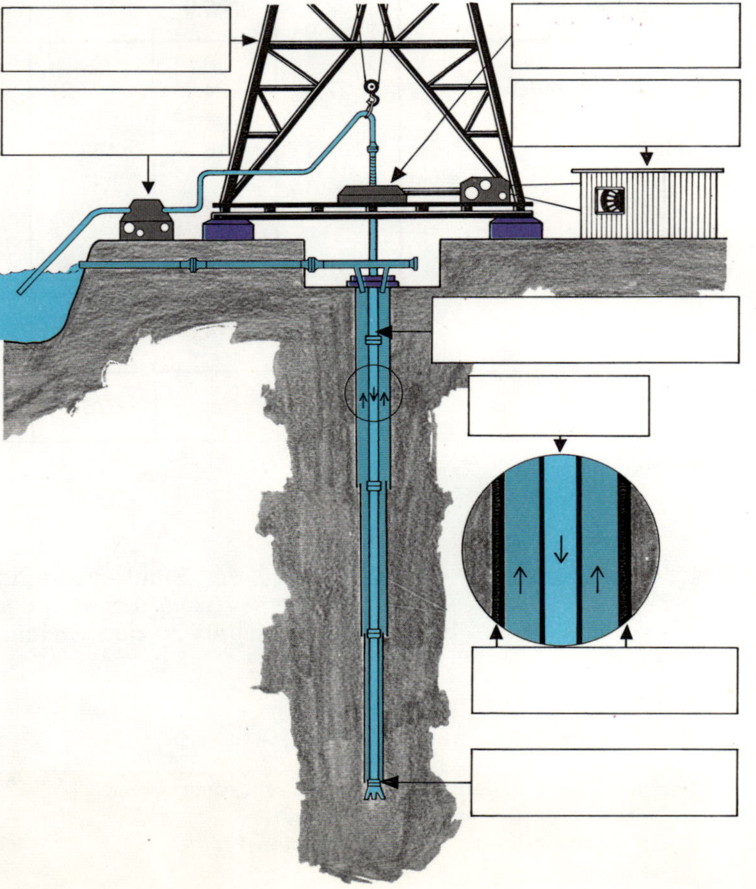

Die Erde wird angebohrt

Eine Lastwagenkolonne hält irgendwo in der Wüste Libyens (siehe auch S. 23 ff.). Der Zielort war von Geologen auf der Karte notiert. Hier hatten sie vor Monaten den Boden untersucht. Tief unter dem harten Gestein soll ein Erdöllager sein.

Nach kurzer Rast beginnen die Techniker und Ingenieure mit ihrer Arbeit. Schon nach wenigen Tagen steht das Gitterwerk des 35 m hohen **Bohrturms.** An seinem Boden befindet sich eine Drehscheibe aus Stahl, der **Bohrtisch.** Ein **Dieselmotor** treibt ihn an. In der Mitte hat dieser Bohrtisch eine viereckige Öffnung, in der ein Vierkantrohr läuft, das die Drehung des Bohrtisches auf das runde **Bohrgestänge** überträgt.

An das Bohrgestänge wird der **Bohrmeißel** angeschraubt. Für die verschiedenen Gesteinsschichten gibt es unterschiedliche Bohrmeißel. Sie sind ca. 50 cm lang und haben einen Durchmesser von 20 bis 60 cm.

Der Bohrtisch bohrt den Meißel mit der Bohrstange ins Erdreich. Je tiefer die Bohrung in die Erde dringt, um so kleiner wird der Durchmesser des Bohrloches.

Ist die ca. 9 m lange Bohrstange fast im Erdreich verschwunden, wird eine neue Stange aufgeschraubt.

Die Bohrstange hat einen Durchmesser von ca. 12 cm. Sie ist hohl. Man **pumpt** durch sie eine Mischung aus Wasser, Ton und einigen Chemikalien bis zum Meißel. Die Bohrleute nennen diese Flüssigkeit **Spülung.** Sie soll den Meißel kühlen und schmieren.

◀ **158** zeigt eine vereinfachte Darstellung des Bohrvorganges. Beschrifte die Zeichnung an den Pfeilmarkierungen!

159 Öltürme in der Bucht von Maracaibo (80° W / 10° N)

160 Bohrinsel vor der Küste

Sie hat aber auch noch eine andere wichtige Aufgabe: Alle zermahlenen Gesteinsstücke — das Bohrklein — werden außen an dem Bohrgestänge nach oben geschwemmt. Die Spülung verhindert weiter, daß das Erdreich an der Wandung des Bohrloches einbricht. Sie stützt also das Bohrloch.
Oft wird der Bohrkopf stumpf. Der Meißel muß erneuert werden. Da heißt es, Stück um Stück des Bohrgestänges wieder nach oben ziehen.
Wenn die Bohrung tiefer dringt, muß sie mit Stahlrohren abgestützt werden, damit das Bohrloch nicht zusammenfällt, sobald das Bohrgestänge herausgezogen wird.
Mantelrohre werden deshalb in die Tiefe gelassen. Sie wachsen mit der Bohrung Stück um Stück.

Wochenlang sind die Ölleute Tag und Nacht am Bohrturm bei der Arbeit.
Ist die Bohrung **„fündig"** geworden, wie die Fachleute sagen, dann ist äußerste Vorsicht geboten. Oftmals stehen die angebohrten Öllager unter hohem Druck. Mit Macht treiben dann **Erdöl** und **Erdgas** durch das Bohrloch nach oben.

Nicht nur auf dem Festland wird nach Öl gebohrt, sondern auch vor den Küsten. Schwimmende Bohrinseln werden von Schleppern in tiefere Gewässer gezogen. Dort, wo man Öl vermutet, senken diese Ungetüme ihre bis zu 100 m langen Beine auf den Grund des Meeres.
Auf einer Bohrinsel können über 100 Menschen beschäftigt werden. Dort gibt es ein eigenes Elektrizitätswerk, einen Hubschrauberlandeplatz, Schlaf- und Aufenthaltsräume für die Mannschaft, eine Küche mit Eßraum, eine Funkstation. Es ist für alles gesorgt, damit der Besatzung die schwere und gefährliche Arbeit erleichtert wird.

Woher kommt das Erdöl?

Das Erdöl lagert in porösem Gestein, ähnlich wie das Wasser im Schwamm. In Deutschland liegen die Erdöllager bis zu 4500 m tief. An anderen Stellen der Erde werden Bohrungen bis zu 6000 m niedergebracht.
Die meisten Wissenschaftler nehmen an, daß das Erdöl vor allem aus abgestorbenen Meerestieren und -pflanzen entstanden ist. Das geschah vor etlichen Millionen Jahren. Die Überreste dieser Tiere und Pflanzen wurden vom Schlamm zugedeckt. Bakterien zersetzten ihn. Es entstand der **Faulschlamm.**
Auch in jener Zeit war die Erdkruste ständig in Bewegung. Gesteinsschichten überlagerten den Faulschlamm. Ihr starker Druck half mit, das Erdöl zu bilden.

Es gibt keinen Erdölsee in der Erdkruste.

Neben dem Erdöl spielt das Erdgas eine bedeutende Rolle bei der Energieversorgung. Erdöl- und Erdgaslager liegen meist dicht beieinander.

„Erdgas ist der Bruder des Erdöls."

Erdgas ist billiger als Steinkohlengas. Es hat einen größeren Heizwert, es ist nicht giftig und explodiert auch nicht so schnell.
Ein weitgespanntes Netz von Erdgasleitungen breitet sich immer mehr über das Gebiet der Bundesrepublik aus. In anderen europäischen und außereuropäischen Staaten ist es ähnlich.

Damit ein Liter Wasser kocht, bezahlte man 1968 in der BRD bei Verwendung von:

Kohle	1,66 Pf
Elektrizität	1,40 Pf
Flüssiggas	0,56 Pf
Kokereigas	0,44 Pf
Erdgas	0,36 Pf

161

Bohranlagen entstellen das Gesicht einer Landschaft

162

Ist eine Bohrung fündig geworden, kann der Bohrturm abgebaut werden. Läßt der natürliche Erddruck im Inneren das Öl nicht mehr austreten, setzt man Pumpen über das Bohrloch. Im stetigen Auf und Nieder pumpen diese „Pferdeköpfe" das Öl in ein Rohöltanklager. (Bild 161)
Inzwischen ist die Entwicklung so weit vorangeschritten, daß auch die nickenden „Pferdeköpfe" über Tage durch Tiefpumpen unter der Erde ersetzt werden. Die Bohrstelle wird mit einer Betonplatte abgedeckt. Nur noch einige Meßgeräte verraten die ehemalige Bohrstelle.

In Los Angeles haben Techniker sich etwas einfallen lassen, um die Bohranlagen zu tarnen.
Solche Maßnahmen werden immer dann angebracht sein, wenn Erdöllagerstätten in unmittelbarer Nähe von dichtbesiedelten Gebieten erschlossen werden. (Bild 162)

In Deutschland bemüht man sich, die häßlichen Öltanks und Pumpanlagen verschwinden zu lassen. In der Umgebung von Hamburg, Bremen und Wilhelmshaven werden in unterirdischen Salzlagern Hohlräume ausgeschwemmt. Hier können Öl und Flüssiggas bis in Tiefen von 1200 Metern gelagert werden.

Ölalarm! Die Feuerwehr greift ein

Öltanks werden nach strengen Bauvorschriften eingebaut. Das gilt auch für Pipelines. Dringt Erdöl durch eine undichte Stelle in den Erdboden, so wird das Grundwasser ungenießbar.

163

1 Liter Öl kann 1 000 000 Liter Wasser verseuchen.

Gelangt trotz aller Vorsichtsmaßnahmen Erdöl in den Boden, so gibt es Ölalarm. Die Feuerwehr rückt aus. Mit chemischen Mitteln wird das ausgelaufene Öl gebunden. Der vom Öl durchtränkte Boden wird mit Baggern ausgehoben und in Verbrennungsanlagen verbrannt.

Eine Pipeline ist so gebaut, daß ein automatischer Warndienst eine undichte Stelle sofort meldet. Mit Hilfe von Meßgeräten kann man genau feststellen, in welchem Abschnitt der Schaden ist.
Mit der Ölwarnung wird auch gleichzeitig ein Schieber in Bewegung gesetzt, der den weiteren Ölfluß in der Pipeline stoppt. Doch inzwischen können die ausgelaufenen Ölmengen das Grundwasser verseucht haben.

Auslaufendes Öl aus beschädigten Tankern hat schon oft die Küsten bedroht. Bei den Vögeln verklebt die zähflüssige Masse das Gefieder. Fische gehen zu Tausenden ein. Badestrände sind monatelang nicht mehr zu benutzen, wenn Wind, Ebbe und Flut die Öllache an die Küste spülen. (Bild 163)

In der Zeitung steht:

Der Bedarf an Erdöl steigt ständig — Aber die Reserven reichen nicht unbegrenzt.

164

Erdölaufkommen in der BRD in Mill. Tonnen (aufgerundet)								
	1960	1962	1964	1966	1968	1970	1972	19..
Eigenförderung	6	7	8	8	8	7,5	7,1	....
Einfuhr	23	33	51	66	84	99	103	....

1. Die Erdöllieferanten der BRD kannst du aus Bild 165 ablesen. Suche sie im Atlas und übertrage sie in die Weltkarte des Buches!
2. Zeichne in die Weltkarte den Seeweg des Erdöls von Afrika und vom Orient in die BRD!
3. Übertrage das Gesamtaufkommen (Eigenförderung und Einfuhr des Erdöls in der BRD) auf das Gitter! Verbinde die einzelnen Punkte miteinander!
4. Übertrage die **Eigenförderung!** — Vergleiche!
5. Bild 165 zeigt deutsche Erdöllagerstätter und den Verlauf der Pipelines im Jahre 1969.
   a) Vergleiche Bild 165 mit der passenden Karte im Atlas!
   b) Suche die Ausgangshäfen der Pipelines auf der Europakarte!
   c) Zeichne den Weg des Erdöls von den Lieferanten bis in diese Häfen in die Weltkarte dieses Buches!
   d) Erdöl muß verarbeitet werden. Das erfolgt in **Raffinerien.** Suche auf der Wirtschaftskarte der BRD die Standorte deutscher Raffinerien! — Siehe auch Abb. 165.

Die Erdölgewinnung im Orient und in Afrika erfolgt häufig noch durch ausländische Firmen (Amerikaner, Engländer, Japaner, Franzosen, Deutsche). Diese Unternehmen arbeiten dort mit Erlaubnis der Regierung der jeweiligen Erdölstaaten. Die Gewinnverteilung ist aber unterschiedlich. Da das Erdöl meist der einzige Rohstoff ist, mit dessen Hilfe die Menschen der Erdölländer ihre Lebensverhältnisse verbessern können (industrielle Monokultur), ist es notwendig, daß ihnen für ihre Leistungen ein gerechter Preis bezahlt wird. Es darf deshalb niemanden wundern, wenn einige Völker die Erdölproduktion in die eigene Hand nehmen wollen.
Der steigende Bedarf an Erdöl bei gleichzeitiger Verknappung muß zwangsläufig auch zu einer Preissteigerung bei Erdölprodukten führen.

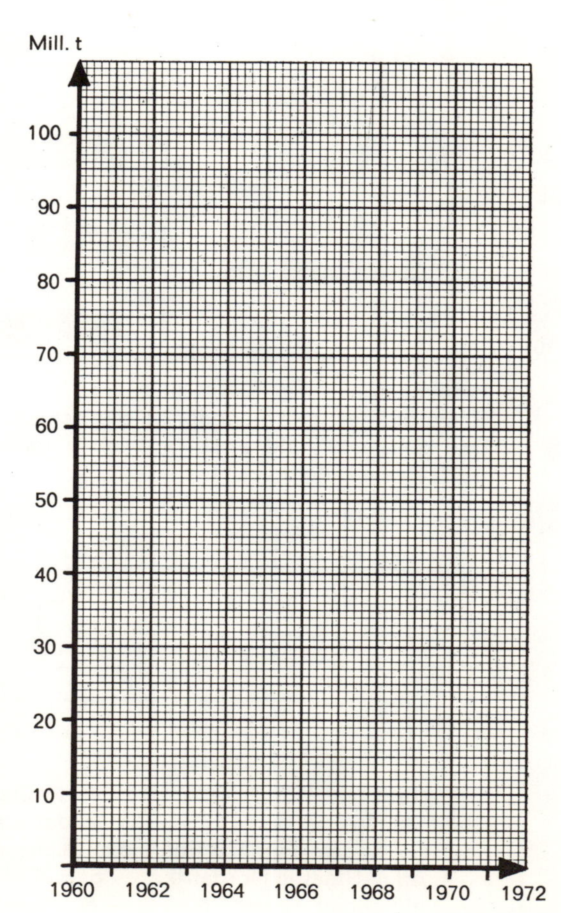

165 Erdöl 1972

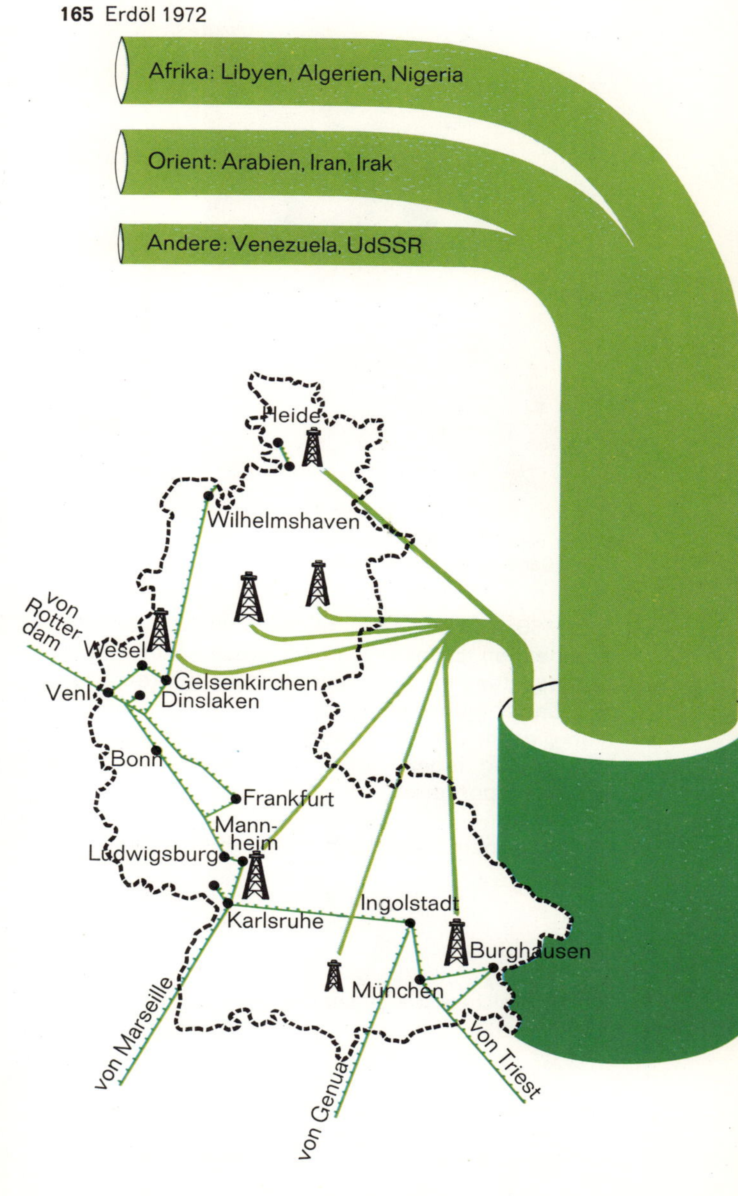

166 Hier werden die Förderanlagen zunächst das Landschaftsbild nicht stören.

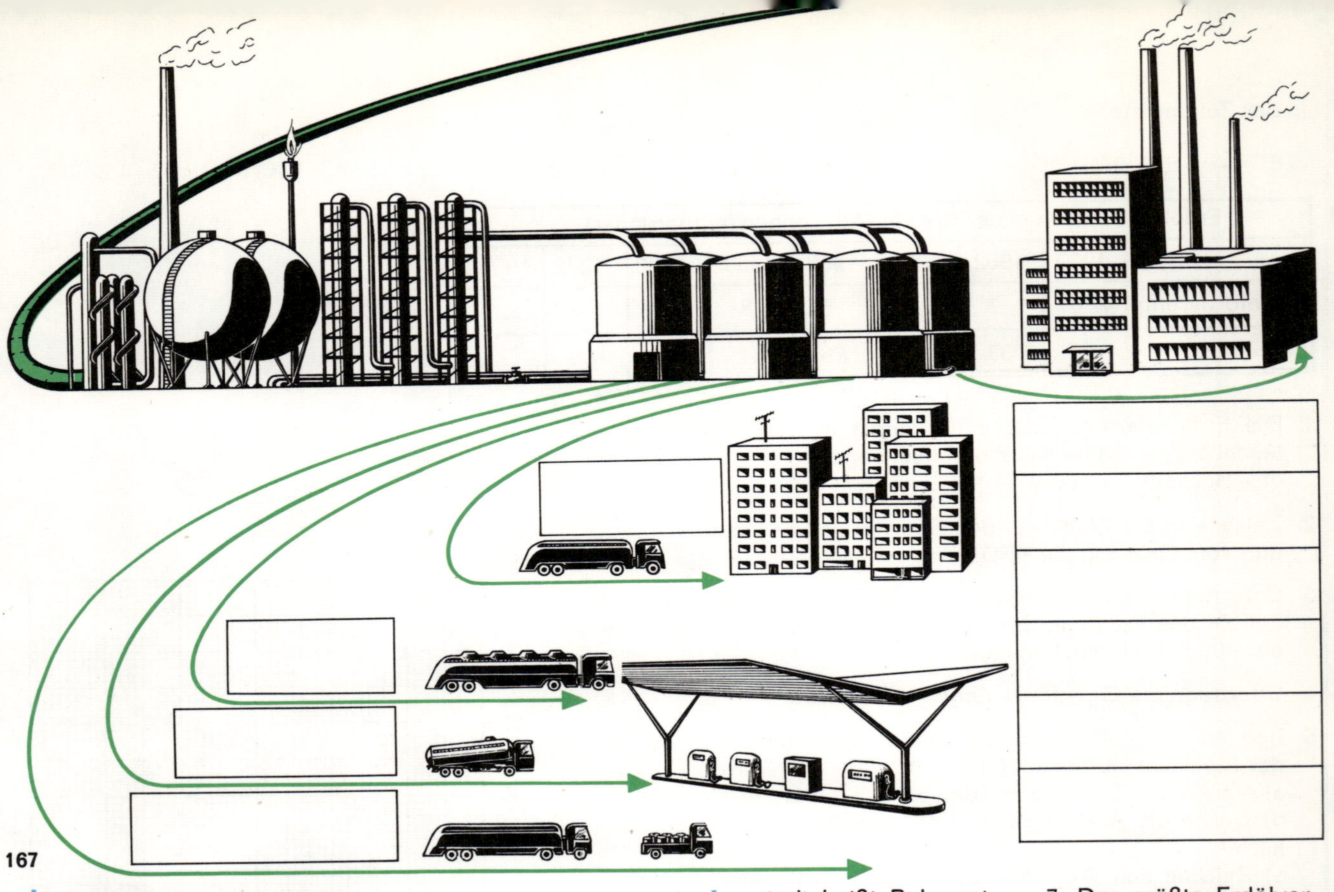

167

6. Bild 166 — Schwarze Rauchfahnen zeugen vom brennenden Erdgas. Da von dieser Stelle keine Erdgasleitungen zum Verbraucher führen, wird das Gas abgefackelt.
Von diesem Ort führt aber eine Pipeline zu einem Hafen. Dort legen Tanker an, die das Öl in die BRD transportieren.

   a) In welchem Land kann dieses Erdölgebiet liegen?

   ....

   b) Zu welchem Landschaftsgürtel gehört diese Landschaft?

   ....

   c) Schreibe deine Ansicht zur Bildunterschrift auf!

   ....

7. **Erdölstaaten** — Ein Rätsel
Setze die gesuchten Länder an die richtige Stelle! Das gerahmte Feld ergibt von oben nach unten gelesen ein Erdölprodukt.

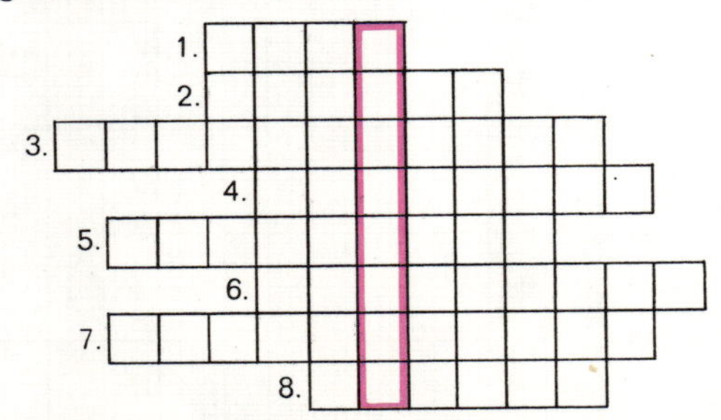

1. Euphrat und Tigris fließen hier. — 2. Stadt und Staat am Persischen Golf. — 3. In diesem Land liegt die längste Pipeline Eurasiens (siehe Atlas!). — 4. Atlas-Staat in Nordafrika. — 5. Bild 159 zeigt das Erdölgebiet dieses Staates. — 6. Seine Hauptstadt heißt Bukarest. — 7. Der größte Erdölverbraucher. — 8. Afrikanischer Erdöllieferant der BRD.

8. Bild 167 zeigt den Weg des Erdöls.

   a) Schreibe in die leeren Felder, was die Fahrzeuge geladen haben können!

   b) Schreibe in das Feld der chemischen und Kunststoffindustrie, was auch aus Erdöl hergestellt werden kann!

1. Die Bedeutung des Erdöls für die Energieversorgung beschreiben.
2. Abbauverfahren des Erdöls beschreiben.
3. Gefahren der Verschmutzung der Umwelt durch Erdöl erläutern.
4. In Wirtschaftskarten Erdölgebiete, Raffinerien, Transportanlagen erkennen.
5. Die Gefahren industrieller Monokulturen und Monopole beschreiben.
6. Die Verwendung des Erdöls beschreiben.

Maschinen haben Durst

Wasserverbrauch in der Industrie

168 Hier arbeitet ein Drehautomat. Damit die Werkstücke nicht heiß werden, fließt ständig Kühlflüssigkeit über sie hinweg.

Die Firma Opel teilte 1969 mit:

An einem Tag werden in unserem Werk in Bochum 1700 Fahrzeuge hergestellt. Der Wasserverbrauch an einem Arbeitstag beträgt ca. 14 Millionen Liter. Fast die Hälfte dieser Menge benötigen wir zum Kühlen unserer Maschinen.

Die Farbenfabrik Bayer in Leverkusen bei Köln benötigt in einer Stunde 33 Millionen Liter Wasser. Das entspricht ungefähr dem Wasserverbrauch einer Stadt von 8 Millionen Einwohnern.

169 Durchschnittlicher Wasserverbrauch in der BRD

Kokerei, je kg Koks	8 l
Hüttenwerk, je kg Stahl	20 l
Textilindustrie, je kg Kunstfaser	200 l
Papierfabrik, je kg Feinpapier	1000 l
Haushalt, je Person am Tag	50 l
Zum Vergleich: 1 Eimer = 8—10 l	
1 volle Badewanne = 200 l	

Übertrage auf die Heimatkarte eine Fläche von 16 km Länge und 18 km Breite. (Achte auf den Maßstab!) Stell dir vor, dies sei ein See, der 5 m tief ist!

Diese kaum vorstellbare Wassermenge wurde 1968 für die Stahlerzeugung in der BRD benötigt.

Die Industrie ist der größte Wasserabnehmer.

Das Anwachsen der Bevölkerung, der steigende Wohlstand, die zunehmende Industrialisierung lassen den Wasserbedarf immer mehr ansteigen.
In der BRD wird es aber immer schwieriger, den Bedarf an Trink- und Brauchwasser aus den natürlichen Vorkommen zu decken.

Am 22. 6. 1969 meldete die Presse:
Mit dem Plan, Teile der BRD mit dem Trinkwasser aus Schweden zu versorgen, werden sich die Leiter der nordrhein-westfälischen Wasserwerke in einer Konferenz befassen. Das schwedische Wasser soll in großen Rohrleitungen von 2 m Durchmesser durch die Ostsee über Hamburg transportiert werden. Die Städte Hamburg und Frankfurt sowie das Rhein-Main-Gebiet interessieren sich für dieses Projekt.

Die Vorräte an gutem Wasser sind nicht unerschöpflich. Deshalb wird es immer dringender, sie zu erhalten, sparsam zu bewirtschaften und, wo immer möglich, zu vermehren.

(Wasser-Charta des Europarates 1968)

Wasserreinigung

Große Trinkwassermengen werden aus dem Grundwasserbereich der Flüsse und Seen gewonnen. In Tiefbrunnen wird es gesammelt und in die Wasserwerke gepumpt. Bevor es in das Leitungsnetz der Städte gelangt, wird es gereinigt, gechlort und mit Sauerstoff angereichert.
Das benutzte Wasser, das **Abwasser,** muß vorher in Kläranlagen von giftigen und schädlichen Stoffen befreit werden.
Die Zahl der Kläranlagen reicht aber noch nicht aus, um unsere Gewässer reinzuhalten. Immer wieder erfährt man in den Nachrichten, daß Gewässer auch durch Unachtsamkeit und Unglücksfälle verunreinigt werden. (Siehe Kapitel Erdöl!)
Bei heftigen Regengüssen stürzen große Wassermassen in unsere Wasserläufe. Hierbei werden Reste von Schmier- und Treibstoffen und der Gummiabrieb der Reifen von den Straßen in die Flußläufe geschwemmt.
Im Wasser leben zahlreiche Kleinlebewesen. Sie helfen mit, es sauberzuhalten. Wenn die Gewässer übermäßig verschmutzt werden, wird diese Lebensgemeinschaft gestört. Das Selbstreinigungsvermögen wird geschädigt.

170 Der Weg des Trinkwassers

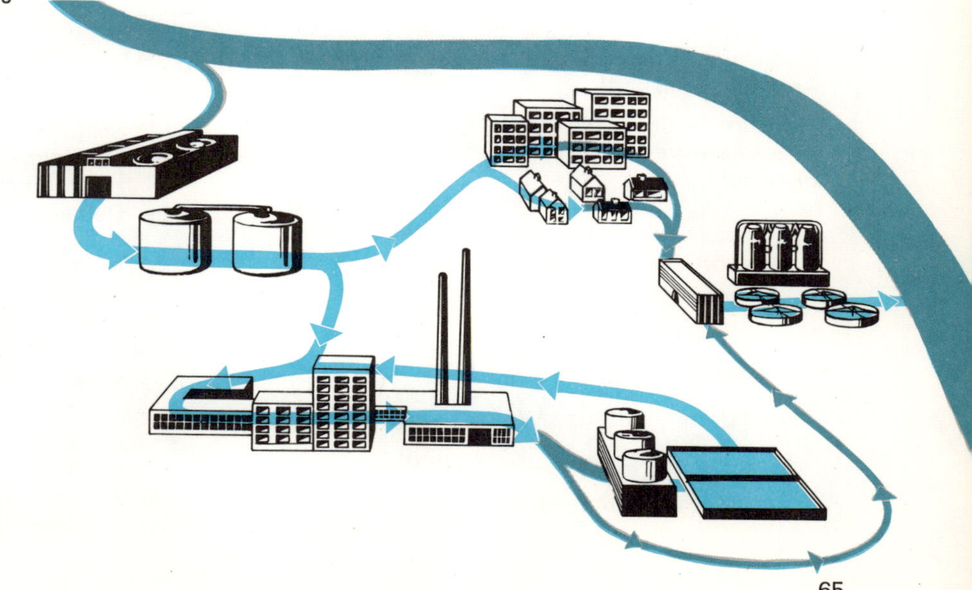

Da gutes Wasser knapp und teuer ist, haben viele Industriebetriebe eigene Wasseraufbereitungsanlagen gebaut. Das verschmutzte Wasser wird dort gereinigt und wieder der Produktion zugeführt. So kann das gleiche Wasser mehrmals genutzt werden.

Ohne eine solche Wasseraufbereitungsanlage würde z. B. die Firma OPEL mehr als die dreifache Wassermenge im Jahr verbrauchen.

> Wasser verschmutzen heißt, den Menschen und den Lebewesen Schaden zufügen.
> (Wasser-Charta des Europarates)

1. Erkundige dich nach dem Wasserpreis an deinem Wohnort!
2. Auch für das Abwasser muß der Hausbesitzer Geld bezahlen. Prüfe nach!
3. Jetzt kannst du rechnen.

   Tausend Liter Wasser kosten ca. 1,— DM.

   a) Schreibe der Firma OPEL eine Wasserrechnung für einen Arbeitstag!

   b) Berechne den Betrag, den die Firma OPEL durch ihre Wasseraufbereitungsanlage an jedem Arbeitstag einspart!

   c) Schreibe der Firma Bayer-Werke, Leverkusen, eine Wasserrechnung für einen achtstündigen Arbeitstag!
4. Fertige nach Bild 170 eine Niederschrift an! Überschrift: Der Weg des Trinkwassers

> Jeder Mensch hat die Pflicht, für das Wohl der Allgemeinheit das Wasser wirtschaftlich und mit Sorgfalt zu verwenden.
> (Wasser-Charta des Europarates)

171

Wasserspeicher

1. Schlage im Atlas die Karte „Niederschläge in Mitteleuropa“ auf! Prüfe die Niederschlagsmenge zwischen Ruhr und Sieg! Vergleiche mit anderen Gebieten Deutschlands!

Viele Industriebetriebe können nur dort angesiedelt werden, wo reichlich Wasser vorhanden ist.
Das Sauerland und das Bergische Land zwischen Ruhr und Sieg sind der „Wasserturm“ des Rheinisch-Westfälischen Industriegebietes. Die Niederschlagsmenge

im Jahr beträgt hier .... mm.
Das sind 1000 bis 1500 Liter auf der Fläche eines m². Große Mengen hiervon verdunsten. Weitere werden von Pflanzen gespeichert. Andere versickern im Boden. Ungefähr die Hälfte würde ungenutzt abfließen, wenn die Menschen nicht gelernt hätten, die Wasservorräte zu erhalten.

In keinem anderen Gebiet Deutschlands gibt es so viele Talsperren auf engem Raum wie im Sauerland und Bergischen Land.

2. Überpüfe diesen Satz an Hand des Atlasses! Schlage dazu Karten mit kleinerem Maßstab auf!

Die ausgedehnten Wälder helfen mit, das Wasser im Boden zu speichern.

Die Ruhr und andere Flüsse in diesem Raum werden an vielen Stellen gestaut. Verfolge den Lauf der Ruhr! — Siehe Bild „Baldeney-See“, Seite 55!

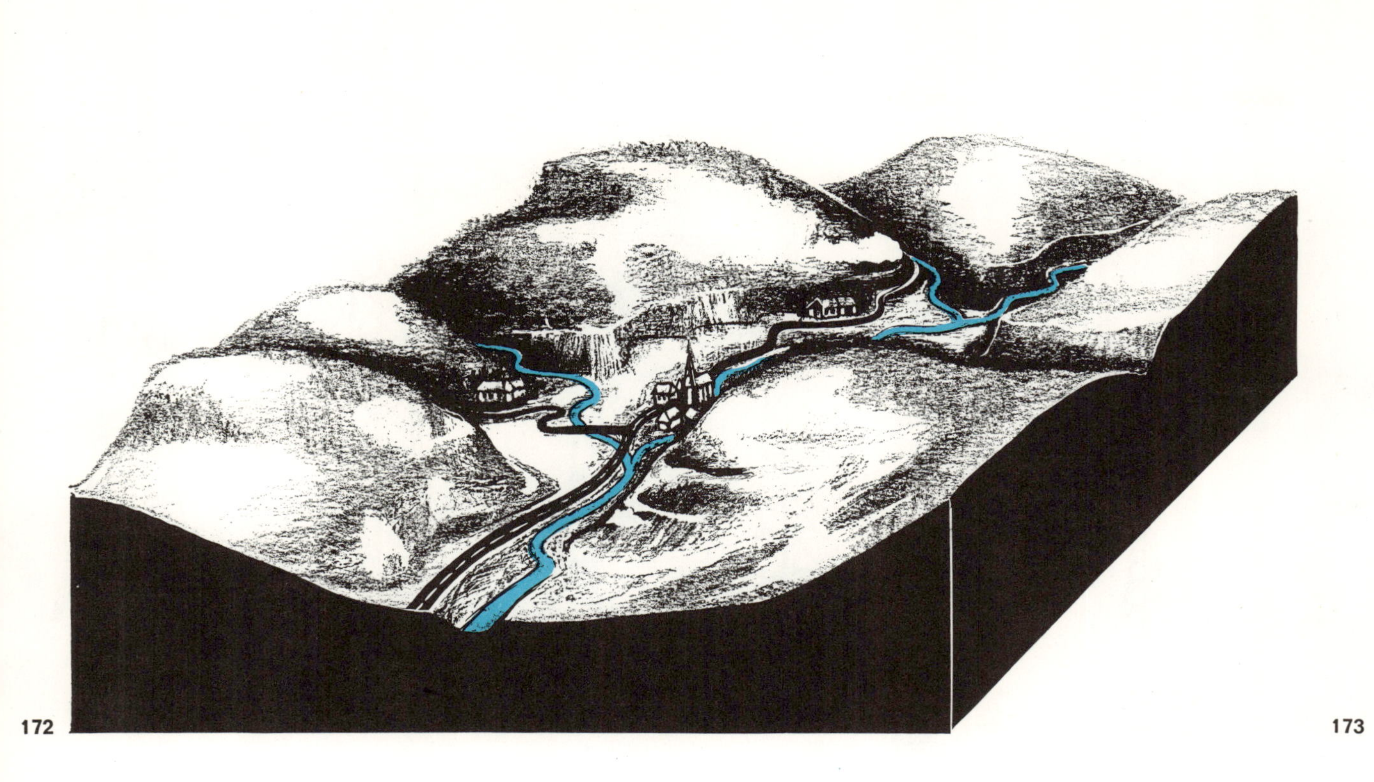
172

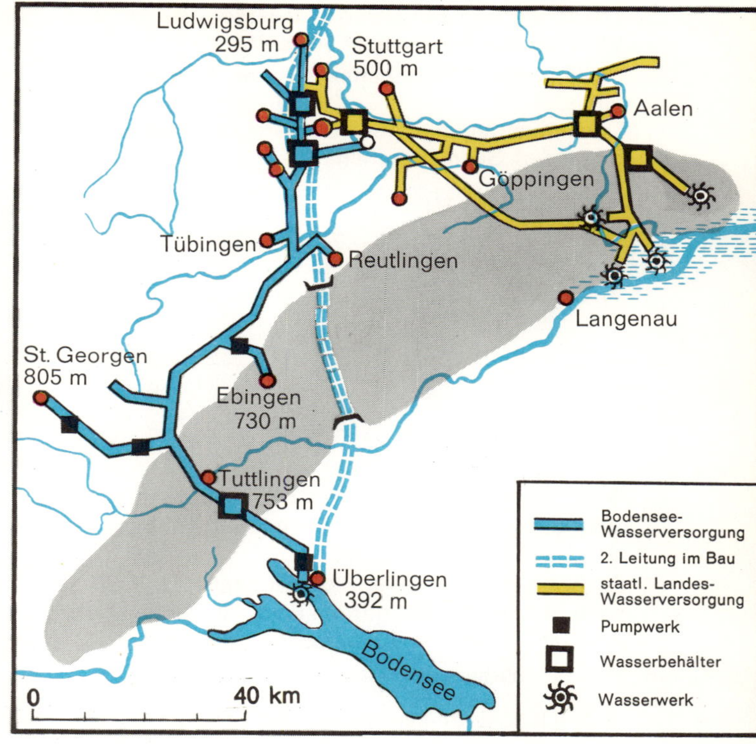

173

Die Stauwehre und Talsperren sorgen dafür, daß der Grundwasserspiegel im Einzugsbereich der Flüsse ziemlich beständig bleibt. Sie schützen die Täler vor Überschwemmung und versorgen die Bevölkerung und die Industrie auch in regenarmen Zeiten mit dem nötigen Wasser.

Die größte Talsperre im Sauerland ist die **Bigge-Talsperre** (7° Ö / 51° N). Sie wurde 1965 fertiggestellt. (Bild 171)
Dort, wo heute das Wasser die Täler bedeckt, standen vor einigen Jahren noch Dörfer und Bauernhöfe. Um die Talsperre zu bauen, mußten Straßen und Schienen verlegt werden. 2555 Menschen wurden umgesiedelt und für den Verlust ihrer Häuser, Gärten und Felder entschädigt. Neue Dörfer, moderne Bauernhöfe entstanden.

Das Sauerland und das Bergische Land sind Erholungsgebiete auch für die Menschen in den Industriestädten. Im Sommer locken die zahlreichen Talsperren die Wassersportler. Die großen Wälder laden zum Wandern ein. Im Winter bringen Sonderzüge die Wintersportler in die tiefverschneiten Berge.

3. Schau Bild 172 an! Hier soll eine Talsperre gebaut werden.
   a) Überlege, was zunächst bedacht werden muß!
   b) Zeichne den Staudamm ein! Siehe Bild 177 und Phantasielandschaft auf der Innenseite des vorderen Buchdeckels. (Folie) Schraffiere die Fläche, die einmal überspült sein wird! (Folie)
   c) Zeichne die Landkarte mit der Talsperre, der neuen Siedlung, der Eisenbahnstrecke und der Straße! (Folie)
   d) Übertrage diese Zeichnung in dein Heft!

4. Im Neckartal ist ein weiteres großes deutsches Industriegebiet. Karte 173 zeigt, wie Stuttgart — 245 m bis 523 m über NN — mit Wasser versorgt wird.
   a) Vergleiche den Kartenausschnitt 173 mit der Atlaskarte!
   b) Was verraten Atlasfarben und Zeichen über die Oberflächengestaltung dieses Gebietes?
   c) Stecke die Länge der Wasserleitungen nach Stuttgart in deiner Heimatkarte ab!
   d) Berechne den Höhenunterschied, den das Wasser überbrückt!
   e) Begründe die Anlage von Pumpwerken vor St. Georgen und Ebingen! — Benutze den Atlas!
   f) Begründe die fehlenden Pumpwerke zwischen Tuttlingen und Stuttgart!

5. Erkundige dich bei den Stadtwerken, woher dein Wohnort das Trinkwasser bezieht!
6. Schlage die „Wirtschaftskarte von Nordamerika" auf!
   Das Industriegebiet der USA kann das Wasser von folgenden Seen beziehen:

   a) ....

   b) ....

   c) ....

   d) ....

   e) ....

   Vergleiche die Größe dieses Industriegebietes mit der BRD! (Siehe Bild 216)
7. Suche auf der Weltwirtschaftskarte Industriezentren im Wüstengürtel und im Gebiet der Tundra! — Was stellst du fest? — Begründe!
8. Vervollständige den Lückentext!

   Große Industrien können nur dort errichtet werden,

   ....,

   denn Maschinen ....

   ....

1. Die Bedeutung des Wassers für die Industrieländer kennen.
2. Maßnahmen der Wassergewinnung und Wasserreinigung beschreiben.
3. Die Aufgaben des Rheinischen Schiefergebirges als Wasserspeicher beschreiben.
4. Die Wasserversorgung des schwäbischen Industriegebietes erklären.
5. Standortwahl von Industriebetrieben mit dem Bedarf an Trink- und Brauchwasser in Beziehung setzen.
6. Maßnahmen beim Talsperrenbau erläutern.

174 Elektrizitätserzeugung in der BRD

> **Amtliche Bekanntmachung!**
> Am kommenden Sonntag, dem 7. September, wird in der Zeit von 6 bis 10 Uhr der elektrische Strom im Stadtteil Ringsbach wegen dringender Reparaturarbeiten abgeschaltet.
> Die Stadtwerke

Du kannst dir denken, welche Folgen diese Stromunterbrechung hat! Schäden in der Stromversorgung können aber auch plötzlich auftreten.

1. Ergänze den folgenden Lückentext:

   Ohne elektrischen Strom brennt ....

   .... im Haus. Der Elektroherd bleibt

   .... Alle ....
   Haushaltsmaschinen sind dann unbrauchbar.

   Radio- und ....

   bleiben stumm. Die Speisen im ....

   .... verderben.

   In den Industriebetrieben stehen die ....

   .... still. Das Wasserwerk kann ....

   .... mehr pumpen.

Auf den Straßen entsteht ein Durcheinander, weil

die .... ausfallen.

Die Reisenden im ....

kommen nicht ans Ziel. Ein Leben ohne ....

.... ist unvorstellbar.

2. Begründe, warum die Reparatur nicht am Vormittag eines Werktages durchgeführt wird!

....

....

....

....

....

....

....

....

....

....

Mit jeder neuen Maschine, mit jedem elektrischen Haushaltsgerät, das in Betrieb genommen wird, wächst der Bedarf an Elektrizität. Deshalb muß sich die Leistungskraft der Elektrizitätswerke von Jahr zu Jahr vergrößern. Überall auf unserer Erde werden neue Kraftwerke gebaut.

3. Verbinde die Spitze der einzelnen Masten in Bild 174! (Folie) Die Lauflinie zeigt den ansteigenden Bedarf.

Von kleinen und großen E-Werken

An deinem Fahrrad ist ein kleines „Elektrizitätswerk". Es ist der Dynamo. Bei Dunkelheit setzt du ihn in Betrieb. Einen Teil der Muskelkraft überträgst du mit Hilfe des Vorderrades auf den Dynamo. Durch die ständige Drehung wird elektrischer Strom erzeugt.

Ähnlich wie der Dynamo arbeitet im E-Werk ein **Generator** (Stromerzeuger). (Siehe Bild 175!) (Siehe auch Bild 21 im Kapitel: Von Riesen und Riesenkräften.)

Jeder Generator ist durch eine Achse mit einer **Turbine** verbunden. Die Turbine kann durch eine Düse mit Wasser oder anderen Kräften angetrieben werden. (Bild 175)

Mit der Turbine dreht sich der Generator. Durch Leitungen wird die Elektrizität zum Verbraucher transportiert.

175 Wasserstrahlturbine

1. Vergleiche die Elektrizitätserzeugung beim Fahrrad und beim E-Werk!
2. Vervollständige die Tabelle 176!

176

	Kraft	Kraftüberträger	Elektrizitätserzeuger
Fahrrad	....	....	....
E-Werk	....	....	....

Die Erde liefert Rohstoffe zur Erzeugung der Elektrizität.

177 Wasserfall- und Mooserboden

Elektrizität durch Wasserkraft

Speicherkraftwerk

1. Betrachte die Bilder 177 und 178!
2. Suche zu Bild 177 einen passenden Landschaftsausschnitt auf der Innenseite des vorderen Buchdeckels.
3. Dein Wissen aus den vorigen Kapiteln und der Atlas helfen dir, den folgenden Lückentext zu vervollständigen:

   Bild 177 zeigt zwei T……………………

   Sie liegen im H……………………

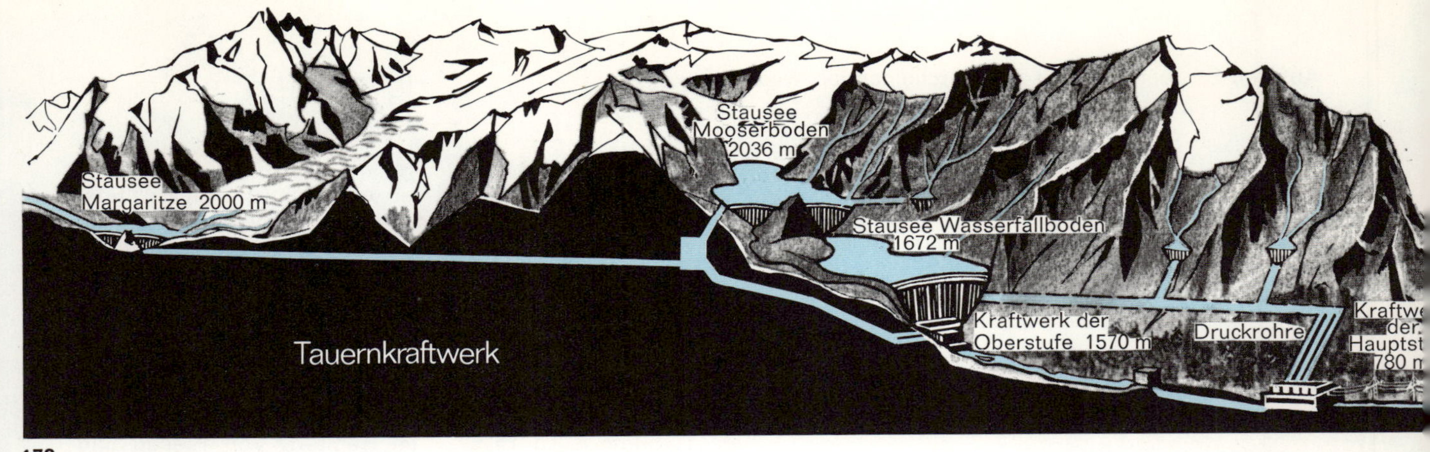

178

179

Bauteil	Höhenlage in m	Bauteil	Höhenlage in m
M……………………	……………………	W……………………	……………………
Kraftwerk O……………………	……………………	Kraftwerk H……………………	……………………
Höhenunterschied	……………………	Höhenunterschied	……………………

Die abgebildete Landschaft gehört zu Mitteleuropa. Auf dem Bild ist ein Teil eines **Speicherkraftwerkes** in den A…………………… zu sehen. Sechs europäische Länder teilen sich in diese Landschaft.
Es sind:

1. ……………………
2. ……………………
3. ……………………
4. ……………………
5. ……………………
6. ……………………

Zu den 6 größeren Staaten kommt der Kleinstaat Fürstentum Liechtenstein.

Die abgebildeten Stauseen liegen am Großglockner (12° Ö / 47° N). Sie gehören zum Speicherkraftwerk Kaprun in …………………….

4. Zwischen den Stauseen und den Kraftwerken ist ein großer Höhenunterschied.
   Berechne ihn an Hand der Tabelle 179 und Bild 178!

5. Schlage die Niederschlagskarte von Mitteleuropa auf!
   Du stellst fest: In Mitteleuropa fällt in den …………………… der meiste Niederschlag.

180 Pumpspeicherkraftwerk am Hengstey-See

181 Laufkraftwerk an der Donau

Im Herbst und Winter fallen hier große Mengen Schnee. In den Gipfellagen gibt es Gletscher. (Bild 178)

Eis und Schnee sind gefrorene Wasserspeicher. Im Frühling und Sommer tauen sie auf.
Sperrmauern bis zu einer Höhe von 120 m wurden im Tal von Kaprun gebaut, um das Schmelz- und Regenwasser aufzustauen. Die Turbinen und Generatoren stehen in den beiden Kraftwerken. (Bild 175 und Bild 178)

6. Mit großer Kraft schießt das Wasser durch die

D.................................... auf die T....................................

Die G.................................... drehen sich mit,

weil sie mit den T.................................... durch eine

.... verbunden sind.

Durch die .... des Wassers

wird .... erzeugt.

Auf den Ruhrhöhen nördlich von Hagen (7° Ö / 51° N) wurde ein besonderes Speicherbecken gebaut. Vom Hengstey-See wird nachts Ruhrwasser in das Oberbecken gepumpt. Tagsüber, wenn sehr viel elektrischer Strom benötigt wird, stürzt das aufgestaute Wasser durch die Druckrohre auf die Turbinenräder. Besonders in den Morgenstunden wird viel Strom benötigt. In den Fabriken laufen die Maschinen an. Elektrische Züge und Straßenbahnen fahren in dichter Folge, um die Menschen zu den Arbeitsstätten zu befördern. Haushaltsmaschinen und elektrische Heizöfen werden zu dieser Zeit in Betrieb gesetzt.
Solche **Pumpspeicherkraftwerke** können sofort den Mehrbedarf an Elektrizität decken. Auch das Kraftwerk Kaprun kann als Pumpspeicherkraftwerk arbeiten.

Laufkraftwerk

Auch die Kraft der fließenden Gewässer wird genutzt, um Elektrizität zu erzeugen. (Bild 181)
Durch ein Wehr wird der Fluß gestaut. Das Wasser zwängt sich durch einen engen Schacht am Krafthaus und dreht den **Propeller** oder das **Laufrad** der Turbinen.

7. Bild 182 zeigt einen vereinfachten Querschnitt durch das Krafthaus eines Laufkraftwerkes. Es fehlen der Generator und die Turbine. Neben der Zeichnung sind sie abgebildet. Vervollständige diesen Querschnitt! Trage den Wasserstand nach dem Stauen des Flusses ein! (Folie)

182 Schnitt durch ein Laufkraftwerk

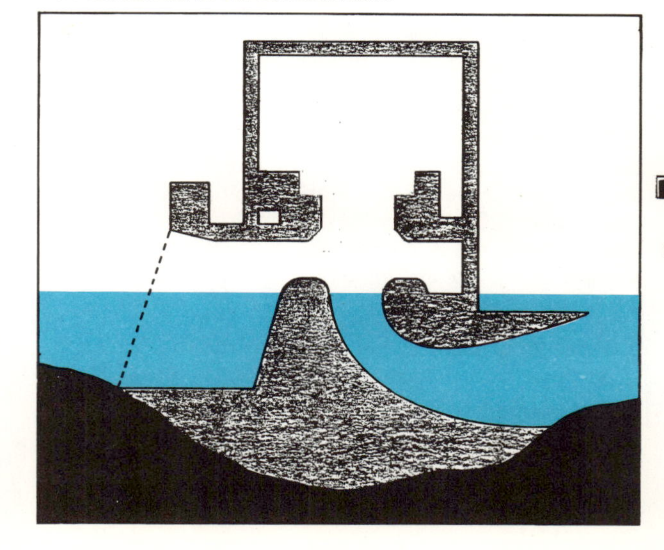
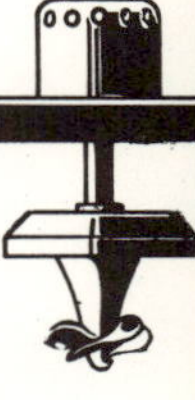

183

Gezeitenkraftwerk

8. Schau Bild 183 an! Das ist die Baustelle eines besonderen Wasserkraftwerkes. Sie **war** in der Bucht von St. Malo (2° W / 48° N). Heute steht hier das erste **Gezeitenkraftwerk** der Erde.
   a) Lies nach, was über die Gezeiten in diesem Buch steht!
   b) Der Tidenhub kann in der Bucht von St. Malo (Bild 90) bis zu .... m betragen.

Verstellbare Propeller sorgen im Gezeitenkraftwerk dafür, daß die horizontal liegenden Turbinen sowohl bei Ebbe als auch bei Flut laufen. Bei Flut dringt das Wasser des Meeres mit starkem Druck weit in die Bucht hinein. Dadurch wird der Unterlauf des Flusses Rance, der in die Bucht mündet, zum Wasserspeicher. Kommt Ebbe, so strömt das Wasser wieder zurück ins Meer.

9. Auch an anderer Stelle der Erde könnten Gezeitenkraftwerke errichtet werden.
   Schreibe zwei Plätze auf!
   a) ....
   b) ....

Kommt ein Gezeitenkraftwerk auch für Deutschland in Frage? Begründe!

....

Die Kräfte des Wassers unserer Erde sind unerschöpflich. Sie werden immer durch Niederschläge ergänzt. — Gutes Wasser ist aber knapp!
Dasselbe Wasser kann nacheinander vielseitige Aufgaben erfüllen. Bevor du es trinkst, hat es vielleicht mitgeholfen, Elektrizität zu erzeugen. Später könnte damit eine Maschine gekühlt werden. Danach wird dasselbe Wasser, nachdem es gereinigt wurde, vielleicht bei der Papierherstellung benutzt.
Das Ruhrwasser wird drei- bis sechsmal wiederverwendet. An einer Stelle des Tennessees (90° W / 30° N) in den USA geschieht dies bis zu sechzehnmal.

> Ohne Wasser gibt es kein Leben.
> Wasser ist ein kostbares,
> für den Menschen unentbehrliches Gut.
> (Wasser-Charta des Europarates)

Elektrizität durch Kohle

Die meisten Kraftwerke in Deutschland sind Wärmekraftwerke. (Bild 184) Mit Stein- und Braunkohle wird Wasser stark erhitzt. Ein Dampfstrahl wird mit hohem Druck auf die Turbine geleitet.

Wie und wo in Deutschland Braunkohle abgebaut wird, kannst du erfahren, wenn du aufmerksam folgende Arbeitsgänge ausführst.

1. **Lies nach: Entstehung der Kohle (Seite 49)!**
2. Suche im Atlas die Braunkohlenvorkommen
   a) in Deutschland,
   b) in Asien und Amerika!
3. Schau das Bild des Abraumbaggers auf Seite 13 an!
4. Betrachte die Abbauverfahren in Bild 185!
5. Jetzt ergänze diesen Lückentext:

Braunkohle ist .... als Steinkohle. Sie liegt nur wenige Meter .... dem Deckgebirge. Braunkohle wird im .... gefördert. Ein Teil dieser Kohle wird zu **Briketts** verarbeitet. Große Mengen werden in .... zur Elektrizitätsgewinnung benutzt. Aus Braunkohle werden in der .... Industrie Kunststoffe (Buna), Kunstdünger, Sprengstoffe, Benzin und viele andere Dinge hergestellt.

184 Braunkohlenkraftwerk Frimmersdorf

185

186 Versuchsatomkraftwerk Kahl bei Aschaffenburg (9° Ö / 50° N)

Elektrizität durch Atomkraft

Eine besondere Art von Wärmekraftwerken sind die Atomkraftwerke. (Bild 186) Die in Atomen gespeicherte Energie (Kraft) wird zum Antrieb von Dampfturbinen genutzt. Diese neuartige Energiequelle wurde im Metall Uran erschlossen. In Bergwerken baut man Uranerz ab.
Atomforscher vermuten in **einem** Kilogramm Uran die Kraft von 3500 kg Steinkohle. Wissenschaftler sind bemüht, diese ungeheure Energie des Urans für friedliche Zwecke zu gewinnen. Ingenieure errichten **Atomreaktoren,** um diese Kräfte zu bändigen. In Atomkraftwerken wird Strom erzeugt. Der „Atomstrom" soll weniger als der „Kohlestrom" und der „Wasserstrom" kosten.
Wissenschaftler schätzen, daß im Jahre 1980 die Atomkraftwerke $^{4}/_{10}$ der gesamten Elektrizität in der BRD erzeugen werden. (1968 war es erst $^{1}/_{100}$.)
Karte 187 zeigt wichtige Kraftwerksgruppen in Deutschland und in einigen Nachbarländern. Die meisten Werke sind durch Hochspannungsleitungen miteinander verbunden. Falls irgendwo in Norddeutschland Generatoren repariert werden müssen, fällt die Stromversorgung nicht aus. Ein Speicherkraftwerk in den Alpenländern kann dann sofort mit der Lieferung einsetzen. Der Druck auf einen Knopf im Umschaltwerk genügt, um den Strom nach Norden fließen zu lassen. So kann im Notfall ein E-Werk das andere unterstützen.

Die E-Werke in Westeuropa haben sich zusammengeschlossen.
Sie haben ihre Versorgungsnetze verbunden (= Verbundwirtschaft),
damit jederzeit elektrischer Strom fließt.

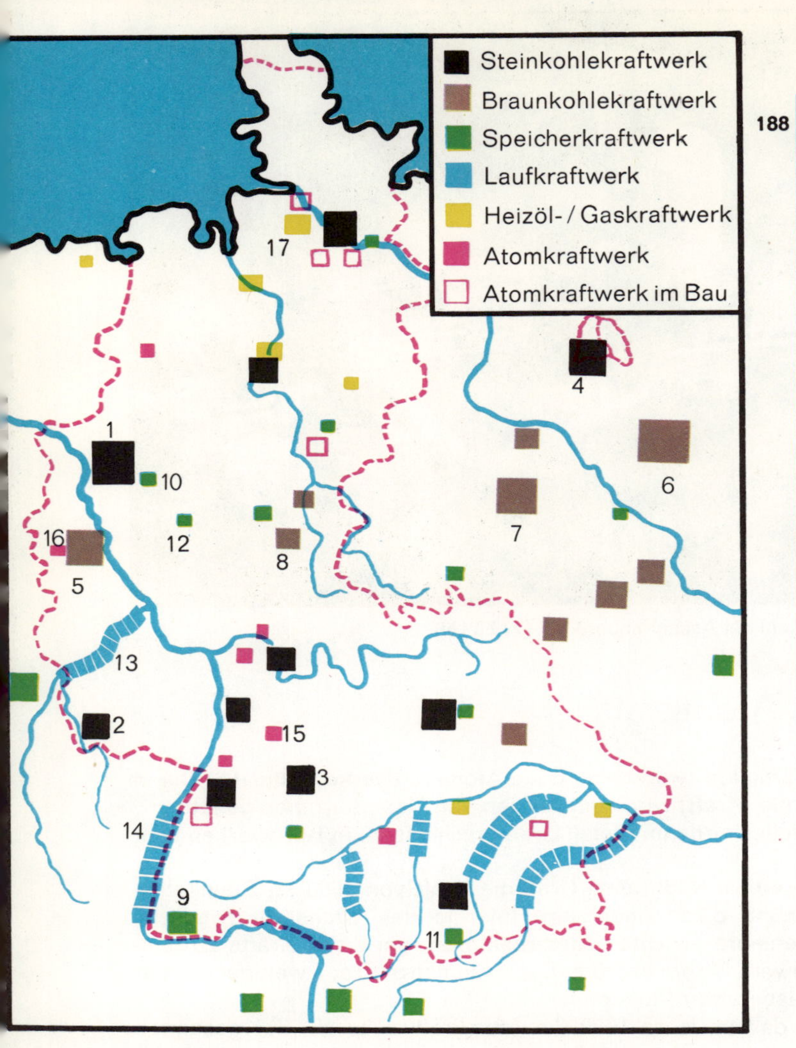

187

188

Wärmekraftwerke			
Steinkohlenkraftwerk	Braunkohlenkraftwerk	Atomkraftwerk	
1.	5.	15.	
2.	6.	16.	
3.	7.	....	
		Heizöl-, Gaskraftwerk	
4.	8.	17.	
....	....	....	

Wasserkraftwerke	
Speicherkraftwerk	Laufkraftwerk
9.	13. ....
10.	14. ....
	Gezeitenkraftwerk
11.	....
12.	....
....	....

1. Schau Karte 187 an!
   Schlage im Atlas die Karte von Deutschland auf:
   a) Schreibe in die Tabelle 188, bei welchen Städten, Flüssen oder welchen Gebieten die numerierten Kraftwerksgruppen liegen.
   b) Schreibe in die freien Felder der Tabelle 188 die Kraftwerke ein, die in der Nähe deines Heimatortes liegen.
2. Begründe den Standort der Braunkohlenkraftwerke. Benutze die Karte „Bodenschätze in Mitteleuropa“!
3. Verfolge den Lauf der Wolga in der Sowjetunion! Was stellst du fest?
4. Vergleiche die Bilder: Braunkohlenkraftwerk (Bild 184) mit Atomkraftwerk (Bild 186)! Denke dabei an die Landschaft und an die Sauberkeit der Luft!
5. Versuche mit Hilfe des Atlasses zu ermitteln, auf welche Weise die nordeuropäischen Staaten Norwegen und Schweden elektrischen Strom erzeugen. Achte auf das natürliche Gefälle der Landschaft! Benutze die Sonderkarten! — Denke an den Zeitungsbericht von 1969 über das schwedische Wasser!
   Begründe deine Meinung in einer Niederschrift!

1. Den Anstieg des Verbrauchs an Elektroenergie mit dem Anstieg des Wohlstandes in der BRD in Beziehung setzen.
2. Verfahren der Elektrizitätsgewinnung mit Hilfe unterschiedlicher Kraftwerkstypen beschreiben.
3. Die Hochgebirge als Wasserspeicher beschreiben.
4. Standortbedingungen für Kraftwerke nennen.

Der Bedarf an Elektrizität wächst auf unserer Erde mit jedem Tag. Noch kann man elektrischen Strom nicht speichern. Deshalb drehen sich bei Tag und Nacht die Generatoren. Sollten einmal Kohle, Erdöl, Gas und Uran auf dieser Erde knapp sein, so kann der unerschöpfliche Reichtum des Wassers dafür sorgen, daß Elektrizität weiterfließt.

189 Pfahlbauten am Ufer des Amazonas

6 In Ländern des ewigen Sommers

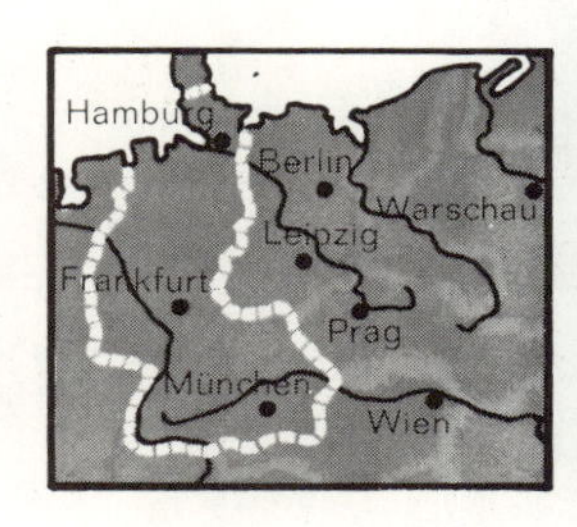

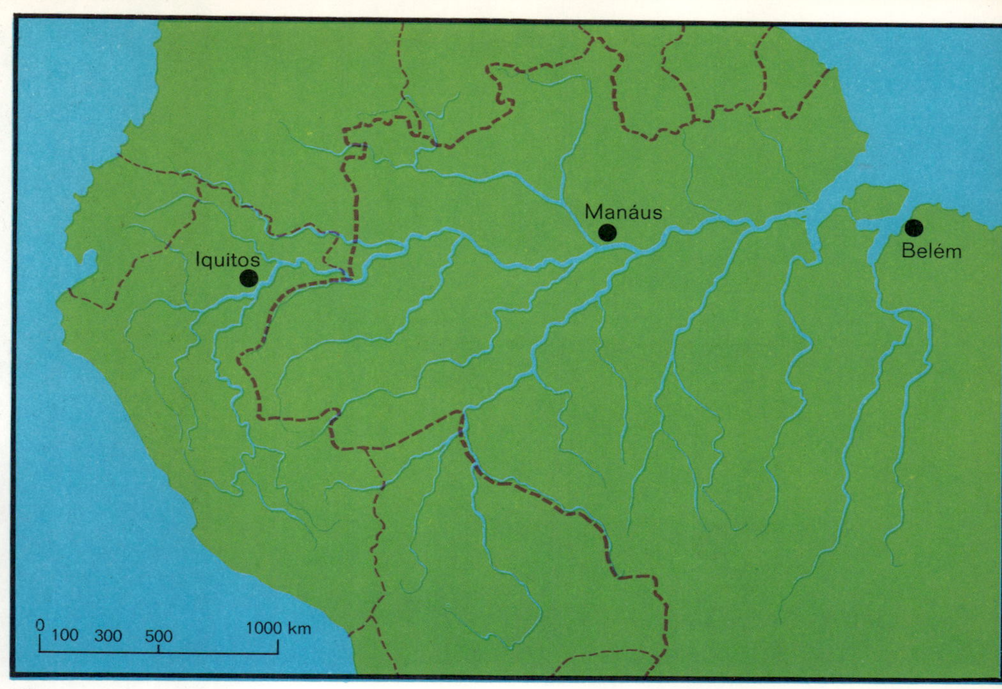

190

Im tropischen Regenwald

Eine unbewegte feuchte Hitze umgab uns. Sie schien fast unerträglich, obwohl wir in anderen Ländern schon höhere Temperaturen gemessen hatten. Wir saßen in Pfahlhütten am Ufer des größten Stromes von Südamerika. Unendlich breitete sich die Wasserfläche vor uns aus. Ein See hätte es sein können. Entwurzelte Baumriesen, von starker Strömung fortgetragen, verrieten aber ein fließendes Gewässer. —
Am Ufer drängte der Wald sich in den Strom. — Oder war es der Strom, der den Wald erobern wollte? —
Metertief standen die Stämme in der gelbgrünen Flut. Ein Gewirr von armdicken Schlingpflanzen und Luftwurzeln, von Blättern und vielfarbigen Blüten, von Zweigen, Ästen und Stämmen versperrte wie eine Wand den Blick ins Innere des Waldes.
Dort hinein wollten wir. — Der Indio sollte uns den Weg mit dem Einbaum bahnen, denn hier war seine Heimat.

Das Stromgebiet des Amazonas ist die wasserreichste Landschaft der Erde. Der Amazonas — 6518 km lang — ergießt an einem Tag mehr Wasser in den Atlantischen Ozean als alle europäischen Flüsse in die verschiedenen Meere.

1. Die Flüsse Europas münden in:

a) die ....

b) die ....

c) den ....

d) das ....

e) das ....

f) das ....

g) das ....

h) das ....

Bei Iquitos ist der Amazonas bereits 1800 m, bei Manaus 5 km und an der Mündung über 100 km breit. (Siehe Bild 191!)

Zum Vergleich einige Zahlen aus Deutschland:
Rhein bei Köln 520 m, Elbe bei Cuxhaven 15 km.

Große Ozeandampfer können auf dem Amazonas bis nach Manaus fahren, kleine bis Iquitos, weil der Strom überwiegend **30 bis 50 m tief ist.** (Elbtiefe bei Hamburg siehe Seite 92!)

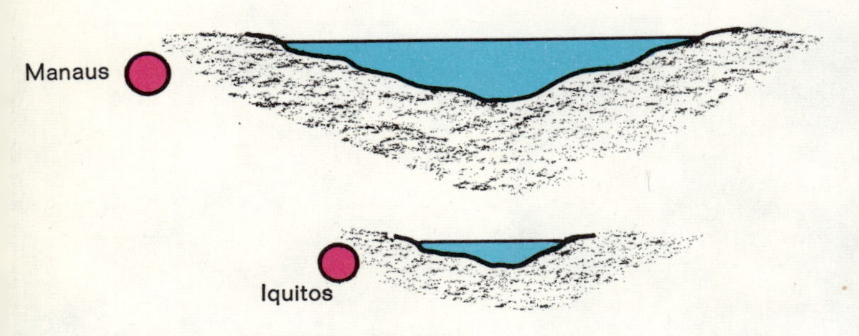

191 Die Breite des Amazonas

2. a) Miß die Entfernung
   Belem — Manaus .... km

   Manaus — Iquitos .... km
   b) Zeichne über Bild 191 die Breite des Rheines bei Köln und der Elbe bei Cuxhaven! — (100 m gleich 1 mm)
   c) Wie breit würde bei gleichem Maßstab die Amazonasmündung?
3. Die Größe des Stromgebietes zeigt der Vergleich mit dem Kartenausschnitt von Mitteleuropa in Karte 190. Prüfe, wie oft Mitteleuropa in das Stromgebiet des Amazonas paßt!

   Amazonien ist ....mal größer als Mitteleuropa.
4. Lege die Folie des Buches auf die Atlaskarte von Südamerika! Zeichne den Amazonas mit einigen Nebenflüssen ab! Lege deine Zeichnung auf Karten mit **gleichem Maßstab** von Eurasien, Nordamerika, Afrika und Australien!
5. Vergleiche die Anzahl der Städte in beiden Kartenausschnitten 190!

Nicht nur die Feuchtigkeit macht dieses Land zu einem dünnbesiedelten Gebiet. Viel menschenfeindlicher ist der kaum durchdringbare Wald.

192 Im Dschungel

Wir brachen auf. — Stundenlang glitten wir mit unserem Einbaum über die schwarze, sumpfige, faule Brühe eines Nebenarmes des Amazonas. Treibhaushitze brütete über der glatten, müden Fläche. Immer tiefer stießen wir in die Wildnis vor. Immer wieder mußten wir uns bücken. Herabhängendes Gewächs behinderte die Fahrt.
Ein grünglänzender Tunnel umgab uns. Zwischen angetriebenen, moosbewachsenen Stämmen lagen die Kaimane (Panzerechsen). Ihre zackigen Rücken ragten aus dem Wasser. Tückisch blinzelten die Augen.
Erst nach Stunden legten wir an. — Der Himmel hatte sich verdunkelt. Wolken türmten sich auf. Plötzlich zuckten Blitze, Donner grollte. Tosend schüttete der Himmel seinen Regen auf uns herab.

Das kannten wir schon. An jedem Nachmittag entlud sich ein solches Tropengewitter. Doch so schnell wie es gekommen, verzog es sich auch wieder. Abkühlung brachte es nie.
Zu Fuß sollte es weitergehen. Mit dem Buschmesser, der Machete, bahnten wir uns einen Weg. Metertiefe Wasserlöcher, umgestürzte Bäume zwangen uns immer wieder, die Richtung zu ändern. Wir drängten, schlugen, wühlten uns weiter durch das Dickicht. Sonnenlicht war nie um uns — stickig und bleiern die Luft.
Nur selten streifte der Blick nach oben. Um die Stämme der Baumriesen hatten sich Lianen geschlungen. Schmarotzerpflanzen wucherten in Astgabeln. Wir wußten: Irgendwo in 50 bis 60 m Höhe wölbte sich das Dach dieses tropischen Regenwaldes. Dort nisteten farbenprächtige

Vögel: die Papageien, die Spechte, die Kolibris. Irgendwo sprangen Brüllaffen durchs Geäst. Doch von alldem konnten wir jetzt nichts sehen. Unsere Aufmerksamkeit galt dem Boden. Wir achteten auf giftige Schlangen, das Heer der Insekten und Spinnen; horchten auf ein verräterisches Geräusch, das uns vor angriffslustigen Wildschweinen und vor dem Jaguar hätte warnen können.
Nur mit übermenschlicher Anstrengung werden wir es hier einige Wochen aushalten können. — Wahrlich, dies ist eine „Grüne Hölle".

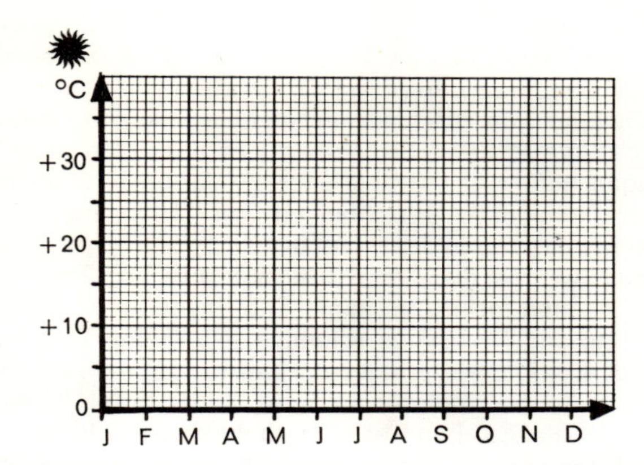

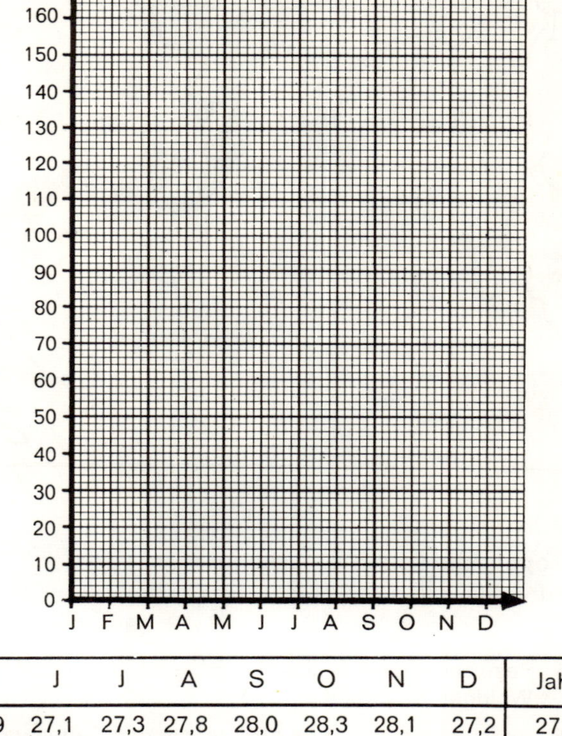

193

	m NN		J	F	M	A	M	J	J	A	S	O	N	D	Jahr
Manaus (60° W / 5° S)	45	°C	27,0	26,9	26,9	26,9	26,9	27,1	27,3	27,8	28,0	28,3	28,1	27,2	27,4
		mm	211	203	205	214	168	100	46	33	55	117	115	208	1675
Hannover (9° Ö / 52° N)	52	°C	0,1	0,5	3,6	8,1	12,6	15,8	17,4	17,0	13,8	9,1	5,1	1,8	8,7
		mm	50	38	46	45	54	63	80	75	50	51	43	49	644

6. Übertrage die Klimawerte als Lauflinie und Balkendiagramm in das Gitter! (Von Manaus Folie 1, von Hannover Folie 2)
7. Klappe die beiden Folien übereinander! Vergleiche die Jahreszeiten der beiden Städte!
8. Die Regenzeit in Manaus dauert von .... bis ....
9. Prüfe, welcher Breitengrad durch das Amazonasgebiet läuft!

194 Manaus — 150 000 Einwohner

10. Schlage im Atlas die Karte „Niederschläge der Erde" auf! Verfolge auf dieser Karte den Lauf des Äquators!
11. Verfolge auf der Karte „Pflanzengürtel der Erde" (Vegetationszonen) und „Klimagebiete der Erde" den Äquator!
12. Du stellst fest: Im Bereich des Äquators fällt der .... auf der Erde. Hier ist es ständig feucht und .... Deshalb wachsen dort auch die großen t..................... .... R..................... Sie gibt es nicht nur in Südamerika, sondern auch in .... und .... Der ständige Niederschlag, besonders in den monatelangen Regenzeiten, und die immer gleichmäßige .... fördern das Wachstum der üppigen Pflanzenwelt.

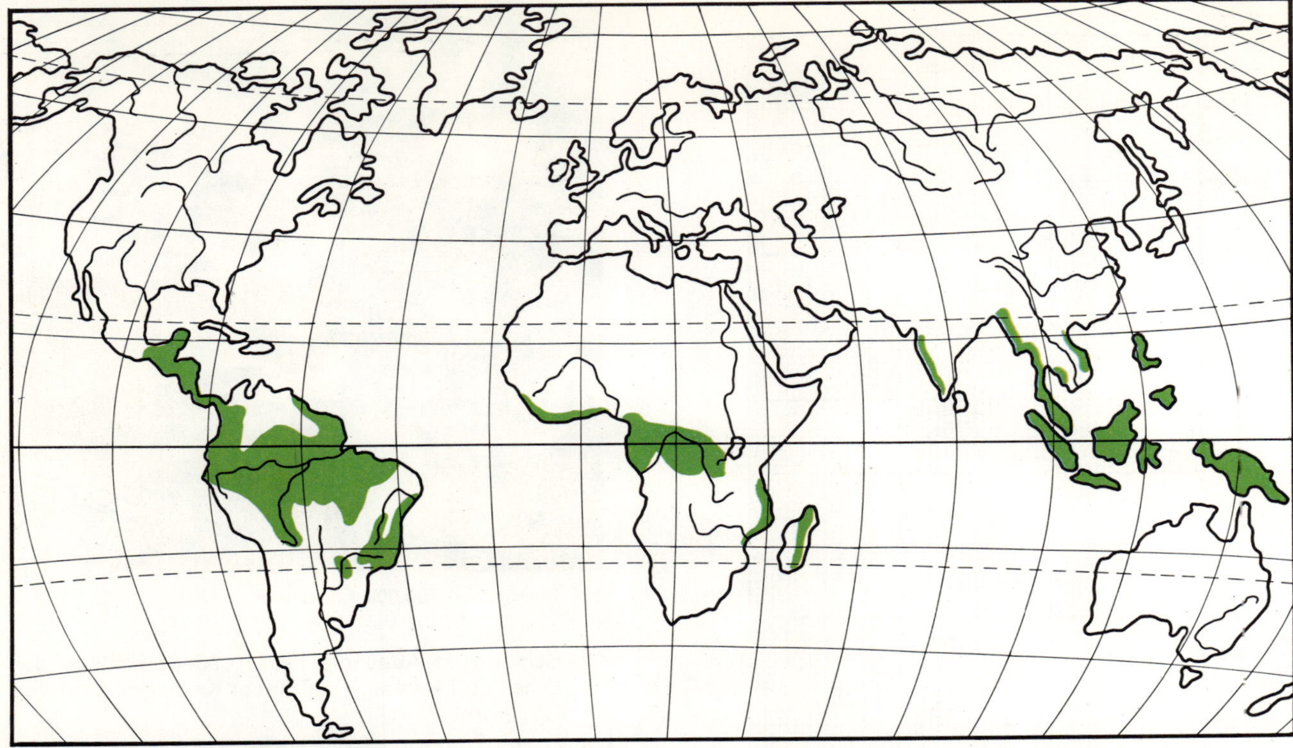

195 Karte des tropischen Regenwaldes

196 Jagender Indio

Die feucht-heißen Gebiete der Erde nennt man die **Tropen.** Sie liegen zwischen dem nördlichen und südlichen **Wendekreis.**

Nur ein Teil der Tropengebiete ist mit dem tropischen Regenwald bedeckt. Dieser Regenwald liegt nicht nur in den Tiefländern. **Er reicht in den Gebirgen Afrikas bis in die Höhe von 4000 m.** (In Europa ist in diesen Höhen nur nackter Fels, Eis und Schnee.)

13. a) Übertrage alle Flächen des Regenwaldes von Karte 195 auf den Rand der Folie im Buch! Achte darauf, daß du möglichst eine zusammenhängende Fläche erhältst.
    b) Verschiebe diese Flächen auf Europa!
    c) Du stellst fest: Das Gebiet des tropischen Regenwaldes ist .... als ....
14. Übertrage die Regenwälder vom Atlas auf die Erdkarte des Buches! Benutze hierzu die Sonderkarten im Atlas!
15. Bezeichne auf Folie 2 einige Staaten, die in diesem Waldgebiet liegen!
16. Bezeichne die Ströme Afrikas, die den Regenwald entwässern!
17. Verfolge auf jeder Erdteilkarte den Verlauf des südl. und nördl. Wendekreises!
18. Trage die Großstädte ein, die im Gebiet des Regenwaldes liegen! Achte im Atlas genau auf ihre Lage!

Das Innere der tropischen Regenwälder gehört zu den wenig besiedelten Gebieten der Erde.
Der wildwuchernde Wald widersetzte sich bisher dem menschlichen Zugriff. Nur an den Flußläufen und an den Küsten konnte der Mensch ohne größere Gefahr siedeln. Auch in den Höhenlagen traf er bessere Lebensbedingungen an.
Schwärme von Stechmücken und Stechfliegen (Moskitos), die in der feuchtheißen Luft schwirren, übertragen gefährliche Krankheiten (Malaria, Gelbfieber, Schlafkrankheit). Giftschlangen und Giftspinnen bedrohen das Leben der Menschen.
Heute wissen die Ärzte, wie man sich vor Tropenkrankheiten schützen kann. Die Ingenieure haben Geräte und Maschinen erfunden, die in den Tropenländern erfolgreich eingesetzt werden können. Boote mit Außenbordmotoren dringen immer tiefer in die Wälder ein. Straßen fressen sich durch die Wildnis.
Was denken die Indios über die Menschen, die zu ihnen in den Wald vordringen? Ob sie glücklicher werden durch die Begegnung mit Ingenieuren, Technikern, Soldaten und Missionaren, zufriedener durch Maschinen, Fahrzeuge und mechanisches Werkzeug? Wird ihnen geholfen? — Oder werden die Indios als die lästigen Bewohner der Wälder getötet? Nicht ohne Grund hat die Regierung Brasiliens eine Organisation gegründet, die sich um den Schutz der Ureinwohner kümmern soll. In den Nachrichtensendungen der BRD wurde 1972 noch von Menschenjagd auf die Indios Amazoniens berichtet.
Man schätzt, daß in Amazonien auf 3 km² nur ein Bewohner kommt. Etwa 300 000 Indios leben dort als Fischer, Jäger und Sammler. An ihren Lebensgewohnheiten hat sich in den vergangenen 500 Jahren nur wenig geändert. Nur langsam übernehmen sie heute die Lebensart der Fremden.

198

200

201

199

Der Kaffee

Der Kaffee wächst nur im tropischen Klima. Er liebt Wärme, Feuchtigkeit und tiefen lockeren Boden. Einige Kaffeesorten gedeihen in Höhen bis zu 1500 m. Der größte Kaffee-Erzeuger und -Lieferant ist das Land Brasilien in Südamerika. Die Ernte in diesem Land ist größer als der Verbrauch.
Mittelamerika ist wegen seiner Höhenlage und seiner guten Böden ein vorzügliches Kaffeeanbaugebiet.

Bevor eine Kaffeeplantage angelegt werden kann, muß der tropische Regenwald gerodet werden. In Saatbeeten keimen zunächst die Bohnen. Erst die jungen Pflanzen werden ins Freiland gesetzt. Unter Schattenbäumen wachsen sie zu Sträuchern heran. Ließe man sie weiterwachsen, so könnten sie bis zu 12 m hohen Bäumen aufschießen.
Die Sträucher werden aber immer wieder zurückgeschnitten, damit die Erntearbeit leichter wird. Nach etwa 5 Jahren kann der Baum zum erstenmal abgeerntet werden. Ein Kaffeebaum, der im Schatten aufwächst, wird bis zu 50 Jahre alt.

Kaffee-Ernte in El Salvador

In halsbrecherischer Fahrt rast der vollbesetzte Autobus über die schlecht ausgebaute Straße. Ringsum an den Berghängen dehnen sich die Kaffeewälder. Im Schutz hoher Bäume gedeihen die Sträucher, die den wichtigsten Ausfuhrartikel des Landes hervorbringen.

Auf den Kaffeeplantagen herrscht bei meinem Besuch geschäftiges Treiben. Helfer kommen von weit her, um sich für die Zeit der Ernte, ab November, anwerben zu lassen. Farbenprächtig, wie die Blüten der tropischen Wälder, sind sie gekleidet. Sie bringen allerlei handgearbeitetes Gerät mit: Schnitzereien, Körbe und buntbemalte Töpfe. Handgewebte Stoffe haben sie über die Schulter geworfen. Früchte ihrer Gärten tragen sie in großen Körben.

All dies möchten sie auf den Märkten der Dörfer und Städte zum Kauf anbieten. (Bild 202)

In Massenlagern werden sie untergebracht und erhalten dort von den Aufsehern Kochgeräte und Lebensmittel: Bohnen, Maismehl und Salz. Für vier Monate werden sie hier bleiben. Als Lohn für ihre Arbeit bekommen sie ungefähr 2,50 DM am Tag.

Auf der Plantage und den umliegenden Dörfern wimmelt es von Menschen. Rudel von Kindern balgen sich mit Hunden, Schweinen und anderem Getier. Viele von ihnen sind von ihren Eltern aus den Bergen mitgebracht worden.

Zur Arbeit treten Männer, Frauen und Kinder in Gruppen an. Die reifen Früchte werden mit der Hand geerntet. Der Aufseher ermahnt die einzelnen Gruppen, nur dunkelrote Früchte zu pflücken. (Bild 203)

Neben den Pflückern sind andere Arbeiter damit beschäftigt, jüngere Sträucher zu beschneiden. Wild wucherndes Unkraut wird entfernt. Die Pflanzen werden gedüngt und mit Schädlingsbekämpfungsmitteln bespritzt.

Mit roten Kaffeekirschen gefüllte Kisten stapeln sich an den Wegen. Dort werden sie auf Wagen verladen und zur Kaffeeaufbereitung geschafft. Hier wird zunächst mit einer Maschine das Fruchtfleisch abgequetscht. Danach wird die feine Haut um die Bohne in großen Behältern mit einer besonderen Flüssigkeit entfernt. Anschließend gelangen die Bohnen in die Spülanlage. Mit viel klarem Wasser werden sie gewaschen. So schnell wie möglich muß der Kaffee dann getrocknet werden. Das geschieht entweder draußen durch die Sonnenwärme (Bild 204) oder aber mit künstlichen Trockengeräten. Bevor man den Kaffee einsackt, wird er maschinell geschält, poliert und nach Größen sortiert. Und Tag für Tag die gleiche Arbeit unter der strahlenden, unbarmherzigen Sonne.

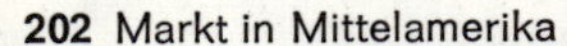

202 Markt in Mittelamerika

203

204

Holz aus den Tropen

Über den folgenden Satz wirst du dich wundern:

Der Vorrat an gutem **Nutzholz** ist in den tropischen Regenwäldern verhältnismäßig gering.

Hier zwei Beweise:

1. Auf einer Fläche von 1000 m Länge und 100 m Breite (10 ha) findet man im afrikanischen Regenwald drei schlagreife Bäume.

2. Ein Waldgebiet, das im afrikanischen Regenwald nur 70 m Nutzholzbretter liefert, erbringt in einem europäischen Forst 400 bis 600 m.

205 Holzgewinnung 1968

	Äquatorial-afrika	Europa
1968	70 Mill. m³	500 Mill. m³
1970	140 Mill. m³	500 Mill. m³

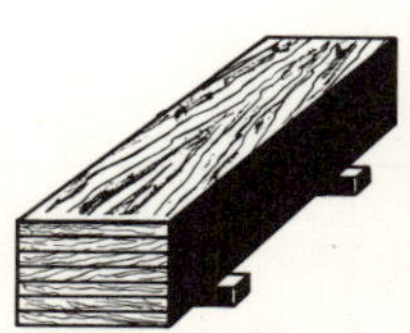

Äquatorialafrika

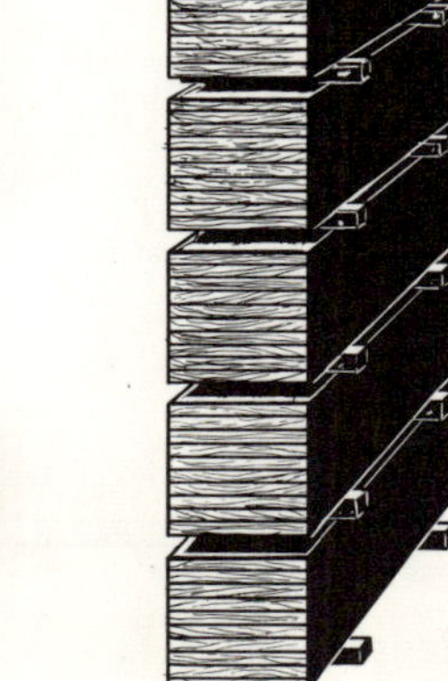

Europa (einschl. UdSSR)

Gründe für diesen Unterschied:

1. a) In den Tropen wächst der Wald noch immer nach den Gesetzen der Natur. Da dieses Gebiet dünn besiedelt ist, kümmert sich der Mensch nur wenig um ihn.
b) Förster, die den Wald pflegen und schützen, gibt es kaum.
2. Große Waldgebiete sind durch Brandrodung zerstört worden. Nach Jahren entstand auf den Rodungsflächen neuer Wald. Doch das Holz dieses zweiten Waldes ist ziemlich wertlos, denn in der Übergangszeit nach der Brandrodung haben die starken Regengüsse die Nährstoffe des Bodens weggespült.
3. Die Zunahme der Bevölkerung machte eine Vergrößerung der landwirtschaftlichen Nutzfläche notwendig. So werden z. B. in Liberia jährlich 20 000 ha Regenwald für den Reisanbau gerodet.
4. Auf 1 ha stehen im Regenwald 40 bis 50 verschiedene Baumarten. Davon wird aber nur eine genutzt. Selten sind zwei Baumarten nutzbar. Für die übrigen gibt es noch keine Verwendung.
5. Die Bäume, deren Holz man verwenden kann, stehen weit voneinander entfernt.

Die Regierungen der jungen afrikanischen Staaten wissen heute genau, welchen Wert ihre Wälder haben könnten. Deshalb versuchen sie mit Hilfe ausländischer Berater, **den Wald nach modernen Verfahren zu nutzen.** Mit Motorsägen werden heute Bäume gefällt und zerlegt.
Ein großes Problem aber ist der Abtransport der geschlagenen Baumriesen. Hierfür sind Spezialtransporter nötig (Bild 199). Die aber können nur auf befestigten Wegen fahren.

In West-Kamerun (10° Ö / 0°) wurde durch den Bau einer Straße durch ein bisher ungenutztes Waldgebiet der Holzexport von 2000 t (1956) auf 180 000 t (1966) gesteigert.

Die Nachfrage nach Tropenhölzern ist groß. Überall auf der Erde werden z. B. Teakholz, Ebenholz, Mahagoni und Limba verarbeitet.
Auch der Eigenbedarf der Staaten am Äquator wächst mit ihrer Aufwärtsentwicklung.
Deshalb wurde die Brandrodung untersagt. Die afrikanischen Bauern müssen lernen, Wälder wieder aufzuforsten und mit technischen Hilfsmitteln umzugehen. Leider aber ist die Zahl der gelernten Waldarbeiter sehr gering. Deshalb ist der Wald in Gefahr. Wissenschaftler haben ausgerechnet, daß in den Jahren 1930—1970 fast ein Drittel des tropischen Regenwaldes in Afrika durch Brandrodung und Kahlschlag vernichtet wurde. Wenn der Raubbau so weitergeht, ist damit zu rechnen, daß der westafrikanische Regenwaldgürtel zwischen Sierra Leone und Ghana bis zum Ende unseres Jahrhunderts mit Ausnahme der Forstgebiete zu Busch- und Grasland geworden ist.

Die Waldvernichtung in den Tropen hinterläßt starke Umweltschäden:

- starke Bodenerosion durch heftige Niederschläge
- Verschlammung der Flüsse
- Überschwemmungen
- Beeinflussung des Klimas.

Durch gute Beratung und technische Hilfsmittel kann der tropische Regenwald für die Industrie der Staaten am Äquator nutzbar gemacht werden. Aber kurzsichtiges Gewinnstreben kann dazu führen, daß zuviel Holz geschlagen wird. Einschlag und Aufforstung müssen sich die Waage halten. Der Wald ist nicht allein Wasserspeicher, sondern auch Sauerstofflieferant.

Gummi aus dem Regenwald

Ein besonderer Baum des tropischen Regenwaldes ist der Kautschukbaum. Die Indianer am Amazonas haben ihm diesen Namen gegeben. Er bedeutet: „Weinender Baum".
Schneidet man Kerben in seine Rinde, fließt ein milchiger Saft heraus. (Bild 197)
Dieser Saft war bis zum Jahre 1926 der Grundstoff zur Herstellung von Gummi.
Vor 100 Jahren gab es diesen Baum nur am Amazonas. Tausende von Gummizapfern waren damals in dem feuchtheißen Klima bei der Arbeit, um den Saft des Kautschukbaumes zu gewinnen. Er war ein begehrter Rohstoff in der Industrie.
(Die Männer in der Erzählung „Im tropischen Regenwald" könnten Gummizapfer gewesen sein.)
Einem Engländer gelang es 1876, Samen des Kautschukbaumes aus Brasilien zu schmuggeln. Dafür gab es damals nach den Gesetzen des Landes die Todesstrafe.
Mit diesem Samen wurden im tropischen Ostasien Kautschuk-Plantagen aufgebaut.
Damit war Brasilien nicht mehr Alleinhersteller des Kautschuks. Doch es dauerte noch einige Jahrzehnte, bis die Ernten der Plantagen in Ostasien auf dem Weltmarkt wirksam wurden.

Die Erfindung des Autos führte zu einer erhöhten Nachfrage nach Naturkautschuk. Große Städte mit prächtigen Bauten entwickelten sich im Regenwald Amazoniens (Manaus — Iquitos). Doch diese Blütezeit dauerte nur von 1890 bis 1920, denn die ausgedehnten Plantagen Südostasiens boten ihren Naturkautschuk immer billiger auf dem Weltmarkt an. Dieser Plantagenkautschuk verdrängte den Naturkautschuk Brasiliens. Die Gummizapfer und Händler wurden arm. Das Geld wurde knapp.
Doch auch der Plantagenkautschuk bekam einen ernsthaften Konkurrenten. Nach langer Forschungsarbeit wurde 1936 in Deutschland der Kunstkautschuk erfunden. Er erhielt den Namen **Buna.** Dieser Kunstkautschuk hat seit 1950 den Plantagenkautschuk vom Weltmarkt immer mehr verdrängt. Fast alle Autoreifen werden heute aus Buna hergestellt, weil sie länger halten. Mehr als die Hälfte aller Gummierzeugnisse bestehen heute aus Buna.

1. Diskutiert folgende Sachverhalte:
   a) Der Pflanzer einer Kautschukplantage beabsichtigt heute, die Zahl seiner Bäume zu erhöhen.
   b) Eine Überschwemmungskatastrophe zerstört eine Plantage. Der Besitzer hat bisher allein vom Verkauf seiner Plantagenprodukte gelebt (Monokultur, S. 111).
   c) Damit er seinen Arbeitern mehr Lohn auszahlen kann, erhöht der Plantagenbesitzer den Verkaufspreis seiner Produkte.
2. Die Bilder 200 und 201 nennen weitere Güter, die in den Plantagen der Tropen gewonnen werden.
   Schau den Menschen bei der Arbeit zu. Bei den Bildern 198 und 201 kannst du ablesen, in welchem Erdteil sie fotografiert wurden.
3. a) Schlage die Karte „Weltwirtschaft“ auf!
   b) Prüfe im Atlas nach, in welchen Tropenländern der Erde Kaffee, Kakao, Kautschuk und Bananen wachsen! Übertrage diese Vorkommen in die Erdkarte des Buches!
   c) Zeichne ein, welchen Weg die Schiffe bis nach Hamburg zurücklegen müssen, die diese Güter an Bord haben!
   d) Miß die Länge der Schiffsreise!
   e) Stelle in der Tabelle 206 alle Güter (Nahrungsmittel, Industriegüter) zusammen, die an deinem Wohnort aus den Tropen kommen! Erkundige dich bei den Kaufleuten — benutze die Wirtschaftskarten der einzelnen Erdteile! — Schreibe auf, aus welchen Ländern sie kommen können!
   f) Ergänze die Tabelle durch Bodenschätze aus dem Gebiet zwischen dem nördlichen und südlichen Wendekreis.

Nahrungsmittel aus den Tropen bereichern den Speisezettel der Europäer.
Industriegüter in den Tropen verbessern dort die Lebensbedingungen.
Einseitige Plantagenwirtschaft und einseitiger Rohstoffhandel
machen die Völker in den Tropen von den Industrienationen abhängig.
Einseitiger Handel aber läßt die Reichen noch reicher und die Armen
noch ärmer werden.

206

Direkt aus den Tropen in unsere Stadt, in unseren Ort

Güter aus den Tropen	Sie können aus folgenden Ländern kommen
....	....
....	....
....	....
....	....
....	....
....	....
....	....
....	....
....	....
....	....
....	....
....	....
....	....

1. Merkmale des tropischen Regenwaldes beschreiben.
2. Den Jahresrhythmus an unterschiedlichen Diagrammen erkennen und beschreiben.
3. Regenwald und Entwässerungssysteme miteinander in Beziehung setzen.
4. Regenwaldgebiete in Vegetationskarten wiedererkennen.
5. Lebensbedingungen der Urbewohner des Regenwaldes beschreiben.
6. Aussagen zur Erschließung des Regenwaldes machen.
7. Die gegenseitige Abhängigkeit der Staaten in den Tropen und der BRD erklären.
8. Vorschläge unterbreiten, wie den Staaten in den Tropen geholfen werden kann.
9. Gefahren einseitiger Plantagenwirtschaft beschreiben.
10. Gefahren unkontrollierter Rodung beschreiben.

7 Verkehr

Über Ozeane, Flüsse und Kanäle

Die Güter der Erde sind nicht gleichmäßig verteilt. Viele Gegenstände des täglichen Lebens kann die Bundesrepublik Deutschland ohne die Hilfe anderer Völker nicht herstellen.
Die deutsche Industrie produziert aber auch mehr Artikel, als die eigene Bevölkerung verbraucht. Deshalb müssen wir Waren im Ausland **einkaufen** und andere an das Ausland **verkaufen**. Der Warenaustausch mit unseren europäischen Nachbarländern reicht nicht aus, um unseren Bedarf zu befriedigen. Die BRD muß über die Ozeane hinweg Handel treiben. Bild 207 zeigt, wie wichtig der Seehandel für die BRD ist. Der Fortschritt der Industrie und des Handels wird durch Export und Import begünstigt.

Ohne Schiffahrt gibt es keinen Welthandel.

1. a) Lies in Bild 207 ab, wie groß die Warenmenge im Jahr 1972 war! Ein ■ bedeutet 250 000 t. (Das ist eine Menge, die auf 250 Binnen-Motorschiffe paßt. — Siehe Seite 89.)
Übertrage die Mengen in die Tabelle 208! — Die Mengenangaben wurden gerundet.

208

	Erdteil	Import in 1000 t	Export in 1000 t
1.			
2.			
3.			
4.			
5.			
Summe:			

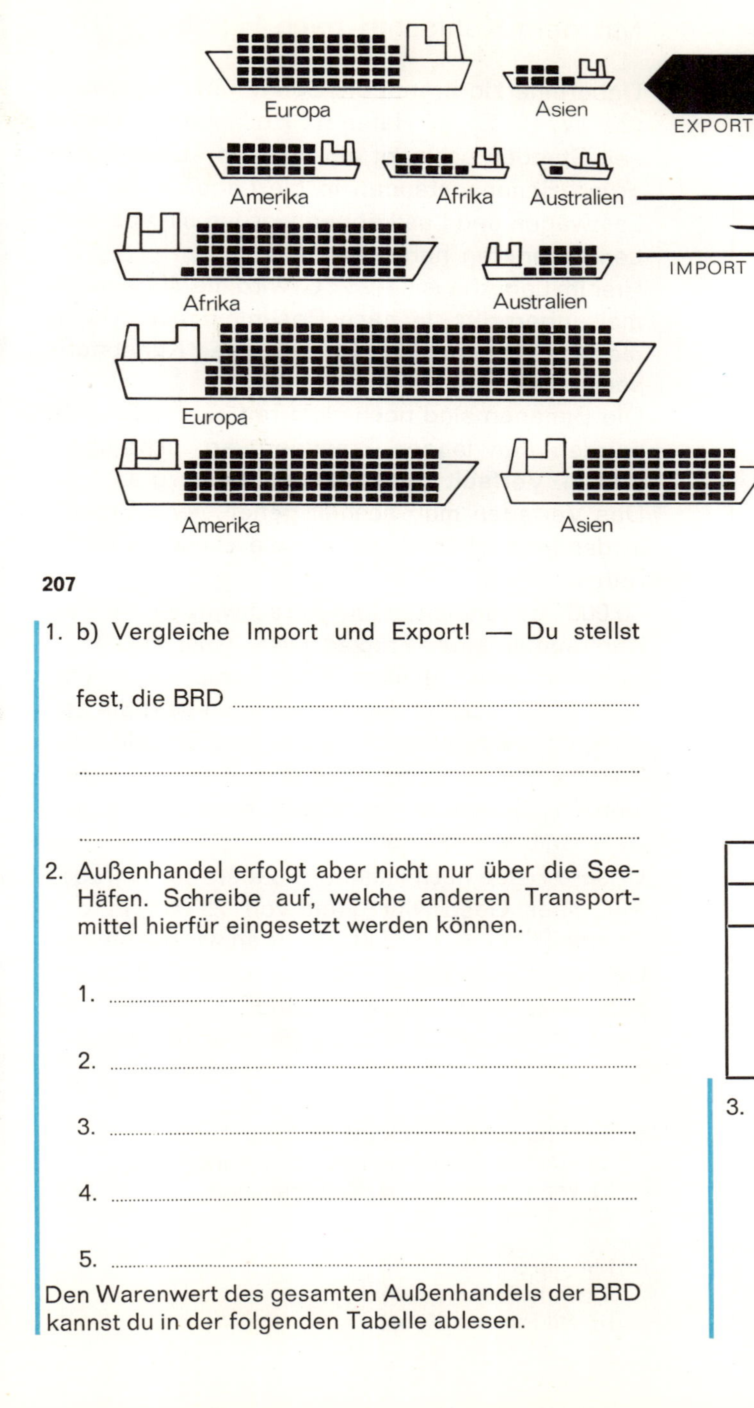

207

1. b) Vergleiche Import und Export! — Du stellst fest, die BRD ....

....

....

2. Außenhandel erfolgt aber nicht nur über die See-Häfen. Schreibe auf, welche anderen Transportmittel hierfür eingesetzt werden können.

1. ....
2. ....
3. ....
4. ....
5. ....

Den Warenwert des gesamten Außenhandels der BRD kannst du in der folgenden Tabelle ablesen.

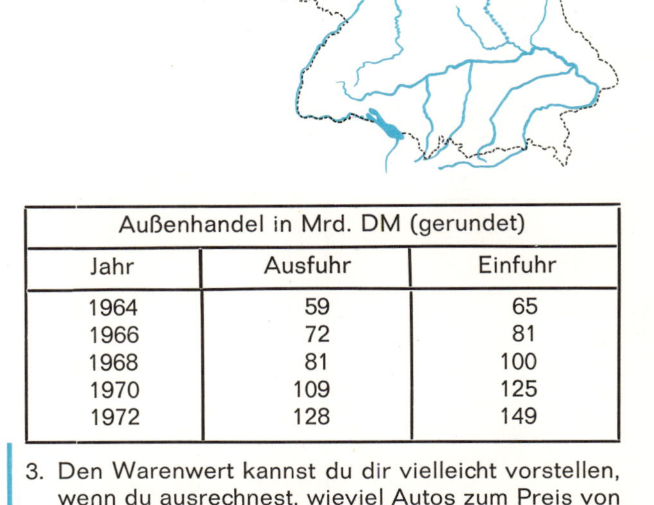

Außenhandel in Mrd. DM (gerundet)		
Jahr	Ausfuhr	Einfuhr
1964	59	65
1966	72	81
1968	81	100
1970	109	125
1972	128	149

3. Den Warenwert kannst du dir vielleicht vorstellen, wenn du ausrechnest, wieviel Autos zum Preis von 10 000 DM hierfür an einem Tag verkauft werden können.

Import: .... Autos an einem Tag

Export: .... Autos an einem Tag

4. Erkundige dich a) bei Kaufleuten, b) im Betrieb der Eltern nach Gütern, die mit Schiffen exportiert oder importiert werden! (Siehe auch Tabelle 206!) Schreibe die wichtigsten in die Tabelle 209!

209

Lebensmittel	
Import	Export

andere Erzeugnisse	
Import	Export

Mit dem Kühlschiff nach Hamburg (I)

Unbarmherzig brennt die Sonne über Guayaquil (80° W / 10° S). Im Hafen ist Hochbetrieb. Schon seit Stunden schleppt ein Heer von Lastträgern grüne Bananenstauden in die Lagerräume. Auf Lastwagen und Lastkähnen werden sie aus dem Landesinneren herangeschafft.
Hier im Lagerhaus (+ 25 °C) wird die Ware nochmals überprüft. Je nach Bestimmungsort kommen die Stauden in Kartons oder Kunststoffsäcke (Bild 210).
Die Bananen sind noch nicht reif. Gelbe Früchte würden den langen Transportweg nicht überstehen. Verfault kämen sie in Hamburg an.
Das Verladen muß schnell gehen. Jede Stunde in der tropischen Hitze läßt die Bananen nachreifen.
50 000 Bananenstauden verschwinden in den Kühlräumen eines Frachtschiffes (Bild 211). Hier herrscht eine gleichmäßige Temperatur von + 11,5 °C. Auch in den Kühlräumen wird die Ladung unterwegs täglich kontrolliert. Sobald eine Banane gelb wird, muß sie über Bord geworfen werden. Sie würde sonst verderben und die anderen mit „anstecken“.
Unsere Reise nach Hamburg dauert ca. 17 Tage. Mit einer Geschwindigkeit von 22 sm in der Stunde (1 sm = 1,853 km) werden wir die beiden Ozeane durchpflügen. Doch schon nach 2 Tagen geht es für 81,6 km „über Land“, vorbei an tropischen Wäldern (Bild 212). (Fortsetzung folgt)

5. Zeichne auf der Erdkarte im Buch den Seeweg:
   a) von San Francisco nach New York
   b) von Hamburg nach San Francisco

6. Miß die Strecke:
   a) ohne Panama-Kanal
   b) mit Panama-Kanal

210

211

212

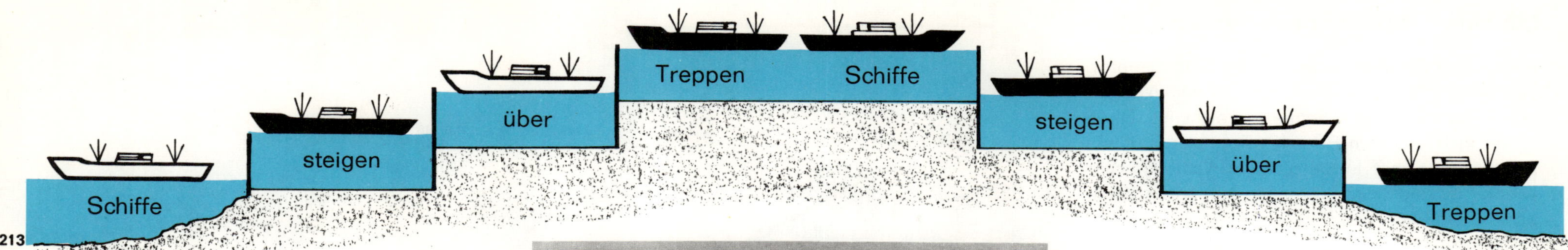

213

7. Übertrage deine Ergebnisse in die Tabelle 214 und rechne!

214

Seeweg	San Francisco — New York	Hamburg — San Francisco
a)	.... km	.... km
b)	.... km	.... km
	.... km	.... km

Der Panama-Kanal

An der engsten Stelle (65,1 km) zwischen Nord- und Südamerika haben Menschen eine künstliche Wasserstraße durch das Festland gebaut. 1881 wurde mit den Arbeiten begonnen. Nach 7 Jahren mußten sie eingestellt werden, weil die Schwierigkeiten zu groß waren. 17 Jahre lag die Baustelle still. Franzosen haben den Bau begonnen, Amerikaner ihn vollendet.

215 Die dreistufige Gatun-Schleuse auf der Atlantikseite des Panama-Kanals

Am 15. August 1914 fuhr das erste Schiff durch diesen Kanal.
Die Sonderkarte des Panama-Kanals im Atlas verrät nur wenig von den Hindernissen, die sich hier den Arbeitern entgegengestellt haben. Sie sagt nichts von dem Leid, das die Menschen auf der Baustelle ertragen mußten.

Einige Tatsachen:

1. Der Kanal ist 81,6 km lang, 13 m tief und 90 bis 300 m breit.

2. Das Festland liegt über weite Strecken ca. 25 m über dem Meeresspiegel. (Achtstöckiges Hochhaus)

3. Ein felsiger Höhenzug, 100 bis 120 m hoch, versperrte den Weg zum Pazifik. (Bild 212) Das Hindernis wurde abgetragen.

4. Erdrutsche behinderten die Weiterarbeit.

5. Der größte Teil der Baustelle lag in einem Sumpfgebiet.

6. Der Landstrich war durch Stechmücken, Giftschlangen und Skorpione verseucht.

7. An manchen Tagen fehlten $^2/_3$ der Arbeiter wegen Krankheit (Tropenkrankheiten: Malaria, Gelbfieber).

8. 56 000 Menschen sollen beim Bau des Kanals ums Leben gekommen sein.

Daran denken heute nur wenige Seeleute, wenn sie in die sechs Doppelschleusen des Panama-Kanals einfahren.

Mit dem Kühlschiff nach Hamburg (II)

Hinter dem Schiff schließt sich das Schleusentor. Wasser strömt in die Kammer, bis der Wasserstand der nächsten Kammer erreicht ist. Dann öffnet sich vor dem Bug das Tor. Lokomotiven ziehen das Schiff in die nächste Kammer. Hier wiederholt sich der Vorgang, bis unser Kühlschiff 26 m über dem Meeresspiegel seine Fahrt fortsetzt.
Auf der Atlantikseite wird es in den Treppenschleusen von Gatun wieder auf die Meereshöhe hinabgeschleust. (Bild 215)
Für jede Kanalfahrt muß eine Passage-Gebühr bezahlt werden. Sie richtet sich nach der Schiffsgröße. Ungefähr 15 000 DM hat das Kühlschiff für Hin- und Rückfahrt durch den Panama-Kanal bezahlt. Das ist viel Geld. Doch die Fahrt um das Kap Horn würde teurer. (Fortsetzung folgt)

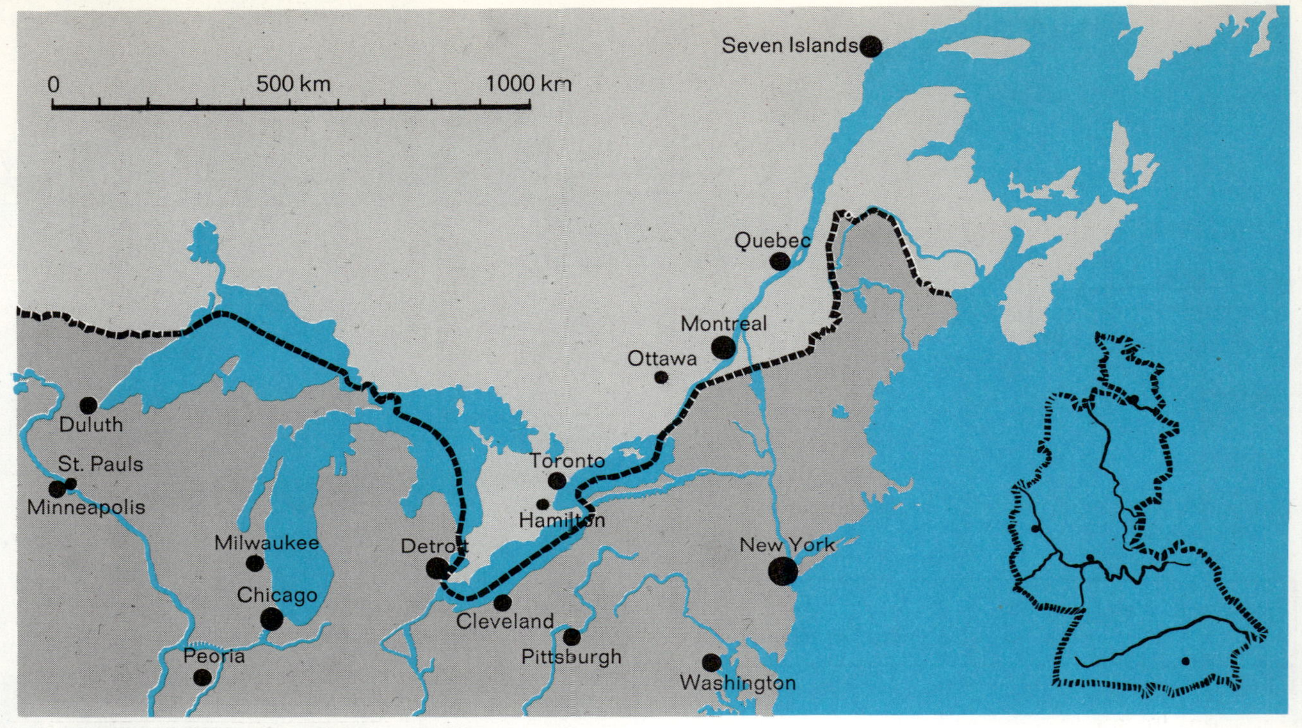

216 St. Lorenz — Großschiffahrtsweg

Mit dem Schiff ins Herz Amerikas

1. Verfolge die Fahrt des Erzfrachters der Erzählung auf Karte 216.

In Seven Islands, an der kilometerweiten Trichtermündung des St.-Lorenz-Stromes, polterten noch immer Erzbrocken über Förderbänder in die Kammern der Erzfrachter.
Wir aber fahren schon vollbeladen den St.-Lorenz-Strom aufwärts. Steuerbord flimmert das Lichtermeer einer großen Stadt — Quebec. Hier verengt sich der Strom etwas, weitet sich aber bald wieder seenartig aus. Dann ist Montreal erreicht (Bild 51), Kanadas wichtigste Hafenstadt auf einer Insel mitten im St.-Lorenz-Strom. Hier endete früher die Fahrt aller größeren Überseeschiffe. Die Natur setzte für sie ein unüberwindliches Hindernis, denn von nun an ist der Strom von Inseln und tückischen Stromschnellen durchsetzt.
Etwa 200 km stromauf liegt der Ontariosee. Er ist der östlichste einer Seenkette und zugleich auch der kleinste. Doch könnte er die Fläche des Bodensees immerhin noch mehr als 35mal in sich aufnehmen. Der größte dieser Seenkette, der Obere See, bedeckt eine Fläche, die 150mal so groß ist wie die des Bodensees.
Heute sind die Stromschnellen durch einen Kanal auch für die Überseeschiffe passierbar. Dabei muß ein Höhenunterschied von 68,5 m überwunden werden.
Unser Frachter mit seinem Bauch voll Eisenerz gleitet durch diesen Kanal mit seinen sieben Schleusen. Er umgeht nicht nur die Stromschnellen, sondern auch einen gewaltigen Stausee, der hier entstanden ist. Dieser liefert elektrische Energie für die Industrie und die großen Städte bis hin nach New York.
Der Ontariosee ist tief genug, um selbst die größten Ozeanriesen zu tragen. Doch es gibt keine direkte Verbindung zum nächsten See, dem Eriesee. Zwischen ihm und dem Ontariosee stürzen die Wassermassen 50 m in die Tiefe (Niagara-Fälle).
Unser Frachter beginnt hier wieder „Treppen zu steigen“. In acht Schleusen gelangt er immer höher, auf einer Strecke von 44 km um fast 100 Meter. Sein Wasserweg ist der Welland-Kanal, der in 20 km Entfernung die Niagara-Fälle umgeht.
Nun hat er den Eriesee erreicht. An seinem Südufer liegen so bedeutende Industriestädte wie

Cleveland und Toledo und an seinem Ausgang Detroit, die Stadt der Autofabriken.
Weiter geht die Fahrt durch einen Kanal, der den Eriesee mit dem Huronsee verbindet. Tief im Herzen Amerikas liegt diese Wasserstraße.
Die Ladung unseres Frachters ist ausnahmsweise nicht für Chikago bestimmt. Deshalb biegen wir nicht wie üblich nach Süden ab, sondern die Fahrt geht wieder durch fünf Schleusen eines Kanals, die dem Schiff helfen, noch höher zu steigen und auch die Riesenfläche des Oberen Sees zu erreichen. An seinem westlichen Ende liegt Duluth, dessen große Stahlwerke schon von weitem an den gelben Rauchfahnen zu erkennen sind. Hier ist die Reise des Frachters zu Ende. Von Seven Islands an hat er seine Erzladung 2750 km ins Herz Amerikas getragen.
Diese Strecke kann er aber nur im Sommer zurücklegen. In den vier Wintermonaten versperren große Eismassen den Schiffen den Weg.

2. Vergleiche diesen Wasserweg mit den Hauptwasserstraßen der BRD!

3. Übertrage die Strecken Seven Islands — Duluth und Seven Islands — Chikago auf die Folie und lege sie auf die Europakarte! (Atlas) Beachte den Maßstab!

217

4. Ergänze!
Das Wasser des St.-Lorenz-Strom-Weges hilft nicht nur dem Schiffsverkehr, sondern es liefert

auch E.. und

W.................... für die amerikanische und kanadische Industrie.

5. Bild 217 zeigt eine Schleuse bei Ust-Kamenogorsk (80° O / 50° N). Der Unterschied des Wasserspiegels zwischen Ober- und Unterwasser beträgt 42 m. Dieser Höhenunterschied wird genutzt, um

E.. zu erzeugen. Diese Schleuse steht unmittelbar neben einem Laufkraftwerk.

6. Lies noch einmal nach: „Erzabbau in Labrador", Seite 57. — Aufgabe 5.

7. Die längsten ausgebauten Wasserwege Eurasiens befinden sich in der Sowjetunion und China.

8. Vervollständige die Zeichnungen 218 mit dem Schleusenvorgang:
a) vom Oberwasser zum Unterwasser (Folie 1)
b) vom Unterwasser zum Oberwasser (Folie 2)

218

Wasserstraßen in der Bundesrepublik Deutschland

Schiffe vieler europäischer Nationen fahren auf den Wasserstraßen der BRD.

1. Schlage im Atlas eine Karte der Wasserwege Mitteleuropas auf!

Zahlreiche Industriestädte des europäischen Binnenlandes (Landesinneren) haben einen Hafen, obwohl sie keine Seehafenstädte sind.
Frankfurt, Köln, Stuttgart, Osnabrück und Salzgitter z. B. liegen an Wasserwegen, die Menschen für die Binnenschiffahrt ausgebaut haben.
Der Main, der Neckar, die Mosel und die Weser können nur befahren werden, weil durch zahlreiche Staustufen die erforderliche Wassertiefe erreicht wird.
Der Rhein ist der bedeutendste mitteleuropäische Wasserweg. Vier europäische Länder liegen an diesem Strom. Von der Nordsee bis nach Straßburg (8° W / 48° N) ist er schiffbar. Von Straßburg bis nach Basel benutzen die Binnenschiffe (Bild 219) den Rhein-Seiten-Kanal.

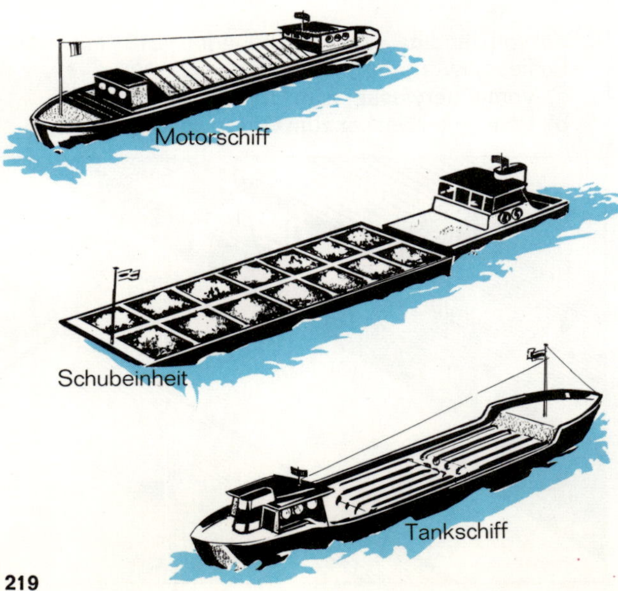

219

220 Mittellandkanal bei Minden

Der längste Kanal auf deutschem Boden ist der **Mittellandkanal.** Er liegt zwischen Ems und Elbe und verbindet das Rheinisch-Westfälische Industriegebiet mit Berlin. Durch ihn können Binnenschiffe auch die Seehäfen Hamburg und Bremen erreichen.
Sein Wasser erhält er überwiegend aus der Weser. Bei Minden (8° W / 52° N) überquert er diesen Fluß. (Bild 220 und 221)
Das Netz der schiffbaren Flüsse und Kanäle in der BRD betrug im Jahre 1968 über 4400 km. Doch der immer mehr zunehmende Güterverkehr auf den Kanälen und Flüssen erfordert einen weiteren Ausbau des Wasserstraßennetzes.
Im Jahre 1966 wurde mehr als ein $\frac{1}{4}$ des gesamten Güterverkehrs in der BRD von Binnenschiffen ausgeführt.
Massengüter wie Kohle, Koks, Erz, Steine, Sand, Kies, Getreide, Düngemittel, Holz und Mineralöl werden auf den Flüssen und Kanälen befördert. Der Schiffstransport geht zwar langsamer, ist aber billiger als der Transport mit Eisenbahn oder Lastkraftwagen.

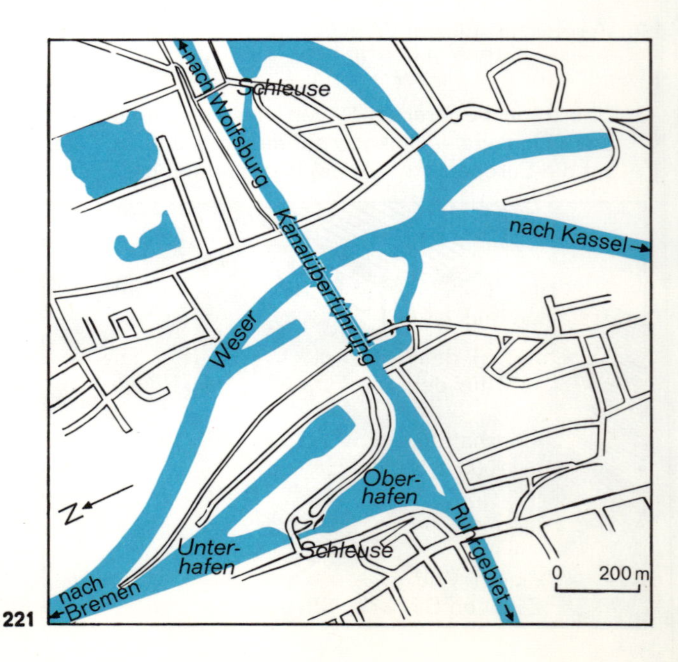

221

WAGGON
Tragfähigkeit: 30 t
Preis (1969): 19000 DM
Lebensdauer: 30 Jahre

LASTZUG mit HÄNGER
Tragfähigkeit: 20 t
Preis (1969): 80000 DM
Lebensdauer: 8 Jahre

222

223

Von Duisburg bis Basel ist ein Motorschiff auf dem Rhein etwa 8 Tage unterwegs, wenn es täglich 12 Stunden fährt.
Ein Güterzug könnte diese Strecke in 10 Stunden schaffen.
Ein LKW mit Anhänger benötigt etwa 12 Stunden.

Aber:

2. Betrachte Bild 222!

   Berechne: a) den Preis der Waggons (ohne Lokomotiven) für den Transport von 1000 t Sand

   b) die Anschaffung von Lastzügen für den Transport von 1000 t Sand

   c) Beachte die unterschiedliche Lebensdauer!

   d) Überlege! Wie sähe es auf den Straßen aus, wenn es keinen Binnenschiffsverkehr gäbe?

Der größte Umschlagplatz Europas für Binnenschiffe ist der Hafen **Duisburg-Ruhrort.** (Bild 223) Auf einer Fläche von mehr als 10 km² sind alle modernen Hafeneinrichtungen wie Kräne, Liegeplätze, Lagerhäuser usw. untergebracht. Straßen, Eisenbahnen und Kanäle durchziehen das Hafengelände. Über 500 Brükken rollt der Verkehr.
In 23 gut ausgebauten Hafenbecken werden täglich mehr als 800 Binnenschiffe beladen und gelöscht.

3. Überprüfe im Atlas, welche Wasserstraßen in der BRD neu gebaut werden!

4. Schreibe auf, welche europäischen Staaten von Duisburg aus mit Binnenschiffen erreicht werden können!

   a) ....

   b) ....

   c) ....

   d) ....

   e) ....

   f) ....

   g) ....

   h) ....

Duisburg ist Schnittpunkt des europäischen Wasserstraßennetzes.

5. Suche im Atlas Industriegebiete Mitteleuropas mit Bodenschätzen, die noch nicht an Wasserstraßen liegen!

   Schreibe einige auf!

   a) ....

   b) ....

   c) ....

   d) ....

Seehäfen, die „Bahnhöfe" der Meere

Entlang der Küsten der Erdteile haben Menschen Plätze geschaffen, um über die Ozeane hinweg mit anderen Völkern Handel zu treiben.

In geschützten **Flußmündungen** und **Meeresbuchten** legten sie Seehäfen an. Hier werden die Güter der Länder gestapelt und auf Schiffe geladen. Hier können die Waren des Auslandes in großen Mengen gelöscht und ins Inland transportiert werden.

Für diesen Güterumschlag sind in den Seehäfen die erforderlichen Einrichtungen vorhanden. Deshalb haben sie fast alle das gleiche Aussehen. Sie unterscheiden sich a) nach der Größe, b) nach der Warenart, die in ihnen überwiegend verladen und gelöscht wird, und c) nach den Wasserverhältnissen.

Fluthäfen können nur bei Flut angelaufen werden. In **Dockhäfen** verhindern Schleusen Wasserstandsschwankungen (Tiden). **Offene Häfen** stehen mit dem Meer unmittelbar in Verbindung. Die Hafenbecken sind so tief, daß der Tidenhub den Hafenverkehr nicht stört.

Die BRD hat freien Zugang zum Meer. Ihre größten Häfen liegen an der Nordseeküste.

1. Überprüfe im Atlas die Lage der deutschen Seehäfen! Übertrage deine Feststellungen in die Tabelle 224!

224

		Seehäfen	Lage
NORDSEE	1.		
	2.		
	3.		
	4.		
	5.		
	6.		
	7.		
OSTSEE	8.		
	9.		
	10.		
	11.		
	12.		

2. Die Bedeutung der einzelnen Häfen für den Handel und die Industrie zeigt Bild 225.
   Vergleiche Ostsee- mit Nordseehäfen! Begründe!

3. Die Art der umgeschlagenen Güter zeigt Bild 226. Du kannst das Gewicht der einzelnen Güterarten berechnen. — Vergleiche auch mit der Tragfähigkeit der Binnenschiffe und der Schienen- und Straßenfahrzeuge!

1. Den Wert des Im- und Exports für die BRD erläutern.
2. Den Wert von Kanälen für die internationale Schifffahrt beschreiben und einige solcher Kanäle kennen.
3. Die Bedeutung der Binnenschiffahrt für die (amerikanische und deutsche) Industrie erläutern.
4. Verkehrskarten lesen können.
5. Schleusenvorgänge beschreiben.
6. Den Weg von Import- und Exportgütern auf einer Weltkarte zeigen.

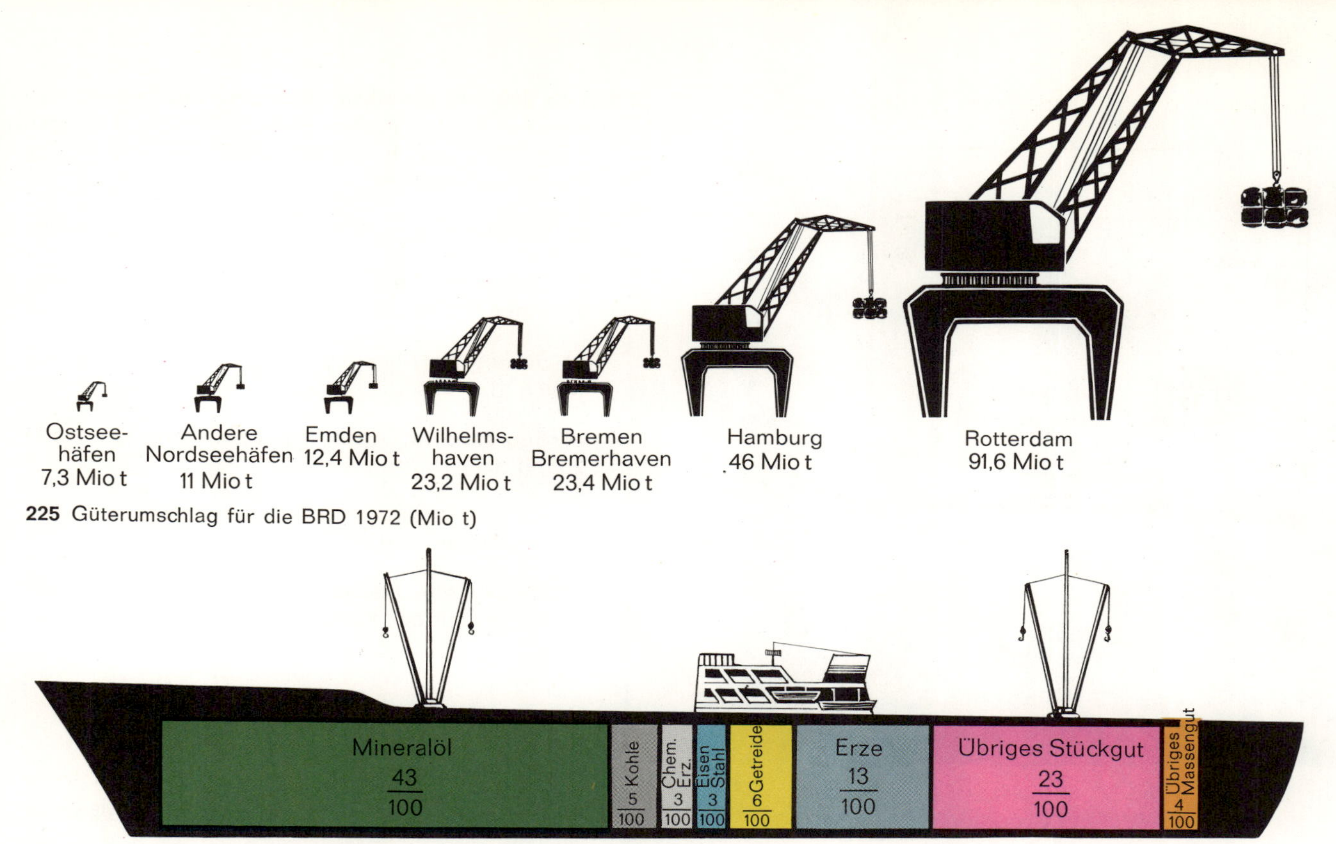

225 Güterumschlag für die BRD 1972 (Mio t)

226 Güterumschlag in den Seehäfen der BRD 1973 (monatlich ungefähr 11 500 000 t)

Hamburg - ein Tor zur Welt

Mit dem Kühlschiff nach Hamburg (III)

Für die Einfahrt in die Elbmündung kommt ein Lotse an Bord. Er ist der „Pfadfinder" durch die Untiefen und Sandbänke der Elbmündung. Nur wenige Kapitäne verzichten auf die Erfahrung und Kenntnis dieser Männer, denn schnell kann sich die Fahrrinne durch Versandung ändern.
Die Sicht ist gut. Die Hilfe der Radarstationen am Ufer benötigen wir heute nicht.
Cuxhaven haben wir passiert. Noch wird es 8 Stunden dauern, bis wir in Hamburg anlegen werden. Doch schon hat der Schiffsmeldedienst über Fernschreiber, Telefon oder Sprechfunk unseren voraussichtlichen Ankunftstermin an die Hafen- und Lagergesellschaft in Hamburg durchgegeben.
Die Hafenschlepper, die Festmacher und die Schauerleute werden rechtzeitig zur Stelle sein. In einem der zahlreichen Lagerhäuser ist der Platz für die Bananenladung bereits reserviert. Alles ist für einen reibungslosen und kurzen Hafenaufenthalt vorbereitet, denn jede Stunde, die wir zusätzlich im Hafen liegen, kostet Geld.

In Finkenwerder, am Hafeneingang, nehmen uns die Schlepper „auf den Haken". Vorsichtig bugsieren sie das Schiff in das Hafengelände. Bevor wir anlegen, wird der Bug seewärts gerichtet, damit wir bei Gefahr mit eigener Kraft auslaufen können.
Leinen fliegen vom Kai zum Schiff. Trossen werden herabgelassen und von den Festmachern um die Poller gelegt.
Keine Schleuse hat die Einfahrt zum Hafen behindert. Obwohl Hamburg weit im Binnenland liegt, hat es einen offenen Seehafen (Tidenhafen). Der Tidenhub beträgt nur 2,30 m, so daß hier Schiffe mit einem Tiefgang bis zu 12 m gefahrlos ankern können.
Nachdem die Schiffs- und Ladepapiere dem Kapitän übergeben worden sind, beginnt die Arbeit der Stauer- und Schauerleute. Mit Elevatoren (Bild 227) und Förderbändern wird die Ladung gelöscht. In 16 Stunden werden die Frachträume des Schiffes leer sein, und die Bananen aus Guayaquil (Ecuador) in den heizbaren Lagerräumen nachreifen können.
Die Seeleute aber machen Landurlaub. —

227

228 Güterumschlag im Hafen von Rotterdam

Die Stadt Hamburg besitzt den größten Hafen der BRD (siehe Zahlen zum Hamburger Hafen!). Im Jahre 1968 wurden hier fast 19 000 Seeschiffe und 26 000 Binnenschiffe gelöscht und beladen.

Hamburger Hafen am 1. 1. 1969
Hafengelände: ca. 100 km²
37 Hafenbecken für Seeschiffe
23 Hafenbecken für Binnenschiffe
Lagerfläche in Speichern und Schuppen: 1 517 618 m²
Länge der Kaimauern: 61 km
Länge der Bahngleise: 560,6 km
Brücken: 160
Kaikräne: 932

Aber kein Schiff mit einem größeren Tiefgang als 12 m und einer Tragfähigkeit von mehr als 60 000 t konnte diesen Hafen voll beladen anlaufen, denn die Elbe läßt sich nicht weiter ausbaggern. Von Jahr zu Jahr werden aber die Schiffe größer. Supertanker von mehr als 300 m Länge und einem Tiefgang von 20 m schwimmen bereits über die Ozeane.
Deshalb plant die Stadt Hamburg einen Außenhafen nördlich von Cuxhaven bei den Inseln Scharhörn und Neuwerk.

Der Hafen von Rotterdam mit seinem Vorhafen Europoort an der Rheinmündung ist der bedeutendste Güterumschlagsplatz für Westeuropa. (Siehe Bild 207, 225 und 228!)
Hier können Schiffe mit 20 m Tiefgang ankern.

1. Bild 229 und die Karte 230 zeigen nur einen kleinen Teil des Hamburger Hafens. Die Entfernungen (ungefähr) sind bei dem Luftbild mit Pfeilen am Rand eingezeichnet.

   a) Vergleiche das Bild mit dem Kartenausschnitt!

   b) Übertrage die Zahlen des Bildes an die entsprechende Stelle der Karte!

   c) Schlage im Atlas die Karte des Hamburger Hafens auf!

   d) Begrenze im Atlas die Teilansicht der Karte 230! (Folie)

   e) Vergleiche diesen Teilausschnitt mit dem ganzen Hafengelände!

   f) Stecke die Fläche des Hamburger Hafens (100 km²) auf der Karte deines Heimatortes ab!

2. Fülle diesen Lückentext aus!

   Der Hamburger Hafen liegt nicht unmittelbar am

   .... Von Cuxhaven bis nach Hamburg sind

   es .... km. Trotzdem können die Seeschiffe

   durch die .... in den Hafen einlaufen.

   Hamburg hat einen ....,

   weit im B.. .

   Der Güterverkehr hat hierdurch Vorteile.

   Der Schiffstransport für Massengüter ist ....

   .... als der Transport auf

   .... und ....

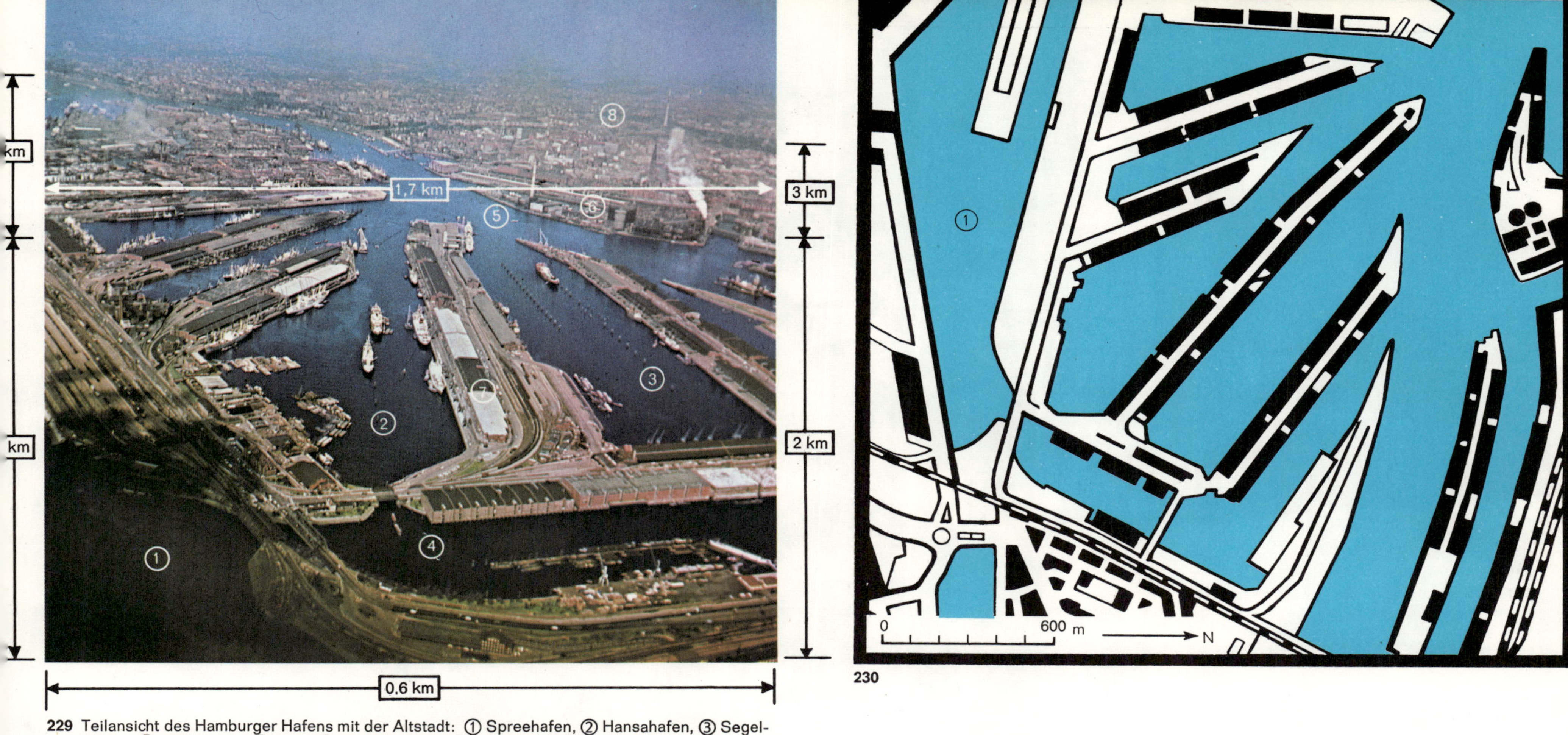

229 Teilansicht des Hamburger Hafens mit der Altstadt: ① Spreehafen, ② Hansahafen, ③ Segelschiffhafen, ④ Saalehafen, ⑤ Elbe, ⑥ Gaskraftwerk, ⑦ Lagerhalle, ⑧ Innenstadt.

3. Der Güterumschlag für die BRD im Hafen

R.. ist größer als in allen deutschen Häfen.

a) Miß die Entfernung:

Rotterdam — Essen .... km

Hamburg — Essen .... km

b) Massengüter, die in Rotterdam gelöscht werden, können auf Binnenschiffen zu folgenden Ländern transportiert werden:

....

....

....

....

c) Erkläre den Namen „Europoort“!

....

....

....

....

....

231

232

233

234

Im Großbehälter von Haus zu Haus

1. Schau die Bilder 231—234 an!

In diesen Großbehältern sind Stückgüter verpackt. Wo sich früher in Lagerhäusern und Schuppen eine Unzahl Körbe, Kisten und Säcke stapelten, stehen heute unter freiem Himmel Metall- oder Kunststoffbehälter.

Es sind die **Container.**

Irgendwo im Binnenland sind sie in einem Industriebetrieb für die Seereise gepackt worden. Mit Sattelschleppern oder der Eisenbahn gelangen sie zum Container-Hafen (hier Bremen). Dort stehen Portalhubwagen (Bild 231) bereit. Sie „überfahren" den Waggon oder Sattelschlepper, heben die Container ab und bringen sie zum Stapelplatz (Bild 232). Der Hubwagen hat eine Tragkraft von 30 t und stapelt zwei Container übereinander.

Vom Eisenbahnwaggon können diese Großbehälter auch sofort mit der Container-Brücke (Bild 233) auf ein Schiff umgeladen werden.

Schnelle Container-Schiffe (Bild 234) befördern ihre Fracht über den Atlantik.

Im Hafen von New York werden diese Schiffe in der gleichen Weise gelöscht. Wieder besorgen Sattelschlepper und Eisenbahn den Transport in das Landesinnere.

So arbeiten Schiffahrt, Kraftverkehr und Eisenbahn zusammen. Sie befördern schnell und sicher Güter von Haus zu Haus.

Straßen, Schienen und Schiffahrtslinien können die Völker miteinander verbinden.

2. In den Kartenausschnitten 235 sind einzelne Landschaften und Orte mit Nummern versehen. Die Anfangsbuchstaben, von oben nach unten gelesen, ergeben den schnellsten Verkehr auf dieser Erde.

1. ....
2. ....
3. ....
4. ....
5. ....
6. ....
7. ....
8. ....
9. ....
10. ....
11. ....

1. Standortbedingungen für Hafenanlagen nennen und hierbei Vor- und Nachteile erläutern
2. Die Bedeutung einiger Hafenstädte für die BRD beschreiben.
3. Hafenanlagen und verschiedene Güterumschlagverfahren beschreiben.

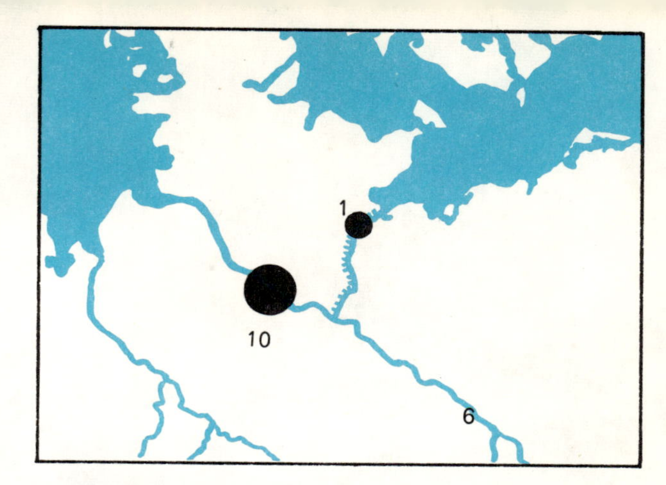

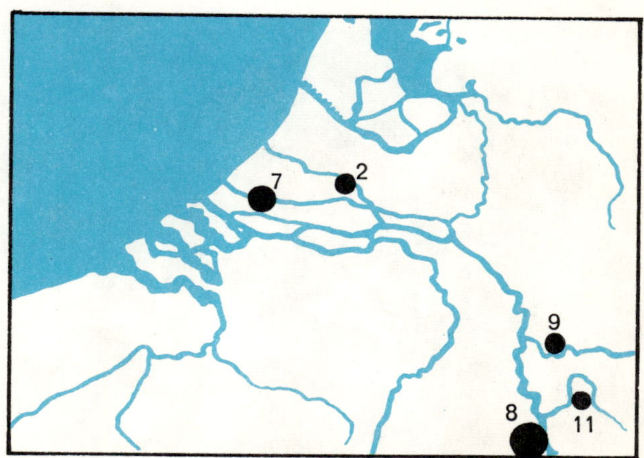

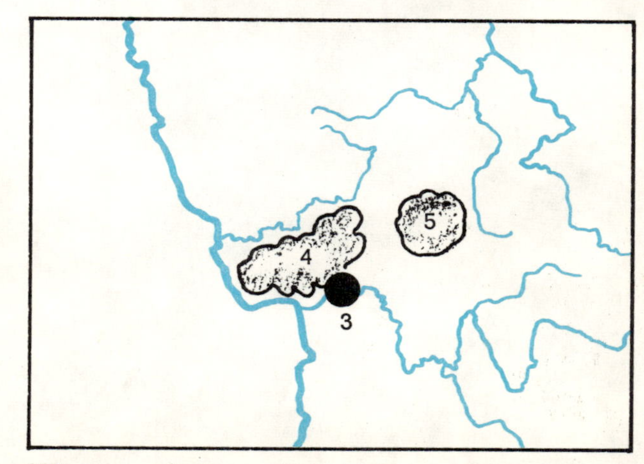

235

236

Auf Straßen und Schienen durch Fels und Eis

In den Hochgebirgen

Zu allen Zeiten glaubten Menschen, daß auf den hohen Gebirgen der Erde Götter und Geister wohnten.

Voll Ehrfurcht blickten die Bergbewohner hinauf zu den Gipfeln. Machtlos standen sie vor ihnen. Dorthin zu gelangen, wagten sie nicht. Sie fürchteten den Zorn der Götter. Denn oft hatte der Berg mit herabstürzendem Schnee und Gestein, mit brausenden Bächen ihr Leben bedroht.

1. a) Schau Bild 236 an!

   b) Die meisten der folgenden Begriffe findest du in Bild 236. — Prüfe nach!

   Anhöhe — Bergwiese — Eis — Fels — gefährden — Gipfels — Häuser — Hochgebirge — immer — Lawinen — Schlucht — Schnee — Steilwänden — Wald — wenig Raum

   c) Ergänze den Lückentext zu einer Bildbeschreibung!

   Umgeben von Bergriesen liegt die Ortschaft La Grave, ein Dorf mitten im .... Dort, wo sich das Tal gabelt, wurde es auf einer .... erbaut. Hier ist nur .... vorhanden. Die .... stehen dicht gedrängt.

   Der Platz für diese Siedlung ist gut gewählt. Herabstürzende .... werden ihn im Winter kaum .... können. Auch wird der Wildbach, der in einer engen .... (Klamm) herabstürzt, das Dorf nicht erreichen.

   .... gibt es hier wenig. Die .... (Alm) reicht hinauf bis zum Geröllfeld. Dann beginnt der kahle .... Je höher der Blick schweift, desto größer werden die .... -flächen. Nur an den .... kann er sich nicht halten. Im Bereich des .... wird ihn auch die Sonne nicht vertreiben können. Dort liegt .... Schnee und ....

◀..........m

◀..........m

◀..........m

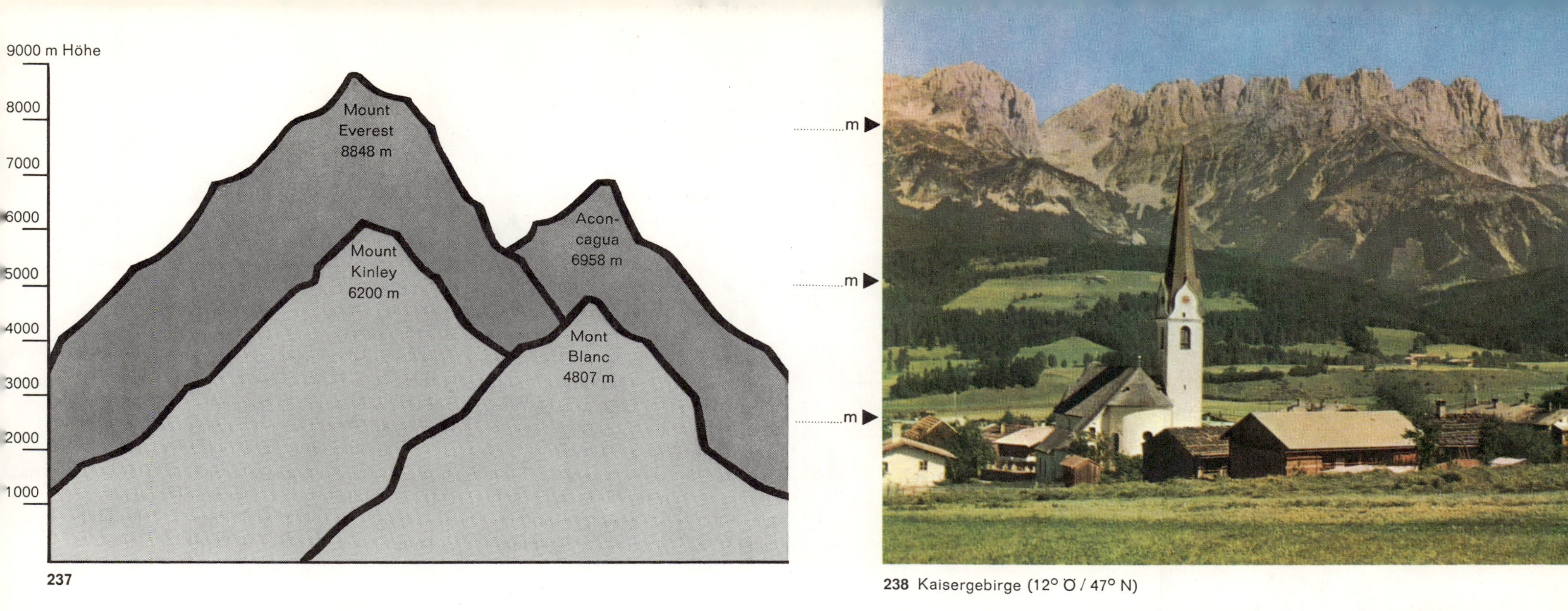

237

238 Kaisergebirge (12° Ö / 47° N)

Der Gipfel des La Meije (sprich: la Mäjsch) bei La Grave (Bild 236) ist 3983 m hoch.
Vor 200 Millionen Jahren gab es diesen Berg noch nicht. Da rauschte an seiner Stelle ein Meer.
Im Zeitraum von Millionen Jahren drückten die Kräfte im Erdinnern die Gesteinsschichten der Erdkruste gegeneinander, übereinander und falteten sie. Sie preßten auch diesen Berg in die Höhe. (Lies nach: „Von Riesen und Riesenkräften", Seite 12.)
Der Berg (Bild 236) gehört zu den jüngsten Gebirgen der Erde. Das verraten die spitzen Gipfel und die zackigen Grate. Sonne, Wind, Regen und Frost haben noch nicht so lange an ihm gearbeitet. Die Kräfte der Erosion haben hier in den Alpen noch nicht so lange geschliffen, gesprengt, gehobelt, abgetragen und fortgespült wie z. B. in den „alten" Gebirgen des Rheinischen Schiefergebirges. In einigen Millionen Jahren können die Alpen das Aussehen einer Mittelgebirgslandschaft haben.

2. Lege vier Handtücher unterschiedlicher Farbe übereinander auf den Tisch! Schiebe sie von rechts und links zusammen! — Beschreibe, was du beobachtest! — Zeichne deine Beobachtungen in drei Phasen in dein Heft! (Betrachte die Handtücher dabei von der Längsseite!)

Vier junge **Faltengebirge** gibt es auf der Erde:
a) der **Himalaja** in Asien, b) die **Anden** in Südamerika, c) die **Rocky Mountains** in Nordamerika, d) die **Alpen** in Europa.

3. Suche die genannten Gebirge auf der Erdkarte im Atlas.
4. Miß ihre größte Ausdehnung!
5. Übertrage sie in die Weltkarte Seite 127!
6. Die höchsten Erhebungen dieser vier Faltengebirge zeigt Bild 237. Zeichne in Bild 237 den höchsten Berg Deutschlands (10° W / 47° N) und den Berg deiner engeren Heimat ein!
7. Betrachte die Bilder 236—238 und 249! Stelle Vermutungen an, wovon die Menschen, die hier wohnen, ihren Lebensunterhalt bestreiten.

Das Klima in den einzelnen Hochgebirgen der Erde ist unterschiedlich. Es hängt ab von:

- der geographischen Lage (der Entfernung vom Pol oder Äquator)
- der Höhenlage
- der Vegetation
- der Wetterseite
- der Gesteinsart.

Auch in den Alpen gibt es Unterschiede auf engstem Raum. Auf der Nordseite eines Bergmassives kann die allgemeine Wetterlage anders sein als auf der Südseite. In südlichen Alpentälern gedeiht der Wein bis in die Lagen von 2000 m. In nördlichen Tälern würden in dieser Höhe nicht einmal die Äpfel reif. Dieser Sachverhalt leuchtet ein, wenn man an den Tageslauf der Sonne denkt. Am Nordrand der Alpen fällt auch mehr Niederschlag als am Südrand, denn der Wind, der den Niederschlag mit sich führt, weht in Mitteleuropa überwiegend aus Nordwest.
Ab 2100 m gibt es in den Alpen keinen geschlossenen Wald mehr.
Oberhalb der Waldgrenze gibt es noch vereinzelt verkrüppeltes Nadelholz (Knieholz, Krummholz, Latschen). Dann folgt das Gebiet der Bergwiesen.
In den Zentralalpen reicht der Schnee im Sommer bis in Höhenlagen von 2800 m. Im Himalaja sind die klimatischen Verhältnisse völlig anders. Hieraus ergibt sich auch eine andersartige Vegetation.

239 Gangapurna (80° O / 25° N)

← ....m

← ....m

← ....m

Höhe m	Temperatur (Jahresmittel) °C
3500	
3000	−6,2
2500	−2,1
2000	+0,1
1500	+2,7
1000	+5,2
500	+7,8
100	+10

Nördliche Kalkalpen

Zentralalpen

Südliche Kalkalpen

240

8. Vergleiche die geographische Lage des Himalaja mit den Alpen! Schlage hierzu auch die Klimakarten der Gebirge auf! Erkläre jetzt folgende Behauptungen:
   - Im Himalaja fällt am Südrand mehr Niederschlag als am Nordrand.
   - Die Waldgrenze des Himalaja liegt bei 3600 m.
   - Die Schneegrenze der Südseite des Himalaja liegt bei 4500 m.
     Die Gletscher schieben sich bis auf 3000 m hinab in die Täler.
   - Im Himalaja gibt es Großstädte in Höhen über 1400 m.

Hochgebirge sind Wetter- und Klimascheiden.

9. Übertrage die Zahlen des Textes Seite 97 in die Tabelle 241!

241

	Alpen	Himalaja
Schneegrenze	.... m	.... m
Waldgrenze	.... m	.... m

10. Bestimme die ungefähre Höhenlage der Teillandschaften in den Bildern 236, 238 und 239! Schreibe die entsprechenden Zahlen an die Pfeile neben den Bildern! (La Grave liegt in den französischen Alpen, 50 km nordöstlich von Grenoble, 5° O / 45° N).
11. Bild 240 zeigt die **Abhängigkeit** der mittleren Jahres**temperatur** von der **Höhenlage** in den Alpen. Vervollständige den Satz:

    Je höher ....

    ...., desto ....

12. Trage die einzelnen Pflanzengürtel der Alpen in Bild 241 ein! Achte darauf, daß sie in den nördlichen Kalkalpen durchschnittlich um 200 m tiefer liegen.
    a) Zeichne zuerst die Höhenlinie der Pflanzengürtel.
    b) Setze diese Zeichen in die passenden Felder.

Eis und Schnee

Bergwiesen (Almen)

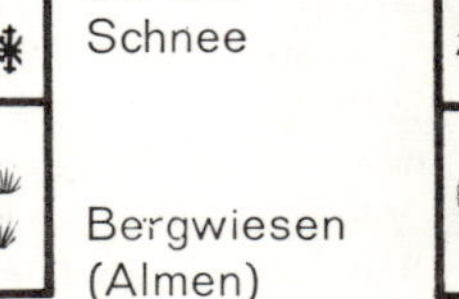
Latschen, Krummholz

Wald

Obst, Gemüse, Ackerbau

Die großen Wälder am Fuße der Berge, das saftige Gras der Talwiesen und der Almen waren zunächst Grundlage für den Lebensunterhalt der Alpenbewohner (Vieh-, Milch-, Holzwirtschaft).
Heute ist der Fremdenverkehr ein wichtiger Erwerbszweig. Jahr für Jahr suchen Millionen Menschen Erholung in diesem Gebiet. Autostraßen und Eisenbahnen haben die Alpen erschlossen.

242 Stilfserjochstraße in Südtirol (10° Ö / 46° N)

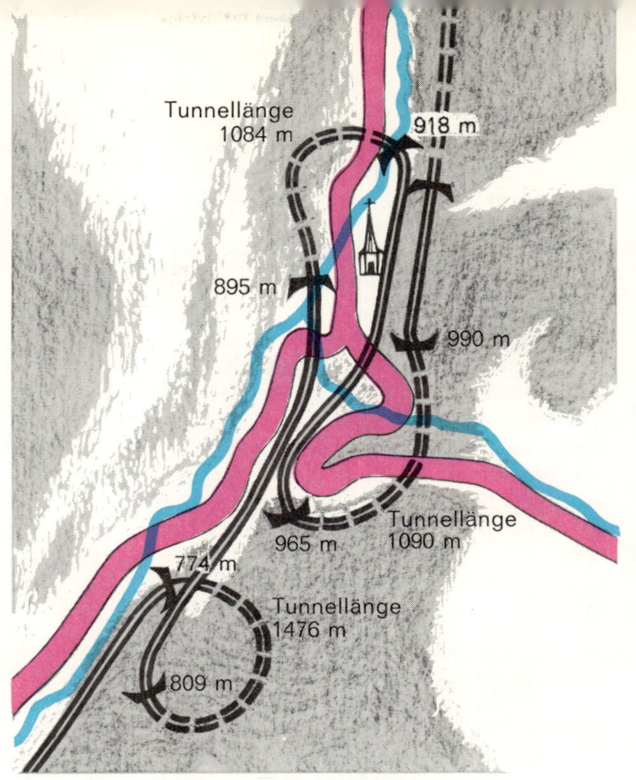

243 Eisenbahnkehren im Reuß-Tal (8° Ö / 46° N)

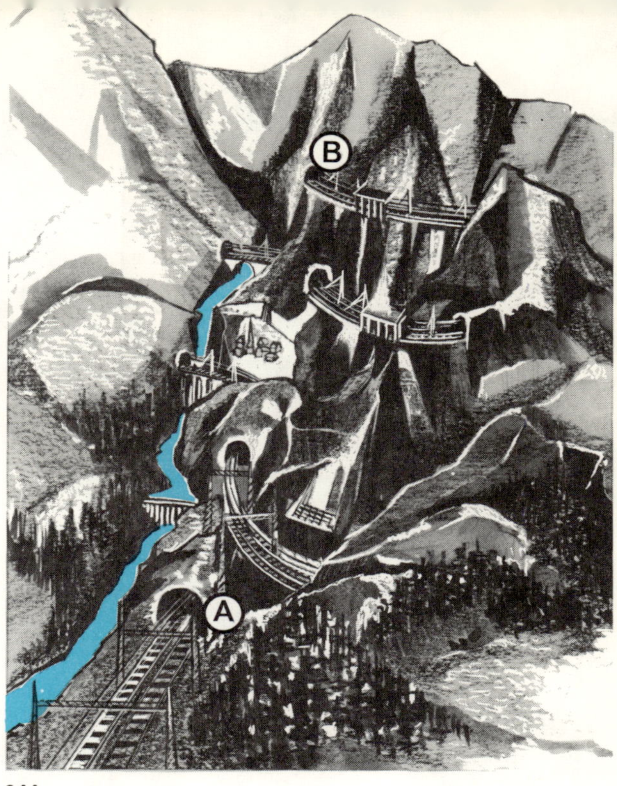

244

Durch und über die Alpen

Die Besiedlung der Alpen erfolgte entlang der zahlreichen Täler.
Schon vor mehr als 2000 Jahren konnte dieses Gebirge die Menschen nicht hindern, es zu überqueren. Zunächst zogen sie über schmale Pfade. Die Römer aber bauten schon feste Straßen.
Die Stelle, an der man am besten **hindurchgehen** konnte, wurde **Paß** genannt. (In der Sprache der Römer heißt **durchgehen** = passare.)
Kriegsheere durchquerten das Hochgebirge. Könige und Kaiser mit ihren Gefolgen, Kaufleute mit Pferd und Wagen zogen durch diese Landschaft. Sie alle scheuten keine Mühe, immer wieder einen besseren Weg (Passage) in die reichen Provinzen Oberitaliens zu finden.

Je mehr Handel zwischen dem nördlichen Europa und den Ländern des Mittelmeerraumes getrieben wurde, desto zahlreicher wurden auch die Paßstraßen.
In der Mitte des vergangenen Jahrhunderts wurde die erste Eisenbahn über die Alpen gebaut.
Wer heute nach Italien fährt, benutzt häufig noch Teile der Römerstraßen, zumindest überquert er noch dasselbe Tal, überfährt er denselben Paß.

Die Alpen waren kein unüberwindliches Hindernis

Handel und Fremdenverkehr schufen ein dichtes Straßen- und Schienennetz im höchsten Gebirge Europas.

1. Bild 242 verrät die Höhenlage dieser Alpenstraße.
2. Suche sie im Atlas!
3. Verfolge den Lauf der Straße auf dem Bild! Versuche, sie auf der Folie nachzuzeichnen!
4. Begründe, warum die Straße so viele Spitzkehren (Serpentinen) haben muß!
5. Warum verläuft die Straße nicht durch das Tal?

Noch schwieriger als der Straßenbau in den Alpen ist die Errichtung einer Eisenbahnstrecke. Ein Elektrozug kann nicht die Steigungen überwinden, die ein Auto schafft. Auch kann ein Schienenfahrzeug keine Spitzkehren fahren. Bild 243 zeigt, wie die Ingenieure das Problem gelöst haben.

6. Suche diese Strecke im Atlas!
7. Zeichne in Bild 244 ein, wie die Eisenbahn vom Tunnel A zum Tunnel B kommen kann! (Folie)

▲ 245 Lawinenzäune bei Airolo — Ablenkmauern

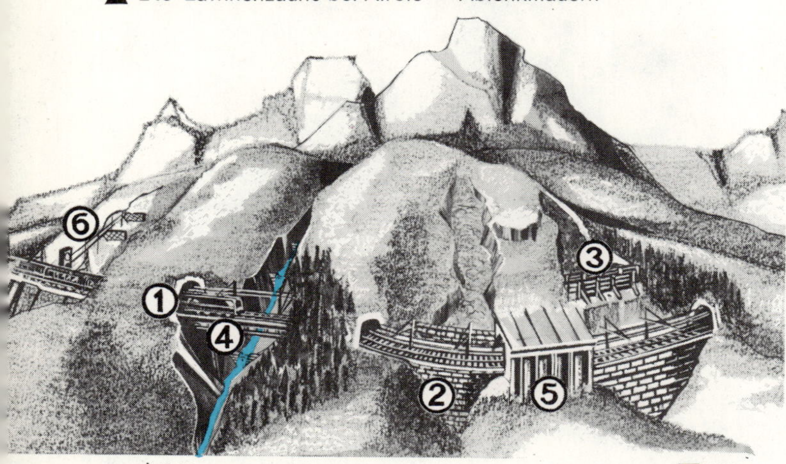

▲246 ▼247

Auch Straßen und Schienenweg in den Hochgebirgen werden immer wieder von den Bergen bedroht. Im Winter und im Frühjahr stürzen Schneelawinen zu Tal. Herabfallende Felsbrocken und Gerölllawinen sperren oft stundenlang im Sommer den Durchgangsverkehr. Sturzbäche können nach heftigen Wolkenbrüchen Schienen und Straßen unterspülen.
Gegen Lawinen und Steinschlag gibt es nur einen natürlichen Schutz: Das ist der Hochwald (Bannwald). Nur er kann die Gefahren **bannen**. Deshalb dürfen an gefährlichen Stellen die Wälder nicht abgeholzt werden.
Doch an Felshängen und oberhalb der Baumgrenze müssen künstliche Bauten den Verkehr und die Siedlungen schützen. (Bild 246)
In den Alpen geschieht dies durch Tunnelbauten (1), Stützmauern (2), Lawinenzäune (3), Brücken/Viadukte (4), Galerien (5) und elektrische Warnanlagen (6). (Bild 246)

8. Was geschieht, wenn eine Lawine die elektrische Warnanlage berührt?

Die Kosten für den Bau und Unterhalt von Schienenwegen und Straßen sind in den Alpen um ein Vielfaches höher als im Mittelgebirge oder im Tiefland. Im Winter müssen die Schneeräumkommandos Tag und Nacht im Einsatz sein, um die Wege freizuhalten.
Die Schneemassen sind in den Höhenlagen der Alpen ungeheuer groß. Die Großglocknerstraße auf Bild 248 (12° Ö / 47° N) wurde im Frühjahr fotografiert. Die Höhe des Schnees kannst du am vorderen Bildrand abschätzen.

Noch schneller und sicherer durch die Alpen

Der Warenaustausch zwischen den einzelnen Alpenländern und ihren Nachbarn wächst in unserem Jahrhundert von Jahr zu Jahr. Die Zahl der Lastkraftwagen auf den Straßen steigt ständig. In den Urlaubszeiten schieben sich Ströme von Kraftwagen nach Süden und nach Norden.
Deshalb müssen die Ingenieure solche Straßen bauen, die sowohl im Sommer als auch im Winter gefahrlos und schnell befahren werden können, denn nur 5 Paßstraßen sind im Winter in den Alpen für den Verkehr freigegeben.

248

Bild 249 zeigt ein Stück der Europastraße (E 6). Diese Autobahn verbindet Berlin mit Rom. Von Innsbruck schwingt sie sich hinauf zum Brennerpaß. An Stelle der Serpentinenstraßen stehen Brücken. Keine Minute dauert es, bis dieses Tal überquert ist. Die Europabrücke ist 190 m hoch und 820 m lang.
Eine Meisterleistung der Technik ist der 11,6 km lange Autotunnel durch das Massiv des Montblanc (6° Ö / 45° N). 2500 m unter dem Gipfel führt eine 7 m breite Fahrbahn durch den Berg.
Die Fahrt zwischen Paris und Rom wurde durch diesen Tunnel um 20 Stunden verkürzt.
Über 1000 Menschen haben 6½ Jahre an diesem Bauwerk gearbeitet. Von der französischen und italienischen Seite wurde der Montblanc gleichzeitig angebohrt. Es war eine gefährliche Arbeit. Die französischen Arbeiter konnten mit einer 72 t schweren Bohrmaschine in einem Arbeitsgang 100 Sprenglöcher bohren. (Bild 250) Diese Maschine war Tag und Nacht im Einsatz. 12 m schaffte sie durchschnittlich an einem Tag.

249 (11° Ö / 47° N)

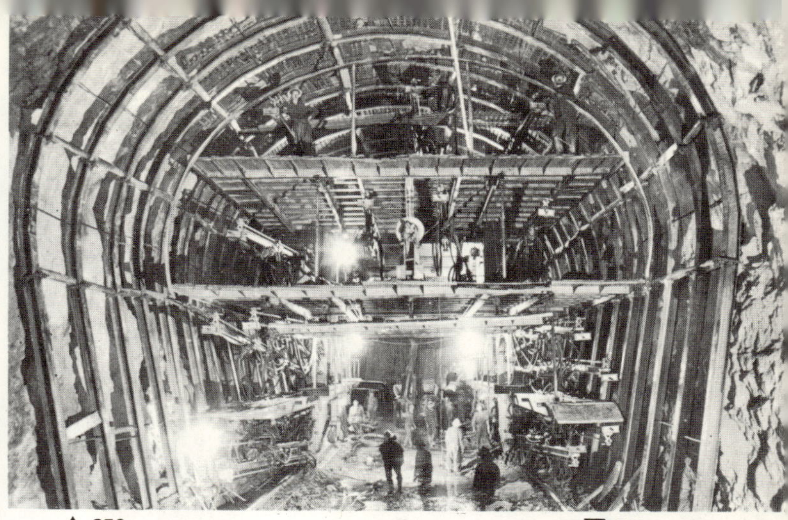

▲ **250** ▼ **251**

▼ **252** Einfahrt zum Montblanc-Tunnel (französische Seite)

Obwohl das Deckgebirge immer wieder neu abgestützt wurde, lösten sich Felsbrocken von den Tunnelwänden. Wassereinbrüche behinderten den Fortgang der Arbeit. Das Arbeitslager der Italiener wurde durch Lawinen zerstört.
18 Männer starben durch Unglücksfälle auf dieser Baustelle.
Nach 3½ Jahren trafen sich die Arbeitskolonnen der beiden Nationen im Berginneren. Nur 13 cm waren sie von den Bauplänen der Ingenieure abgewichen.
Damit war aber der Tunnel noch nicht fertig. Der Innenausbau dauerte weitere 3 Jahre.

Am 16. Juli 1965 wurde der Montblanc-Tunnel eingeweiht. (Bild 251) Ein breites Lichtband erhellt den Straßentunnel. 450 Fahrzeuge können ihn in einer Stunde passieren. Ständig wird Frischluft hineingeblasen. Die verbrauchte Luft wird abgesaugt. Die Radaranlagen melden den Kontrolleuren, wieviel Fahrzeuge hier unterwegs sind.
Eine Fahrt durch den Tunnel kostet Geld. Wegegelder (Maut) werden von jedem Kraftfahrer am Eingang erhoben. (Bild 252) Das Mautgeld wird nach der Größe des Fahrzeuges festgesetzt.

Der technische Fortschritt ermöglicht heute den Bau von Schnellstraßen, Autobahnen, Tunnel und großen Brücken auch durch ein Hochgebirge. Mit Hilfe von Bauarbeitern, Technikern und Ingenieuren wird eine Reise durch diese Landschaft schneller und sicherer.

253

9. Bild 253 zeigt den Verlauf einer Alpenstraße. Mit technischen Hilfsmitteln läßt sich die Streckenführung verbessern. Zeichne deinen Vorschlag ein! (Folie)

10. Verfolge die Haupteisenbahnstrecken

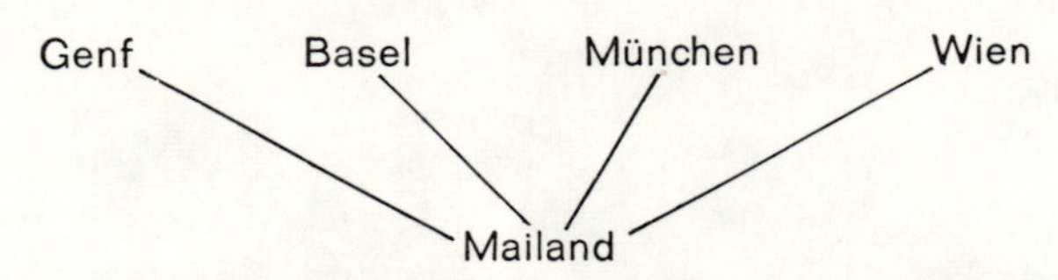

11. Nur eine dieser Strecken hat keinen Paßtunnel.

Es ist der ....

12. Löse dieses Silbenrätsel! Die ersten Buchstaben der gefundenen Wörter, von oben nach unten gelesen, ergeben den Namen eines Alpenpasses. Er wird der „Mittler zwischen Nord und Süd" genannt.
a — a — an — ant — ark — bi — dat — den — dra — fen — gen — glet — ha — hoch — ka — ka — kraft — kum — larm — me — mib — na — nal — ne — ne — o — oel — pal — pla — ra — ra — re — ren — sa — sa — sal — scher — sper — tal — tel — ten — tis — tom — tun — tur — turn — werk — zig
Gesucht wird:
1. Der Nil fließt durch sie. 2. Der Kontinent, auf dem noch Eiszeit ist. 3. Wüste in Südafrika. 4. Er bewässert eine Wüste in der Sowjetunion. 5. Landschaftsgürtel der Erde, in dem im Sommer auch nachts die Sonne am Himmel steht. 6. Die Fjorde in Norwegen und viele Alpentäler sind durch sie geformt worden. 7. Tritt ein, wenn eine Pipeline undicht ist oder ein Tankwagen umkippt. 8. Sie dreht sich im Krafthaus. 9. In der BRD gibt es nirgendwo auf engstem Raum so viele von ihnen wie zwischen Ruhr und Sieg. 10. Er brennt Tag und Nacht und trennt das Eisen vom tauben Gestein. 11. Faltengebirge in Südamerika. 12. Niederschlag oder linker Nebenfluß der Donau. 13. Fruchtbaum in der Oase. 14. Sie umkreisen die Sonne. 15. Ein neuartiges Wärmekraftwerk ohne Rauchentwicklung. 16. So schmeckt das Wasser der Meere. 17. Rakete, die Apollo 11 zum Mond schoß, oder Name eines Planeten.

13. Siehe Tabelle 254! — Aus dem Fahrplan zweier Trans-Europa-Expreßzüge. (1969)
a) Berechne die Fahrzeit der beiden Züge! Schreibe sie in die freie Spalte!
b) Suche die beiden Strecken im Atlas!
c) Begründe die unterschiedliche Fahrtdauer!
d) Berechne die Durchschnittsgeschwindigkeit für einzelne Abschnitte und für die gesamte Strecke! Suche die Teilstrecken immer im Atlas auf!

14. a) Suche im Atlas Verkehrswege durch den Himalaja, die Anden und die Rocky Mountains!
b) Schlage hierzu die Sonderkarte „Bevölkerungsdichte der Erde" und „Weltverkehr" auf! Vergleiche hier die Gebiete der vier Faltengebirge miteinander!
c) Begründe jetzt die Feststellung des Arbeitsvorschlages 14a!

....

....

....

....

Die zunehmende Industrialisierung wird die wachsende Erdbevölkerung zwingen, auch die höchsten Gebirge für den Verkehr noch mehr zu erschließen.

1. Das Aussehen der Faltengebirge der Erde beschreiben und erklären.
2. Ursachen für die unterschiedlichen Vegetationen angeben.
3. Erwerbsmöglichkeiten der Hochgebirgsbewohner beschreiben.
4. Die Faltung der Gebirge erklären.
5. Maßnahmen der Verkehrserschließung und Sicherung nennen.
6. Das Straßen- und Schienennetz der Verkehrskarten mit Hilfe der Bevölkerungsdichte und der physikalischen Karte deuten.

254

TEE Blauer Enzian			TEE Parsifal		
km	Bahnhof	Uhrzeit	km	Bahnhof	Uhrzeit
0	Basel	ab 15.58	0	Hamburg-Altona	ab 13.40
96	Luzern	an 17.00	5	Hamburg-Dammtor	ab 13.56
266	Bellinzona	an 19.13	7	Hamburg-Hbf.	ab 14.05
295	Lugano	an 19.40	122	Bremen	ab 15.07
			294	Münster	an 16.25
	Fahrzeit:			Fahrzeit:	

8 Aber nicht alle werden satt

Der „Acker" der Erde

Millionen Menschen kennen keinen Hunger. Sie leben in Ländern, in denen noch ein Überangebot an landwirtschaftlichen Erzeugnissen vorhanden ist. Ihre Kühlschränke und Kühltruhen sind gefüllt. Sie haben Geld, um die Waren heranzuschaffen, die ihnen der eigene Boden nicht liefert. Doch jährlich sterben über 25 000 000 Menschen an Hunger. — Hier könnte man fragen: Gibt es auf dieser Erdoberfläche zuwenig Ackerland?

255

Acker Garten	Weide Wiese	noch nutzbar	Wald	nicht anbaufähig
$\frac{10}{100}$	$\frac{18}{100}$	$^{3}/_{100}$	$\frac{30}{100}$	$\frac{39}{100}$

1. Du weißt: $^{7}/_{10}$ der Erdoberfläche bestehen aus .... Aber große Teile des Festlandes können nicht landwirtschaftlich genutzt werden. (Bild 255)

Du kennst drei große Klimabereiche dieser Erde. In allen dreien können heute weder **Weizen noch Kartoffeln** in größerem Umfang angebaut werden.

2. Setze ein: heiß — kalt — Niederschlag

   In den Tundren ist es ....

   In den Wüsten fehlt der ....

   Es ist dort sehr ....

   Im Gebiet des tropischen Regenwaldes ist es zu

   .... Auch fällt hier zuviel ....

   ....

Sehr viele Pflanzen, die für die Ernährung der Menschen und zur Fütterung der Tiere heute noch notwendig sind, können nur wachsen, wenn sie ein bestimmtes **Maß** an Wasser und Wärme erhalten. Deshalb gedeihen sie überwiegend in **gemäßigten** Gebieten der Erde.

3. a) Schlage die Klimakarte der Erde auf!

   b) Prüfe nach, welche Erdteile überwiegend im Bereich der gemäßigten Zonen liegen!

   c) Übertrage die gemäßigten Zonen in die Weltkarte des Buches Seite 127! Achte dabei genau auf den Verlauf innerhalb der Kontinente!

256 Erdteile						
landwirtschaftliche Güter						

d) Stelle in der Tabelle 256 die Güter zusammen, die in den gemäßigten Zonen der einzelnen Erdteile überwiegend angebaut werden! Benutze auch hierzu die Wirtschaftskarte der einzelnen Erdteile!

4. Die BRD gehört zu der .... Klimazone der Erde.

Erfolgreiche Landwirtschaft ist nicht allein vom Klima abhängig. Ohne nährstoffhaltigen Boden und **intensive** Arbeit bleiben die Erträge gering.

Doch den Hunger werden die Menschen nur dann bekämpfen können, wenn die Güter der Erde gerecht verteilt werden, wenn durch **Forschung** und **Technik** die **Arbeit des Landwirts** überall auf dieser Erde unterstützt wird.

Der Hunger auf dieser Erde ist auch deshalb so groß, weil in den vergangenen 100 Jahren die Erdbevölkerung stark angewachsen ist. Wissenschaftler warnen uns vor der Bevölkerungsexplosion auf dieser Erde. (Bild 257) [Wissenschaftler haben ausgerechnet, daß die Erdbevölkerung im Jahre 1969 in einer Stunde um 7800 Personen zunahm.]

Viele Forscher, Techniker und Landwirte kämpfen gegen den Hunger. Wir alle müssen ihnen dabei helfen.

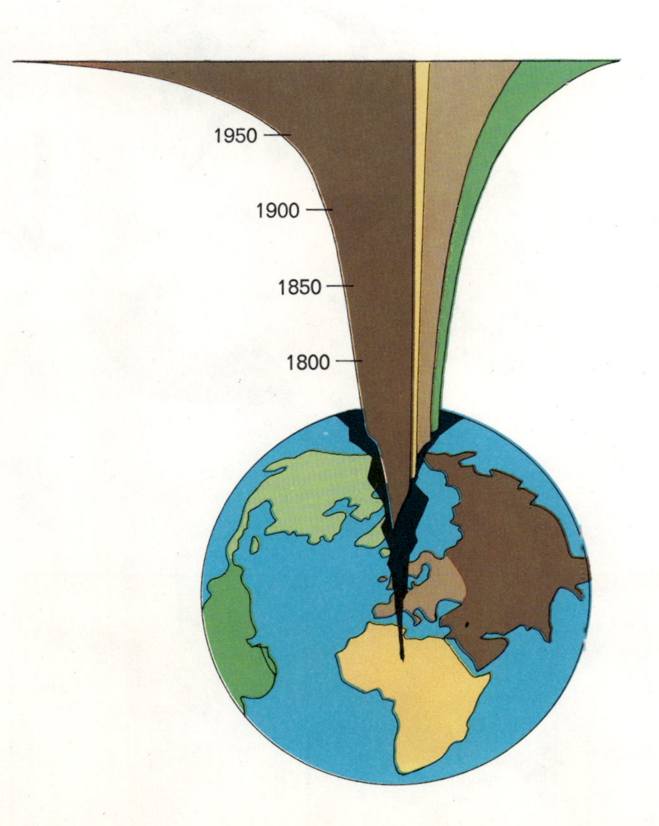

257 **Es liegt an uns Menschen, ob diese Gefahren das Leben auf der Erde zerstören.**

Das Brot der Asiaten

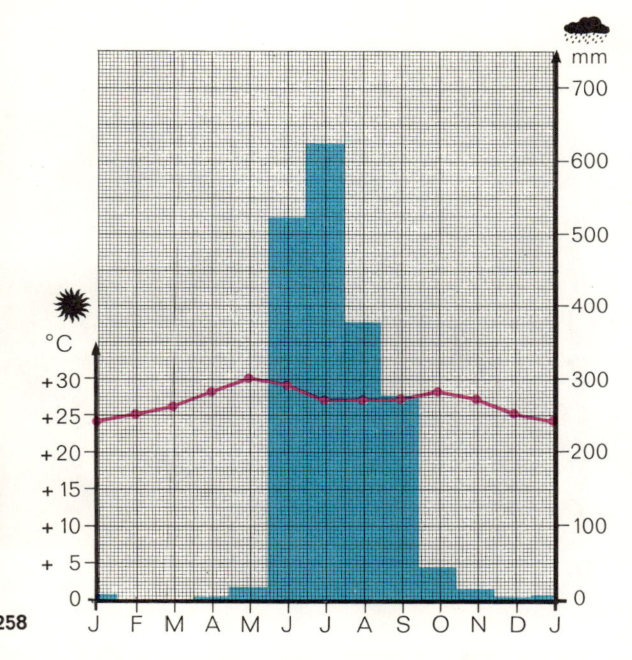

258

Bild 258 veranschaulicht ein Klima besonderer Art. Im Juli fällt an diesem Ort der Erde fast ebensoviel Niederschlag wie in Hannover im ganzen Jahr. Vier Monate lang regnet es **übermäßig** viel. Die Durchschnittstemperatur sinkt nie unter +24 °C.

1. Vergleiche diese Angaben mit den Werten von Hannover und Manaus (Seite 77)!

2. Als Mitteleuropäer kannst du auf Grund der Klimawerte feststellen und vermuten:
   Setze ein!
   Bewässerungsanlagen — gemäßigten — Sommerregen — überschwemmt — Winter

   a) In diesem Gebiet gibt es keinen ....

   b) Dieser Ort liegt nicht in der ....

   .... Zone der Erde.

   c) In diesem Land müssen in jedem Jahr weite Teile

   .... sein.

   d) Damit hier viele Menschen leben können, muß

   es ....

   geben, um den Überschuß an ....

   .... zu speichern.

Das Land, in dem dieses Klima herrscht, war für Jahrhunderte Traumland der Europäer. Große Anstrengungen haben sie auf sich genommen, um dorthin zu gelangen. Sie waren monatelang unterwegs. Hohe Gebirge und große Wüsten haben sie durchquert. Viele tausend Kilometer sind sie mit ihren Schiffen bis zu diesem Land gesegelt.
Die Ureinwohner eines anderen Kontinents erhielten nach diesem Land ihren Namen, weil Kolumbus glaubte, er wäre auf seiner Reise nach Westen in Indien gelandet.

Indien zählt heute zu den menschenreichsten Ländern der Erde. Im Jahre 1968 lebten 520 000 000 Inder auf einer Fläche, die nur ein Drittel so groß wie Europa ist (Bild 259). 1971 war die Bevölkerung Indiens auf 545 000 000 angestiegen.

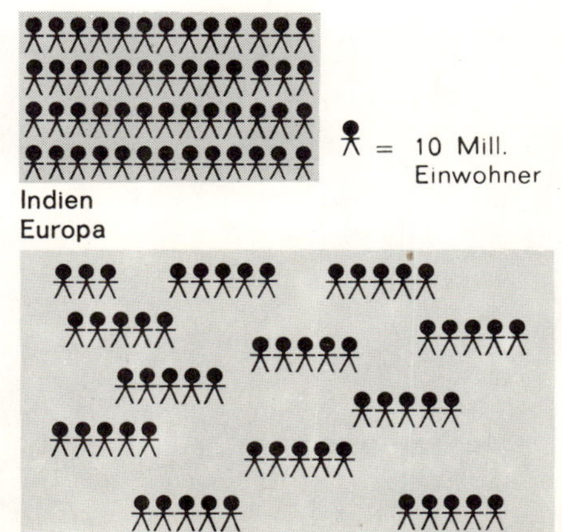

259

Wie in allen asiatischen Ländern, steigt auch in Indien die Bevölkerung rasch an. (Bild 257)
Die Ernten reichen nicht aus, um hier den Hunger zu stillen. Indien ist deshalb auf die Hilfe der reichen Völker angewiesen.
Maschinen- und Werkzeugfabriken, Stahl- und Atomkraftwerke werden mit ausländischer Unterstützung gebaut. Auf landwirtschaftlichen Musterfarmen lernt der indische Bauer neue Anbaumethoden kennen.
Trotzdem haben sich die Lebensgewohnheiten der meisten Inder in den letzten 2000 Jahren nur wenig gewandelt. Auch ihre Hauptnahrung ist die gleiche geblieben: Hirse und Reis.

Für mehr als die Hälfte der Erdbevölkerung ist der Reis bis heute das wichtigste Grundnahrungsmittel.

So alt wie der Reis, so alt sind teilweise noch heute die Anbaumethoden in Asien.
Der Reis wird hauptsächlich in „Wasserbecken" gepflanzt. Er gedeiht nur bei einer durchschnittlichen Temperatur von mehr als 20 °C. Vier bis fünf Monate nach der Aussaat kann er geerntet werden.
Mit der Regenzeit beginnen in Indien die Arbeiten auf den Reisfeldern. Die schlammige Erde wird gepflügt (Bild 260), und die kleinen Schößlinge werden

260

aus den Saatbeeten (Bild 260, links) in den Boden gesetzt. Schon nach wenigen Wochen bedeckt der grüne Teppich der jungen Reispflanzen die Wasseroberfläche. Während des Wachstums müssen die Felder immer wieder mit Wasser versorgt werden. Wenn der Reis blüht, steht er ungefähr 1,50 m hoch. Jetzt wird die Wasserzufuhr verringert. Zur Zeit der Ernte sind die Felder wieder ausgetrocknet.
An Berghängen, wo die Reisfelder terrassenförmig angelegt werden müssen, sind oft die Einzelbeete so schmal, daß der Bauer bei seiner Arbeit auf die Hilfe der Tiere verzichten muß.
Das Wasser wird entweder durch hölzerne Rinnen und Rohre oder durch Gräben auf die Felder geleitet. Liegt die Wasserquelle im Tal, so muß es auf die höher liegenden Terrassen gepumpt werden.

Der Anbau von Reis ist noch häufig eine mühsame Handarbeit.

Wenn auch 1966/67 in Indien 46 000 000 t Reis geerntet wurden, so reichte diese Menge nicht aus, um die Menschen dort nur einigermaßen zu sättigen.
Der Reis bedeutet für Indien das gleiche wie für Deutschland die Kartoffel und das Brot.
46 000 000 t Reis in Indien heißt: Für jeden Inder gibt es im Jahr nur 88 kg.
Die Kartoffelernte der BRD im gleichen Jahr ergab: Jeder Bundesbürger hätte hiervon 350 kg essen können.
Noch sind die meisten Inder in der Landwirtschaft beschäftigt. Sie erzeugen weniger als zum Leben notwendig ist. Die Bauern können also keine Überschüsse verkaufen. Deshalb bekommen sie kein Geld und bleiben arm.
Forscher bemühen sich, mit den Indern neue, ertragsreichere Reissorten zu züchten. Durch den Bau von modernen Bewässerungsanlagen werden die Niederschläge der Regenzeit gespeichert. Wenn es gelingt, das ganze Jahr über die Reisfelder zu bewässern, kann bis zu dreimal im Jahr geerntet werden. Doch ohne ausreichende Düngung bleiben die Erträge immer gering.
Auch durch neue Anbauverfahren wird das Ernteergebnis gesteigert.
Doch ohne die Hilfe der „satten Völker" werden die Inder nicht lernen, wie sie sich selbst helfen können.

Asien

261

263

264

Europa

262

265

266 Schnitt durch Deutschland

3. Schlage die Karte der Bevölkerungsdichte der Erde auf! Südostasien gehört zu den dichtbesiedeltsten Gebieten der Erde. Vergleiche mit anderen Erdteilen!

4. Vergleiche bei den Bildern 261—265 die unterschiedlichen Reisanbaumethoden. Schreibe unter jedes Bild die Tätigkeit, die ausgeführt wird!

5. Prüfe auf der Wirtschaftskarte von Mitteleuropa nach, wo die Bilder 262 und 264 fotografiert sein könnten!

6. a) Was würde in Indien geschehen, wenn ab sofort der Reisanbau nur mit Maschinen durchgeführt würde? (Denke an die arbeitenden Menschen!)
   b) Stelle in einer Liste zusammen, welche Hilfe Indien nötig hat!

7. Das Diagramm (258) zeigt die Klimawerte von Bombay. Die Klimakarten von Asien versuchen, die Besonderheit des Klimas von Indien zu veranschaulichen. Schlage im Lexikon das Wort **Monsun** auf! Lies nach!

8. Erkläre den Ausspruch: „Die Inder leben vom Schiff in den Mund."

Landwirtschaft auch im Industrieland BRD

Die BRD zählt zu den großen **Industrienationen** der Erde. Eine Reise durch unser Land zeigt aber, daß weite Gebiete landwirtschaftlich genutzt werden. Selbst im Rheinisch-Westfälischen Industriegebiet findet man in unmittelbarer Nähe von Fabriken Acker- und Weideland. In West-Berlin gab es 1969 noch über 100 Landwirte.

1. In diesem Buch gibt es eine große Anzahl Bilder über die BRD und Österreich.

   a) Schreibe davon alle Nummern der Bilder heraus, die landwirtschaftliche Nutzflächen zeigen, und

   b) übertrage diese Bildnummern an die richtige Stelle der Karte von Mitteleuropa auf Seite 125!

   c) Vergleiche die abgebildeten Orte mit der physikalischen Karte und der Wirtschaftskarte!

   d) Du stellst fest: Landwirtschaft gibt es in allen Landschaften der BRD. Trage die Landschaften in den Längsschnitt 266 ein!

Lößboden am Nordrand der Mittelgebirge

2. Schlage die physikalische Karte von Mitteleuropa oder Deutschland auf!

Von Gebirgen umrahmt und nach Nordwesten geöffnet, liegen am Nordrand der Mittelgebirge die Tieflandsbuchten von Köln und Münster. (Karte 267)

Diese beiden Landschaften bilden die Grundlage für die Ernährung der Menschen im Städtedreieck Köln — Hamm — Krefeld.

Der fruchtbare Gürtel des Lößbodens und das gemäßigte Klima in diesen geschützten Tieflandsbuchten sind die Ursache für die guten Ernten. Außer Gemüse und Obst werden hauptsächlich Weizen und Zuckerrüben angebaut.

Jenseits der Lößgrenze nach Norden geht das Ackerland in Weideland über. Hier wird überwiegend Viehzucht und Milchwirtschaft betrieben.

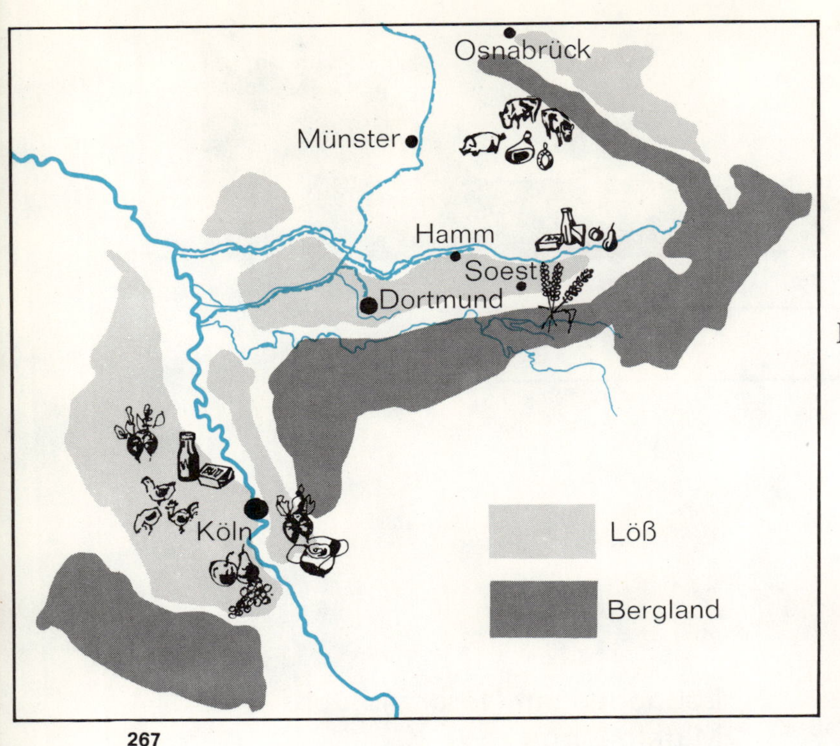

267

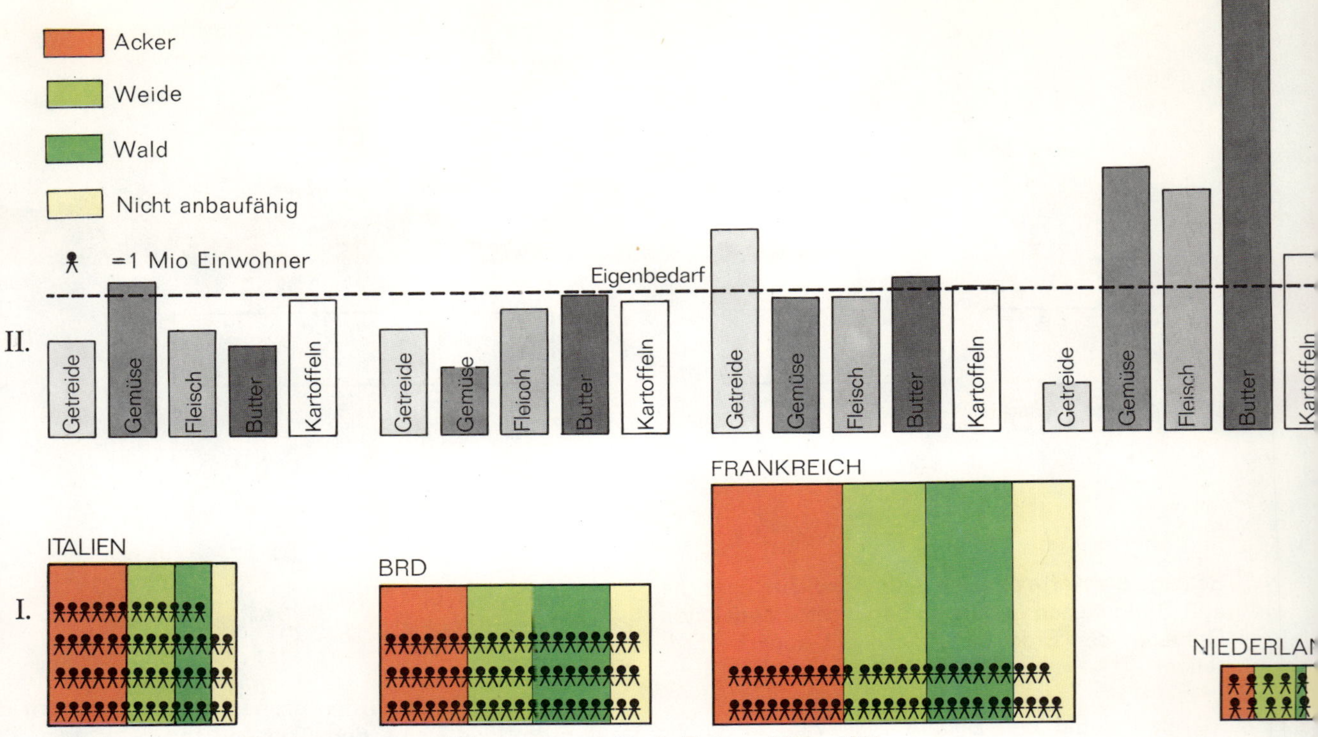

268 Verhältnis von Inlandserzeugung und Eigenverbrauch für die Zeit von 1968—1971

Lößböden gibt es auch noch in anderen Gebieten Deutschlands. Sie sind während der letzten Eiszeit entstanden. Die Gletscher, die Teile Europas von Norden und von den Alpen her bedeckt hatten, schoben große Mengen Schutt mit. Als später diese Ablagerungen austrockneten, hat der Wind das feinzermahlene Material ausgeweht und oft kilometerweit fortgetragen.
Löß ist ein lockerer, mehliger Boden. Er krümelt leicht und ist wasserdurchlässig, trocknet aber nicht schnell aus.
Im Laufe von Jahrtausenden hat er sich häufig mit Humus vermischt. Aus dem gelben oder hellgrauen Löß wurde die Schwarzerde.

3. Vergleiche auf der Wirtschaftskarte Europas die Lößgebiete der BRD mit dem **Schwarzerdegebiet** in Südrußland!

4. Beschaffe dir Sand, Lehm und Löß — falls es diese Bodenarten bei euch gibt. — Geh zum Gärtner!
   a) Zerreibe diese Böden zwischen den Fingern!
   b) Steche in den Boden von drei Konservendosen einige Löcher! Fülle jede von ihnen gleich stark mit den einzelnen Bodenarten und schütte je eine halbe Tasse Wasser in die Dosen! Vergleiche die Bodenproben nach vier Stunden!

5. Die Darstellung in Bild 268 hat zwei Teile, die miteinander in Beziehung stehen. Teil I verdeutlicht die Größe der BRD, Frankreichs, Italiens und der Niederlande. Die Bodennutzung und die Einwohnerzahl dieser vier Länder sind mit eingetragen.
   Teil II veranschaulicht die Erzeugnisse einzelner landwirtschaftlicher Güter dieser Länder. Die Menge des Eigenbedarfs ist durch einen Querstrich gekennzeichnet.

   a) Du kannst ablesen, welche Länder einen Überschuß und welche einen Fehlbedarf hatten.
   b) Du stellst fest:

   Das Land mit der .... Fläche hatte den .... Überschuß. Der Landwirt der .... erzeugt mehr .... und .... als die Bevölkerung des eigenen Landes ....

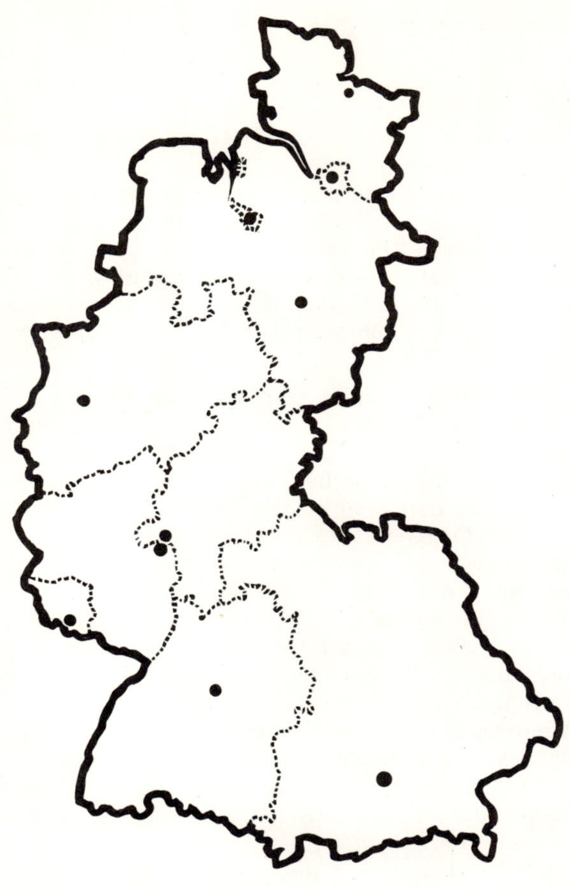

269 Die Länder der BRD

Deshalb müssen die ....

ihren Überschuß ....

Der größte Abnehmer dieses Landes ist die BRD.

c) Wiederhole: Der Marschboden (Buch, Seite 42)

Große Teile der Niederlande sind dem Meer abgetrotzt worden. Dieser Boden ist sehr fruchtbar.

Durch intensive Landwirtschaft erzeugt der Landwirt der Niederlande auf verhältnismäßig kleiner Fläche große Überschüsse.

6. Trage in Bild 267 ein, welche zusätzlichen Nahrungsmittel aus den Überschüssen Frankreichs, Italiens und der Niederlande in das Industriegebiet eingeführt werden!

In Mittel- und Westeuropa müssen die Menschen nicht hungern. Die Überschüsse einzelner Länder werden ausgeführt. Durch ein günstiges Verkehrsnetz können hier Nahrungsmittel mit Schiffen, Lastkraftwagen und Eisenbahnen in alle Landesteile befördert werden.

Tatsachen . . . .

a) Donnerstag, den 24. April 1969
UPI meldet: Die Welternährungsorganisation (FAO) stellt durch eine Untersuchung fest: rund 13 500 000 t Weizen verfaulen jährlich in Kanada auf den Feldern, da nicht genügend Lagerräume vorhanden sind.

b) Die USA und Kanada exportierten 1967 mehr als 35 000 000 t Weizen.

c) Die BRD importierte 1967 fast 1 800 000 t Weizen. Davon kamen 140 000 t aus Kanada und den USA.

d) Die gesamte Brotgetreideernte (Weizen und Roggen) in der BRD beträgt jährlich ca. 8 000 000 t.

. . . . . . aber nicht alle werden satt.

Zum Vergleich:

Wollte man die Menge, die in Kanada verfault, in der BRD ernten, so müßte man die gesamten Flächen der Bundesländer Baden-Württemberg und Saarland mit Weizen bestellen. Um die Weizenüberschüsse von Kanada und den USA zu erreichen, müßten in der BRD die Länder Niedersachsen, Nordrhein-Westfalen und Hessen Weizenfelder sein.

7. Schraffiere die Gesamtfläche der Länder Niedersachsen, Nordrhein-Westfalen in Bild 269.

8. Umfahre die Grenze der Länder Saarland und Baden-Württemberg.

Nordamerika ist eine Kornkammer der Erde

1. Die Wirtschaftskarte von Nordamerika zeigt den Weizengürtel des Kontinents. Er erstreckt sich von Edmonton (120° W / 53° N) in Kanada bis nach Oklahoma-City (100° W / 35° N) im Süden der USA.

2. Übertrage das Weizenanbaugebiet von der Wirtschaftskarte auf die physikalische Karte von Nordamerika! (Folie)

3. Miß die Nord-Süd-Ausdehnung und übertrage das Gebiet auf die Europakarte Seite 126! — Achte auf die Breitengrade!

4. Was sagt die Klimakarte über den amerikanischen Weizengürtel? — Vergleiche diese Angaben mit den entsprechenden Breiten in Europa! (270—273)

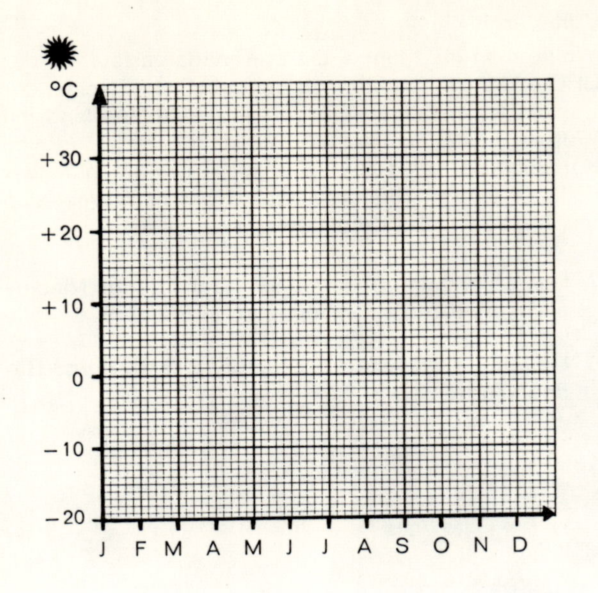

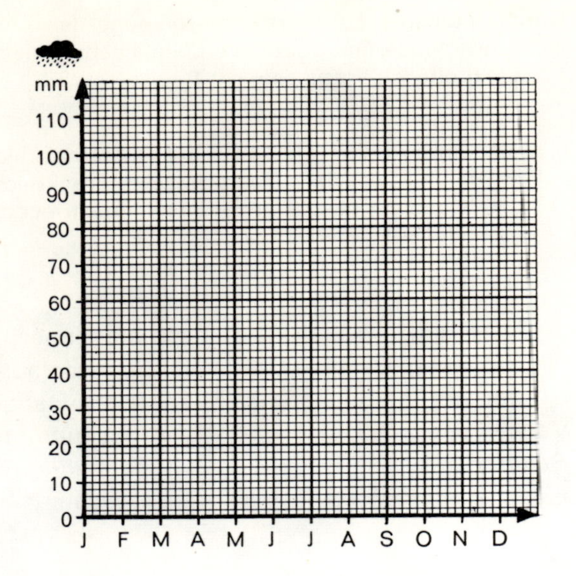

5. Die Klimawerte (Tabellen 270—273) geben genaue Auskunft. — Vergleiche!

270

	m NN		J	F	M	A	M	J	J	A	S	O	N	D	Jahr
Edmonton (120° W / 53° N)	676	°C	—13	—12	—5	4	11	14	17	15	10	5	—4	—11	2,7
		mm	23	18	18	25	48	81	84	61	33	20	20	23	454

271

	m NN		J	F	M	A	M	J	J	A	S	O	N	D	Jahr
Kopenhagen (12° Ö / 55° N)	35	°C	0	0	2	7	12	16	18	17	14	9	5	3	9
		mm	49	39	32	38	42	47	71	66	62	59	48	49	602

272

	m NN		J	F	M	A	M	J	J	A	S	O	N	D	Jahr
Oklahoma-City (100° W / 35° N)	390	°C	3	5	10	16	20	25	28	28	23	18	9	5	15,8
		mm	38	31	53	80	108	100	55	63	87	68	47	38	768

273

	m NN		J	F	M	A	M	J	J	A	S	O	N	D	Jahr
Athen (20° Ö / 35° N)	100	°C	9	9	12	15	19	23	27	27	24	19	14	11	17,4
		mm	52	37	34	21	20	17	7	9	14	44	73	62	390

Weizen in Kanada

Grenzenlos erschien vor 100 Jahren den Siedlern die Graslandschaft im Inneren Amerikas. Französische Einwanderer haben ihr den Namen **Prärie** gegeben (Prärie = Wiese).
Hier brachen sie den fruchtbaren Boden um und errichteten Farmen. Damit schufen sie die Voraussetzung für diese Kornkammer der Erde. Dort, wo ehemals die Prärieindianer die Büffel jagten, erstrecken sich heute Weizenfelder. Aus ihnen ragen die Getreidesilos und Mühlen an den Bahnstationen hervor. (Bild 274)

Die einzelnen Farmen sind durchschnittlich bis zu 600 ha groß. Einige von ihnen bedecken eine Fläche von 1000 ha. Felder von mehr als 30 ha sind keine Seltenheit. Diese großen Flächen konnten deshalb bestellt worden, weil dieses Land sehr dünn besiedelt war. Auch heute noch liegen die Häuser der Farmer einsam und weit verstreut im Land.
Je weiter die Siedler nach Norden kamen, desto schwieriger wurde der Weizenanbau. Neue Weizensorten mußten gezüchtet werden, denn für Aussaat, Reife und Ernte steht hier nur eine kurze Zeit zur Verfügung. (Klimatabelle 270)
Winterweizen, der im Herbst ausgesät wird, würde hier die lang anhaltende Kälte nicht überstehen.
In Kanada gedeiht ein schnellwachsender **Sommerweizen,** der ca. 100 Tage nach der Aussaat geerntet werden kann.
Er ermöglichte, auch in weiter nördlich gelegenen Gebieten Ackerland anzulegen. Durch ihn ist Kanada heute in der Lage, neben der eigenen Bevölkerung noch über 100 Millionen Menschen mit Mehl und Brot zu versorgen.
Doch vor Mißernten bleibt auch dieser kanadische **Hartweizen** nicht verschont. Die Witterung ist hier nicht immer beständig:
Anhaltende Regenfälle können die Aussaat verspäten,
Staubstürme die Saat ersticken,
Hagel und Sturm die Felder verwüsten,
plötzlicher Frost die Ernte vernichten.
Weil die Ackerflächen so unübersehbar sind, die Zeit so kurz ist und in dem großen Land verhältnismäßig wenig Menschen leben, müssen alle Arbeiten auf der Farm mit Maschinen durchgeführt werden. (Bild 277)
Große, ebene Nutzflächen erleichtern ihren Einsatz.

274 Kanada (110° W / 50° N)

Die Anschaffung dieser Maschinen erfordert viel Geld. Sie helfen Arbeitskräfte und damit Lohnkosten einsparen. Die Preise landwirtschaftlicher Erzeugnisse werden durch diese Arbeitsweise gesenkt.
Viele Farmer sind nur in den kurzen Sommermonaten auf ihren Ländereien. In der kalten Jahreszeit leben sie in ihren Stadtwohnungen und arbeiten in der kanadischen und amerikanischen Industrie.
In Gebieten, in denen die Bodenfeuchtigkeit es erlaubt, betreiben viele Farmer neben dem Weizenanbau verstärkt Viehzucht. Wiesen und Weiden bringen Abwechslung in die eintönige Landschaft.
Aus **Monokulturen** (mono = allein) wurden **„Mixed Farming"** Betriebe (mixed = gemischt). Durch Bewässerungsanlagen konnte die Zahl der Farmen mit dieser Betriebsform vergrößert werden.
Die Verluste durch Ernteschäden können jetzt durch den Verkauf von Milch und Fleisch ausgeglichen werden, denn Ernteschäden durch Witterungseinflüsse oder Schädlingsbefall treffen landwirtschaftliche Betriebe mit Monokultur besonders hart. Auch kann eine Überproduktion von nur einem Erzeugnis (z. B. Weizen) den Weltmarktpreis so beeinflussen, daß Gewinne nicht mehr erzielt werden. Die Belastung trifft einen Staat besonders schwer, wenn er auf den Export eines einzigen Gutes angewiesen ist (Kaffee, Kakao, Bananen).

276 Mähdrescher (Selbstfahrer)

5. Vergleiche deutsche und amerikanische Verhältnisse in der Landwirtschaft!
6. Betrachte die Ackerflächen in Bild 275 und 277! (In Bild 275 sind Weizenfelder goldgelb, Haferfelder hellgelb, Wintergerstefelder weißgelb.)
   Zum Größenvergleich:
   a) Unter Bild 275 ist die Fläche von einem Hektar eingezeichnet.
   b) Siehe Bild 277: Ein Traktor mit Mähdrescher Combiner) ist ca. 10 m lang.
7. Zeichne auf dem Bild 275 eine Fläche von 30 ha ein!
8. Was verrät die Anlage der Felder (275) über die Bodengestaltung dieses Gebietes? — Vergleiche mit dem Atlas!

275 Ackerbaulandschaft im Odenwald (9° Ö / 47° N)
Die Fläche einschließlich Wald beträgt ca. 750 ha. ☐ = 1 ha

277 Ernte in Amerika

9. Auch im Odenwald können Mähdrescher eingesetzt werden. Amerikanische Verhältnisse sind hier aber nicht möglich. — Begründe!
10. Was könnte unter Umständen im Odenwald noch verbessert werden?
11. Überlege: Was müßte man in den Dörfern (Bild 275) unternehmen, um Mähdrescher sinnvoll einsetzen zu können?

Gute Erträge sind nicht allein von großen Flächen und Maschinen abhängig. Klima und Bodengüte beeinflussen in starkem Maße Qualität und Menge der Ernte. Deshalb muß ein Acker besonders bei Monokulturen immer wieder mit neuen Nährstoffen (Dünger) versorgt werden.
Aus dem Bauer vor 50 Jahren ist der **Landwirt** geworden. Er muß seinen Boden wirtschaftlich nutzen. Er wird auch weiter erfolgreich sein, wenn sich bei ihm die Kenntnisse des Bauern, des Kaufmanns, des Technikers und des Chemikers vereinigen.

Die Weizenüberschüsse in den Kornkammern der Erde sind noch groß. Es muß gelingen, die Ernten vollständig einzulagern und vor dem Verderben zu schützen. Sie müssen auch die Menschen erreichen, die heute noch Hunger haben.

= 1 Mill. Einwohner

= 1 Mill. Rinder

BRD

278 Argentinien

Gefrierfleisch aus Argentinien

279

Gestern

1. Schlage mit dem Zirkel im Atlas einen Halbkreis von 500 km um Buenos Aires (60° W / 40° S)!
2. Betrachte Bild 278. Dieses Schaubild verdeutlicht
   a) die Größe der Wiesen und Weiden in Argentinien und in der BRD (1972),
   b) die Menge der vorhandenen Rinder,
   c) Die Größe der Bevölkerung.
3. Du kannst ablesen: Argentinien ist ....
   besiedelt. Die Anzahl der R.................. ist hier
   ungefähr ....
   wie die B.................. Das Weideland in Argentinien ist mehr als ....
   so groß wie das W.................. in der BRD.
4. a) Lies die folgenden Texte hintereinander und vergleiche! (Gestern — Heute)

Wenn man die äußeren, meist nur aus dürftigen Lehmhütten bestehenden Teile der Stadt hinter sich läßt, so hat man eine endlose Ebene vor sich. Der Boden ist mit feinem, kniehohem Gras bedeckt. Der weite Horizont verschwindet in violetter Bläue.
Auf dieser einförmigen Ebene fährt man eine Stunde nach der anderen, einen Tag wie den anderen und hat keine Abwechslung darin zu erwarten, als etwa eine weidende wilde und herrenlose Viehherde, ein aufgescheuchtes Wild, einen Ochsenkarrenzug, ein Bauerngehöft oder einen kleinen See.
Das Gebiet hat keine Zukunft. Es wird bleiben, was es von Anfang an war und noch heute ist: ein ödes Land, das für Indianer, oder wenn diese zugrunde gehen sollten, für große Viehherden Raum und Nahrung gewährt.

(Nach Reisebericht von H. Burmeister, 1857)

280

281

Heute

Der Estanziero begibt sich zum Flugplatz und besteigt zusammen mit seinem Piloten seine einmotorige Sportmaschine. Schon am frühen Morgen hatte er sich von seinem Stadtbüro aus bei dem Verwalter der Estanzia über Sprechfunk angemeldet.
Wir überfliegen zunächst eine schachbrettförmig angelegte Siedlung mit ihren mehrstöckigen Häusern am Rande der Großstadt. Eine Autobahn durchzieht sie. Nun dehnt sich unter uns ein Land mit großen quadratischen oder rechteckigen Koppeln. Viele sind durch Windschutzhecken eingezäunt. Grüne Weideflächen wechseln mit frisch gepflügten oder noch nicht abgeernteten Feldern. Einzelne Waldkulissen schieben sich ein. Schließlich liegt unter uns die Estanzia inmitten eines Parkes, der künstlich angepflanzt ist: im Zentrum das Herrenhaus, umgeben von Wirtschaftsgebäuden.

(Nach Reisebericht von Dr. Wilhelmy, 1964)

Eine Estanzia ist ein Viehzuchtbetrieb in Südamerika. Auf riesigen Weiden grasen Tausende von Rindern und Schafen. Von berittenen Hirten, den Gauchos, werden sie bewacht und gepflegt.
Kleinere Betriebe sind in Argentinien 50 km² groß. Die größeren erstrecken sich über eine Fläche von wenigstens 1000 km². Sie alle sind Eigentum einzelner Großgrundbesitzer (Estanzieros).
Wie sich die Landschaft durch den Eingriff des Menschen gewandelt hat, verdeutlicht der Vergleich des Bildes 279 mit den Bildern 280 und 281. Ebenso aufschlußreich sind die beiden Erzählungen.
Wieder waren es europäische Einwanderer, die mitgewirkt haben, aus großen Teilen Argentiniens eine Fleisch-, Futtermittel- und Kornkammer der Erde zu bauen (Karte 282).
Wenige Familien wurden sehr reich, Tausende aber leben in Abhängigkeit vom Großgrundbesitzer. Heute ist es jedoch sehr fragwürdig, ob bei diesen Besitzverhältnissen die Bedürfnisse der Bevölkerung befriedigt werden können. Regierungswechsel, politische Unruhen und Attentate machen deutlich, daß viele Menschen nicht mehr mit den Lebensverhältnissen in Argentinien zufrieden sind.

4. b) Du hast festgestellt: Die Ansicht von

.... ist durch **Tatkraft** und Erfindungsgeist der .... widerlegt worden.

282 Bodennutzung an der La-Plata-Mündung

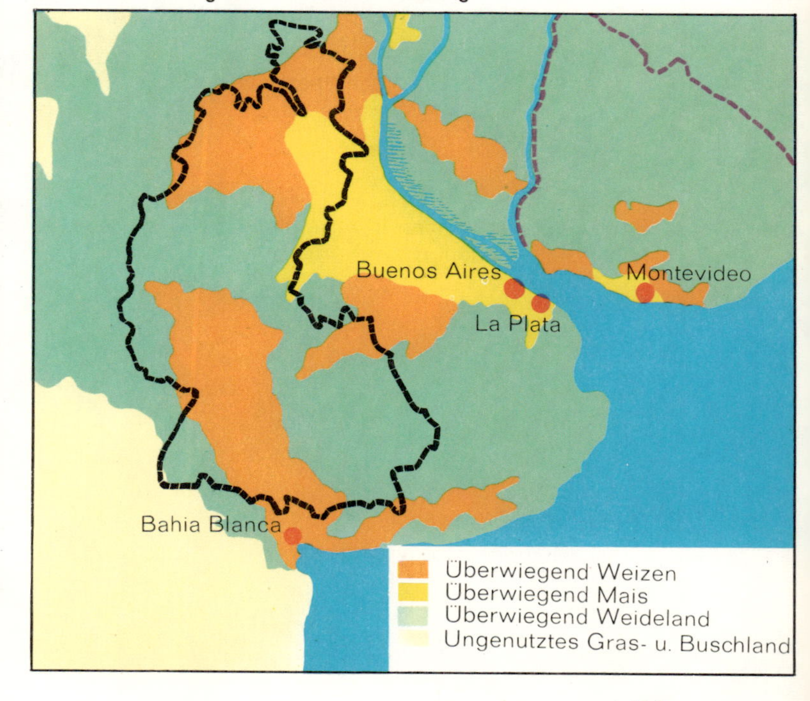

5. Folgende Verhältnisse trafen die Menschen in der La-Plata-Mündung an:
(Benutze auch die Sonderkarte von Südamerika und Tabelle 283, um den folgenden Lückentext zu ergänzen!)
Im Bereich der La-Plata-Mündung und der beiden Zuflüsse .... und ....
befindet sich eine .... Sie ist teilweise mit Löß bedeckt. Sie heißt .... (in der Sprache der Indianer: „Baumlose Ebene").
In diesem Gebiet fällt das ganze Jahr über genug
.... Die Durchschnittstemperaturen im Winter liegen ....
....
Die Landschaft um Buenos Aires gehört zu den
.... Klimazonen der ....
.... Halbkugel.

6. Begründe, warum man in Argentinien für das Vieh keine Ställe benötigt!

....

....

....

....

....

....

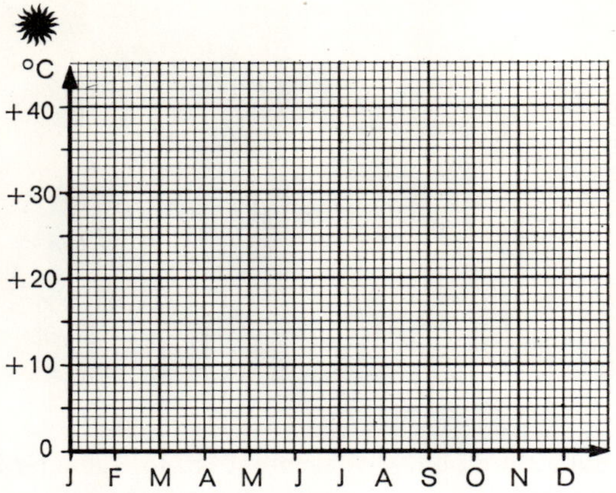

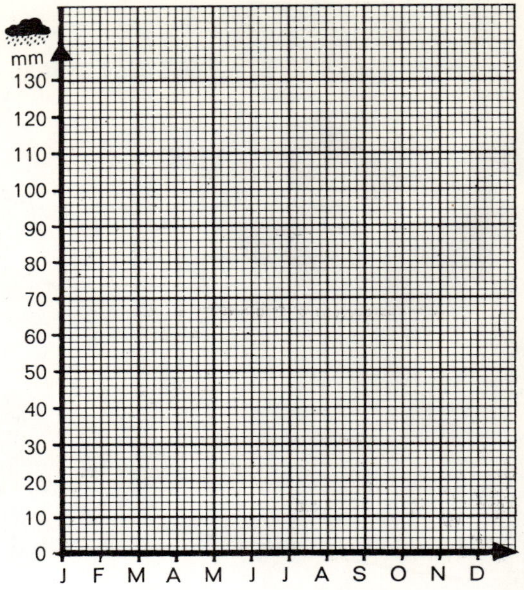

283

	m NN		J	F	M	A	M	J	J	A	S	O	N	D	Jahr
Buenos Aires (60° W / 35° S)	27	°C	23,6	23,1	20,8	16,8	13,7	9,5	9,7	10,6	13,0	15,3	19	21,4	16,5
		mm	78	70	110	90	75	60	56	61	79	86	83	100	948

284

	m NN		J	F	M	A	M	J	J	A	S	O	N	D	Jahr
Sydney (150° Ö / 40° S)	41	°C	21,8	21,7	21,1	18,3	15,0	12,5	11,6	13,6	15,0	17,4	19,6	21,0	17,4
		mm	90	100	126	132	125	116	117	75	74	72	73	74	1084

285

	m NN		J	F	M	A	M	J	J	A	S	O	N	D	Jahr
Christchurch (170° Ö / 50° S)	8	°C	16,2	15,7	14,1	11,7	8,6	6,4	5,9	6,8	9,6	11,6	13,3	15,3	11,3
		mm	56	49	52	51	66	71	69	47	46	44	52	56	657

7. Klimatabelle 284 und 285 von Sydney (150° Ö / 40° S) und Christchurch (170° Ö / 50° S).
a) Die beiden Klimatabellen lassen vermuten:

....

....

....

b) Überprüfe und begründe deine Antwort mit Hilfe des Atlasses!
c) Auf den beiden Inseln von ....
.... und in großen Teilen der Randgebiete des Kontinents .... wird
.... betrieben.

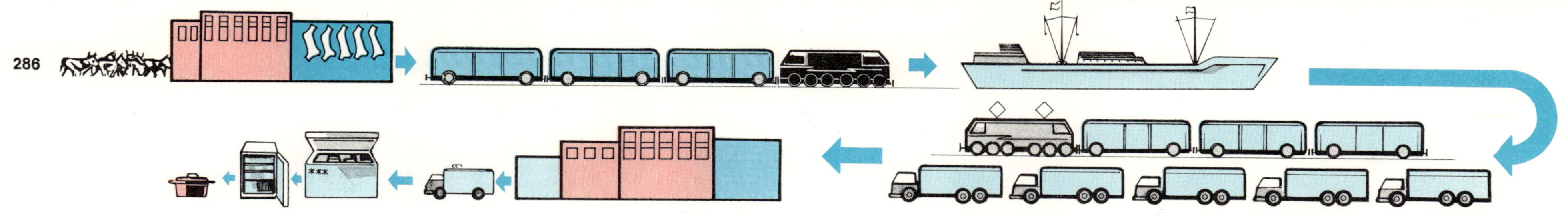

Die Kühlkette

Bis zur Mitte des vorigen Jahrhunderts konnte aus Südamerika und den anderen Viehzuchtländern der südlichen Halbkugel kein Fleisch ausgeführt werden, weil es noch keine Möglichkeit gab, leicht verderbliche Waren über große Strecken durch die Tropen zu befördern.

Drei Erfindungen haben mitgeholfen, den Wohlstand Argentiniens zu begründen:

1. Die Erfindung des Fleischextraktes (Suppenwürfel, Suppenpulver);
2. die Erfindung des Büchsenfleisches (Corned beef);
3. die Erfindung des Gefrierverfahrens.

Hierdurch war es möglich, auch den Fleischüberschuß Argentiniens zu exportieren.

Im Jahr 1877 kam das erste Kühlschiff mit einer Ladung Frischfleisch aus Argentinien in Europa an. Seit dieser Zeit hat der Fleischexport aus Argentinien nicht mehr aufgehört.

In vielen Städten dieses Landes stehen heute Schlachthöfe und Fleischfabriken, die mit Kühlhäusern ausgestattet sind. Die geschlachteten Rinder werden zerlegt und in Gazetücher eingenäht. Danach kommen die großen Fleischteile in die Kühlhäuser. Von hier geht der Transport in Kühlwagen der Eisenbahn zu den Häfen. Kühlschiffe übernehmen die Ladung.

Rindfleisch für die BRD wird meistens in Rotterdam gelöscht. Dort werden die Rinderhälften wieder in die Kühlwagen der Eisenbahn oder in die Kühllastzüge umgeladen. Großhändler müssen das Fleisch entweder kalt lagern oder sofort zu den Fleischfabriken transportieren.

Hier darf es „auftauen" (Bild 287), damit es weiterverarbeitet werden kann. (Bild 288 und 289) Häufig erfolgt danach eine weitere Kühlung.

Es ist möglich, daß Fleisch aus Argentinien dann in irgendeiner Kühltruhe im Haushalt oder in einem Lebensmittelgeschäft eingelagert wird.

Eine lange Kette von Kühleinrichtungen ermöglicht den Transport von Frischfleisch über weite Strecken und durch heiße Zonen.

Technische Erfindungen können auch heute den Hunger in der Welt vermindern helfen.

287 In einer Fleischfabrik

288 Fleisch wird zerlegt

289 Vollautomatische Wurstabfüllung

Nahrung aus dem Meer

Nicht die Größe der Schiffe war entscheidend, sondern ihre Einrichtungen.
Diese Schiffe sind schwimmende Fischfabriken mit Tiefkühlanlagen.
Die „Bonn“ ist ein Vollfroster der deutschen Trawlerflotte. (Bild 292) Sie ist 90 m lang. 65 Personen arbeiten an Bord. Bis zu 500 t Fisch können hier während einer Fangreise zu Fischfilet verarbeitet und gefrostet werden.
Neben dem Verarbeitungsbetrieb stehen dem Kapitän technische Einrichtungen zur Verfügung, mit deren Hilfe er die Fischschwärme feststellen kann. Echolot, Fischfinder und Fischlupe bestimmen den Zeitpunkt, wann das Schleppnetz über Heck abgelassen wird. (Bild 290 und 291)

290

Tag für Tag laufen Schiffe aus, um die „Ernte“ der Meere einzubringen. Die Fanggründe liegen nicht in den Tiefen der Ozeane, sondern im Bereich der Festlandsockel. Dort, wo die Meere noch flach sind (bis zu 200 m), haben die Fische ihren Lebensraum. Die Tiefseen sind schwarz und fast ohne Leben.
Die Hauptfischgründe der deutschen Seefischerei lagen bisher in der Nordsee.
Doch in den vergangenen Jahren wurden die größten Fangergebnisse bei Grönland und Island erzielt. Die Erforschung neuer Fischgründe wurde erforderlich, weil die Heringe an den bekannten Plätzen ausblieben. Sie hatten ihre Laichgebiete weiter nach Norden verlegt.

Die Erschließung neuer Fanggebiete war aber besonders notwendig geworden, nachdem die Mehrzahl der europäischen und amerikanischen Länder fremden Fischereiflotten nicht erlaubten, näher als 12 Seemeilen (1 Seemeile = 1852 m) vor ihren Küsten zu fischen.
Diese Tatsachen erforderten den Bau neuer Fischereifahrzeuge. Fangreisen mit herkömmlichen Fahrzeugen nach Grönland dauerten zu lange. Die Fische wären im Heimathafen nicht mehr frisch gewesen. Während man bisher durchschnittlich 25 Tage unterwegs war, können die neuen Schiffe ein halbes Jahr im Fanggebiet bleiben.

Vollfroster und Trawler mit Kühleinrichtungen fahren heute nach Labrador, Neufundland, Neu-England und Neu-Schottland (amerikanische Ostküste). Vollfroster arbeiten sogar vor der Küste Westafrikas und im Mündungsgebiet des La Plata.
Die Kühlkette sorgt dafür, daß immer frischer Fisch in allen Städten der BRD vorhanden ist.
Rund 685 000 t Fisch wurden im Jahre 1968 angelandet.
Für jeden Einwohner der BRD wurden 11 kg Fisch zum Verzehr bereitgestellt.
Überall an den Küsten der Meere wird täglich gefischt. Doch wie unterschiedlich sind die Methoden und Ergebnisse! (Bild 293 und 294)

291 Kommandobrücke eines Vollfrosters

292 Vollfroster „Bonn"

In **Indien** kehren Millionen Fischer morgens vom nächtlichen Fang heim (Bild 294). Ihre Erträge hängen vom Glück ab. Für eine Familie, eine Sippe mag der Fang ausreichen. Doch unter der sengenden Sonne wird kaum etwas länger als einen Tag haltbar sein.
Eine Reise ins Landesinnere kann der hier gefangene Fisch kaum antreten.
Bremerhaven hat der Trawler (Bild 293) hinter sich gelassen.

An Bord ist alles für den Fang vorbereitet. Der Kapitän kennt das Ziel. Dem Zufall bleibt nichts überlassen. Mit dem „Auge unter Wasser" werden die Schwärme geortet, der Fang wird sofort auf See verarbeitet und gefrostet. In drei Monaten wird dann frischer Fisch irgendwo im Binnenland verzehrt.
Soll der Trawler Kurs auf Indien nehmen?

1. Diskutiert jetzt zum Thema: Entwicklungshilfe!

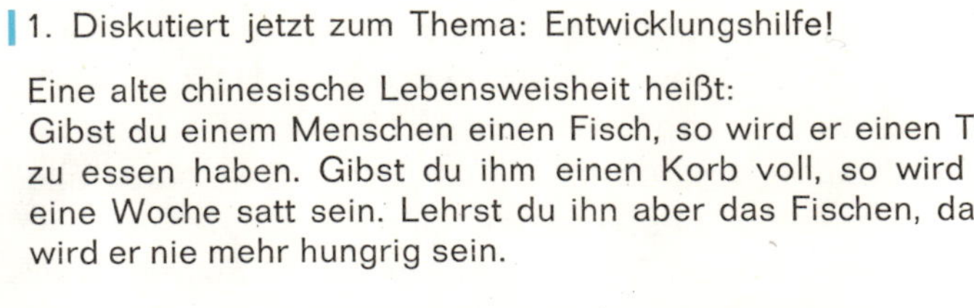

Eine alte chinesische Lebensweisheit heißt:
Gibst du einem Menschen einen Fisch, so wird er einen Tag zu essen haben. Gibst du ihm einen Korb voll, so wird er eine Woche satt sein. Lehrst du ihn aber das Fischen, dann wird er nie mehr hungrig sein.

293

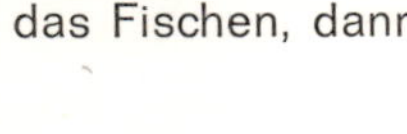

294

1. Gründe für die ungerechte Verteilung von Nahrungsmitteln auf der Erde nennen.
2. Gründe für die Notwendigkeit von Entwicklungshilfe nennen und sinnvolle Maßnahmen beschreiben.
3. Die Grenzen der landwirtschaftlichen Anbaumöglichkeiten erläutern.
4. Die Bedeutung der gemäßigten Zonen der Erde für die Produktion landwirtschaftlicher Erzeugnisse erläutern.
5. UnterschiedlicheReisanbaumethodenbeschreiben.
6. Die Aufgabe der Landwirtschaft in dem Industriestaat BRD beschreiben.
7. Bodenart und Klima mit dem Ernteerfolg in Beziehung setzen.
8. Gründe für die Bildung von „Kornkammern" auf dieser Erde anführen.
9. Verfahren für landwirtschaftliche Monokulturen erläutern.
10. Auf Grund von Klimadaten Rückschlüsse auf landwirtschaftliche Produktion ziehen können.
11. Länder mit landwirtschaftlicher Überproduktion kennen.

295

296

9 „Die Erde kocht über"

Der gefährliche Berg

Ausbruch des Vulkans Taal auf Luzon
(15° N / 120° Ö)

Es ist in der Nacht zum 28. September 1965. Friedlich liegt eine Insel inmitten eines Sees. Die Dorfbewohner schlafen. Doch bald schrecken sie auf. In den Ställen wird es unruhig. Die Haustiere zerren an ihren Ketten und Stricken, sie stampfen, wollen ausbrechen. Vergeblich versuchen die Menschen, das Vieh zu beruhigen. Auch sie bekommen Angst. Sollte der Berg wieder in Bewegung geraten?
Die ersten Inselbewohner eilen zu ihren Booten. Andere folgen. Eine wilde Flucht beginnt. Rücksichtslos ist der Kampf um einen Platz in den Booten. Schon sind sie überladen, sie drohen zu kentern. Mit jedem Ruderschlag glauben die Menschen, der Gefahr ein Stück weiter entronnen zu sein. Doch da geschieht es: Der Gipfel explodiert.
Mit ungeheurem Getöse schießt eine riesige Feuerwolke empor. Heiße Asche, kleine und große Steine fallen vom Himmel. Blitze zucken. Donner grollen. Schlammregen prasselt hernieder. Ein Sturmwind fegt über die See.
Die Fliehenden kämpfen mit dem wirbelnden Wasser. Einige Boote laufen voll. Andere werden von mächtigen Steinbrocken wie von Bomben getroffen. Menschen schreien, Holz splittert. Boote sinken. Mehr als 800 Kinder, Frauen und Männer treiben im aufgewühlten See. Nicht alle erreichen das rettende Ufer.
Am anderen Morgen kreist ein Flugzeug über der Insel. Der Westteil ist mit einer Ascheschicht, mit Gestein und dampfendem Schlamm bedeckt. Nur auf der Ostseite sind noch Äcker, Wiesen und Wälder zu erkennen. Leben zeigt sich nirgendwo. Der Berg scheint friedlich. Der Wind hat die Dampf- und Rauchfahnen weggeblasen. Aber plötzlich schleudert erneut eine gewaltige schwarzrote Rauchsäule in den Himmel — feurige Lavamassen wälzen sich langsam den Berg hinab. Eine Aschenwolke verfinstert die Sonne. — Das Flugzeug dreht ab. Nun speit der Berg 15 Stunden lang alle fünf Minuten mit donnerndem Getöse glühendes Erdreich, Lava und Asche. Die Erde zittert — der See tobt.
Lange danach erst können Rettungsmannschaften bis zur Insel vordringen. Nur mühsam kommen sie vorwärts. Bis zu den Hüften waten sie manchmal im Schlamm.
Ihr Ziel ist das Dorf. — Dort finden sie nur noch ein Trümmerfeld.
Überlebende der Katastrophe irren umher. — Einige hocken weinend neben den Toten. — Verletzte liegen unversorgt im Schutt —
Die Insel ist auf einer Fläche von 5 km Breite und 6 km Länge verwüstet. — Dennoch kehren 5000 Flüchtlinge später zurück. Sie räumen auf, sie bauen auf, sie leben weiter im Angesicht des feuerspeienden Berges.

Entstehung der Vulkane

An vielen Stellen unserer Erde gibt es Vulkane, sowohl auf dem Festland als auch im Meer. Viele von ihnen ruhen. Andere sind erloschen. Eine Reihe von Vulkanen ist aber noch tätig. Weitere können morgen und übermorgen entstehen.

Merkmale eines Vulkans

Der Name Vulkan kommt aus dem alten Italien. Die Römer verehrten neben vielen anderen Göttern auch einen **Feuergott**. Er hieß **Vulcanus**.

1. Im Mittelmeer, 30 km nördlich der Insel Sizilien (14° Ö / 38° N), gibt es eine Inselgruppe. Der Name **einer** Insel erinnert an diesen Feuergott. Sie heißt

   ....

Die Insel, die du auf Bild 295 siehst, liegt ca. 50 km nordöstlich von Vulcano. Der **Stromboli** bricht jeden Tag in regelmäßigen Abständen aus. Diese Ausbrüche sind nicht unmittelbar gefährlich. Der Stromboli ist ein **tätiger** Vulkan.

Unterscheide: a) tätige Vulkane
b) ruhende Vulkane
c) erloschene Vulkane

Ein Vulkanberg hat häufig die Form eines Kegels. (Siehe Bild 295!)

2. Der Gipfel eines Vulkans hat eine Öffnung. (Bild 301) Sie hat die Form eines Trichters. Diese Öffnung nennt man ....
3. Auf der Insel Sizilien, nördlich von Catania, liegt ein 3268 m hoher Berg. Er ist ein tätiger Vulkan. Er heißt .... (Bild 296) Die Nachtaufnahme zeigt deutlich den .... über dem Gipfel.
4. Schau dir noch einmal die Bilder 295, 296 und 301 genau an!
5. Fülle die Lücken des folgenden Textes!

   Die Vulkane haben ihren Namen von dem .... Vulcanus. Man unterscheidet a) ...., b) ...., c) .... Vulkane. Beim tätigen Vulkan kann man des Nachts den .... über dem Gipfel erkennen. Am Gipfel befindet sich eine trichterförmige Öffnung. Sie heißt .... Die Berghänge eines Vulkans fallen nach allen Seiten fast .... ab. Der Berg hat die Form eines ....

Die Erde, ein verkrusteter „Feuerball"

Vor ungefähr 5 Milliarden Jahren soll unsere Erde noch ein Feuerball, ähnlich unserer Sonne, gewesen sein. Im Laufe der Milliarden Jahre erkaltete die Oberfläche des Balles. Sie wurde hart. Es bildete sich die Erdkruste. Die großen Gebirge, die tiefen Senken entstanden. Die Erdkruste wurde gedrückt, verbogen und gezerrt, weil sich die verschiedenen Gesteinsschichten übereinander schoben und ineinander verkeilten.
Im Inneren der Erde ist aber heute noch eine glühende Masse. Bild 297 zeigt, wie sich die Forscher dies vorstellen.

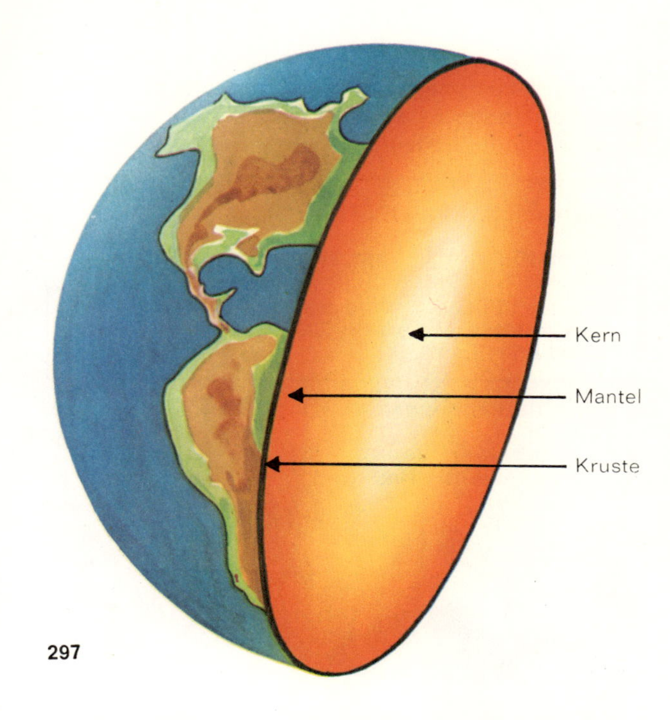

297

Die Erdkugel hat einen Durchmesser von ca. 12 750 Kilometer. — Die Erdkruste ist bis zu 60 Kilometer dick. Darunter befindet sich eine 3000 Kilometer mächtige Schicht. Sie ist sehr heiß und zähflüssig. Es ist der Erdmantel. Das Erdinnere — der Erdkern — besteht aus zusammengepreßtem Eisen und Nickel. Man schätzt dort die Temperaturen auf mehr als 5000 °C. Die Masse im Erdmantel hat eine Temperatur von ca. 1200 °C. Sie heißt **Magma.**
Wie dünn die Erdkruste im Verhältnis zum Durchmesser der Erde ist, zeigt dieser Vergleich:
Verkleinert man die Erde zu einem Globus mit dem Durchmesser von 50 cm, dann ist die Erdkruste nur $2\frac{1}{2}$ mm dick.
Diese doch verhältnismäßig dünne Erdkruste ist auch heute an vielen Stellen ständig in Bewegung. Die **Gase** der glühenden Magma drücken gegen die Erdkruste. Der Druck kann so stark werden, daß die Kruste zittert. Es kommt zu **vulkanischen Erdbeben.**
Auch wenn sich die mächtigen Gesteinsschichten verschieben, wenn große Schollen in der Erdkruste brechen, **bebt die Erde.** Diese Beben heißen **tektonische Erdbeben.**

Die Stärke eines Erdbebens kann der Mensch messen. Aber noch kann man **kein Beben** genau **voraussagen.** Deshalb müssen in jedem Jahre viele tausend Menschen durch Erdbeben sterben.

> **dpa meldet am 2. 9. 1968:**
>
> Bisher 30 Erdbeben mit mehr als 1000 Toten je Beben.
> In knapp 70 Jahren sind fast 1 Million Menschen umgekommen — genaue Zahlen sind nur selten feststellbar.

Die Illustrierten bringen nach Erdbeben häufig solche Bilder (298 und 299):

298 Der Tod kam über Nacht

6. Schau Bild 300 an! So kann der Querschnitt durch die Mittelmeerküste bei Catania vor einigen Millionen Jahren ausgesehen haben. Der Ätna war noch nicht da.

7. Bei vulkanischen Erdbeben kann das Magma an den Bruchstellen durch Spalten an die Erdoberfläche gelangen.
Die Erde kocht über. Das Feuer bricht aus. Es entsteht ein Vulkan.

8. An welcher Stelle wird das Magma an die Oberfläche gelangt sein? Zeichne ein! (Folie 1)

9. Zeichne den Vulkankegel des Ätna ein! (Folie 1)

10. Zeichne den ausbrechenden Ätna! (Folie 2) Lies dazu die Absätze 3 und 5 aus der Erzählung „Die Erde kocht über"!

11. Setze die Fachausdrücke, die unter Bild 300 stehen, an die richtige Stelle deiner Zeichnung!

299

12. Löse dieses Silbenrätsel! Bei richtiger Lösung ergeben die ersten Buchstaben der gefundenen Wörter von oben nach unten gelesen einen neuen Begriff. Mit ihm werden die Vulkankegel bezeichnet. Er heißt ....

a — a — bad — ben — bo — ca — chi — fen — gel — gen — heil — hoch — in — ke — kra — la — li — li — na — ne — ni — o — pil — ran — re — schen — sel — strom — suv — ta — ter — ter — trich — u — ve.

1. Vulkaninsel nördlich von Sizilien. — 2. Peking ist die Hauptstadt. — 3. Darin schmelzen Menschen das Erz. — 4. Allseitig von Wasser umgeben. — 5. Italienische Stadt am Fuße des Ätna. — 6. Ort, an dem Menschen Heilung suchen. — 7. Diese Form hat ein Krater. — 8. Vulkan bei Neapel. — 9. Metall zur Gewinnung von Atomenergie. — 10. kleine Gesteinsbrocken (nußgroß) bei einem Vulkanausbruch. — 11. Bergform des Vulkans. — 12. Niederschlag bei einem Vulkanausbruch. — 13. So heißt ein Krater neben einem Hauptkrater.

13. Ergänze den folgenden Text!

Die Erdkruste ist nur .... dick. Unter ihr

befindet sich der .... Er besteht

aus einer .... und

.... Masse.

Diese Masse nennt man ....

Durch starken Druck entstehen in der Erdkruste

häufig .... und ....

Hierdurch kann die .... an die Erdober-

fläche gelangen. Es entsteht ein ....

Erkaltetes .... nennt man ....

Vulkane, die bei jedem Ausbruch um eine Schicht

höher wachsen, heißen ....

....

Fachausdrücke

Lava: erkaltetes Magma, es fließt aus Spalten am Krater
Lapilli: kleine Auswurfsteine, nußgroß
Magma: zähflüssiger, sehr heißer Gesteinsschmelzfluß im Erdinneren
Bomben: große Auswurfgesteinsstücke

Mit den Vulkanen leben und ihre Kräfte nutzen

Ein Vulkanausbruch ist von einer Reihe Erscheinungen begleitet. Viele von ihnen sind für Menschen, Tiere und Pflanzen sehr gefährlich. Andere aber hat der Mensch gelernt auszunutzen und zur Verbesserung des Lebens anzuwenden. Denn nicht überall hat die vulkanische Tätigkeit die schrecklichen Folgen, wie sie beim Ausbruch des Taal berichtet werden.

Man wundert sich, aber die Menschen zieht es immer wieder zurück in die Nähe der Vulkane. Große Städte wie Neapel, Catania, Jokohama (139° Ö / 35° N), Djakarta (100° Ö / 10° S) und Honolulu (160° W / 20° N) sind im Laufe von Jahrhunderten in der Nähe von Vulkanen entstanden.

Bauern und Gärtner bestellen Felder und Gärten am Fuße eines Vulkans. Das geschieht in Italien, in Japan, in Indonesien, in Amerika und in Afrika. Die Menschen, die bei ihrer Arbeit den Vulkan sehen, kennen die Angst; denn in vielen Kratern brodelt es täglich, sogar stündlich.

Aber überall, wo Menschen Gefahr droht, hat man an den Hängen der Vulkane Beobachtungsstationen errichtet, um vor Ausbrüchen zu warnen.

Die täglichen Beobachtungen geben aber keine hundertprozentige Sicherheit. Die Kräfte im Erdinnern sind schwer berechenbar. Noch am 27. September 1965 wurde auf Luzon amtlich versichert, daß vorläufig mit dem Ausbruch des Vulkans Taal nicht zu rechnen sei.

Es ist der verwitterte Lavaboden, der die Menschen zurücklockt. Er ist fruchtbar. Die Einwohner hoffen immer, daß der erlebte Ausbruch der letzte sei. Auch deshalb kehren sie zurück, bauen auf und leben weiter im Angesicht des feuerspeienden Berges.

301 Der große Krater auf Vulcano

302 Schalkenmehrener Maar — ein Kratersee

303 ....

1. Bild 303 wurde in Europa fotografiert (ca. 25 km südöstlich von Rom). Schreibe zu diesem Bild eine passende Unterschrift in die Freizeile!
2. Vergleiche Bild 301 mit Bild 302!

Das Schalkenmehrener Maar (7° Ö / 50° N) ist, wie der Laacher See in der Eifel, ein mit Wasser gefüllter Krater. Vor zehntausend Jahren waren hier noch vulkanische Kräfte tätig. Tiefengesteine wurden teilweise bis fast an die Oberfläche der Erde hochgedrückt. Es entstanden Bergkuppen. Auch öffnete sich an einigen Stellen die Erde wie bei einer Explosion. Große Mengen an **Bims-** und **Tuffsteinen** wurden aus der Erde geschleudert. Es blieb ein Explosionskrater, der sich im Laufe von Jahrhunderten mit Wasser füllte. So entstanden die **Maare.**

Aus Bims- und Tuffsteinen werden bei Neuwied am Mittelrhein Kunststeine und Hohlblocksteine hergestellt.

304 Auswurfkegel in Mittelamerika aus Tuff- und Bimsstein (85° W / 12° N)

3. Was geschieht, falls das Magma **nicht** an der Erdoberfläche austritt?

   a) Schlage die geologische Karte von Deutschland auf!

   b) Schau Bild 307 genau an! Welches der Bilder 295, 304, 305, 306 paßt zu ihm? ....

   c) Wie ist der Vogelsberg, 60 km nordöstlich von Frankfurt/M., entstanden? ....

   ....

   d) Welche Bedeutung hat Bild 306 in diesem Zusammenhang? Achte auf die steile Lagerung der Gesteinsschichten. ....

   ....

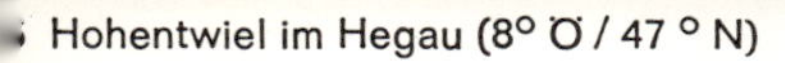
Hohentwiel im Hegau (8° Ö / 47 ° N)

306 Basaltbruch am Mittelrhein

308 Ein Geysir im Yellowstone-Park (120° W / 40 ° N)

4. Vergleiche Bild 308 mit Bild 309!

309 Ausbruch des Kilauea Iki auf Hawaii (160° W / 40° N)

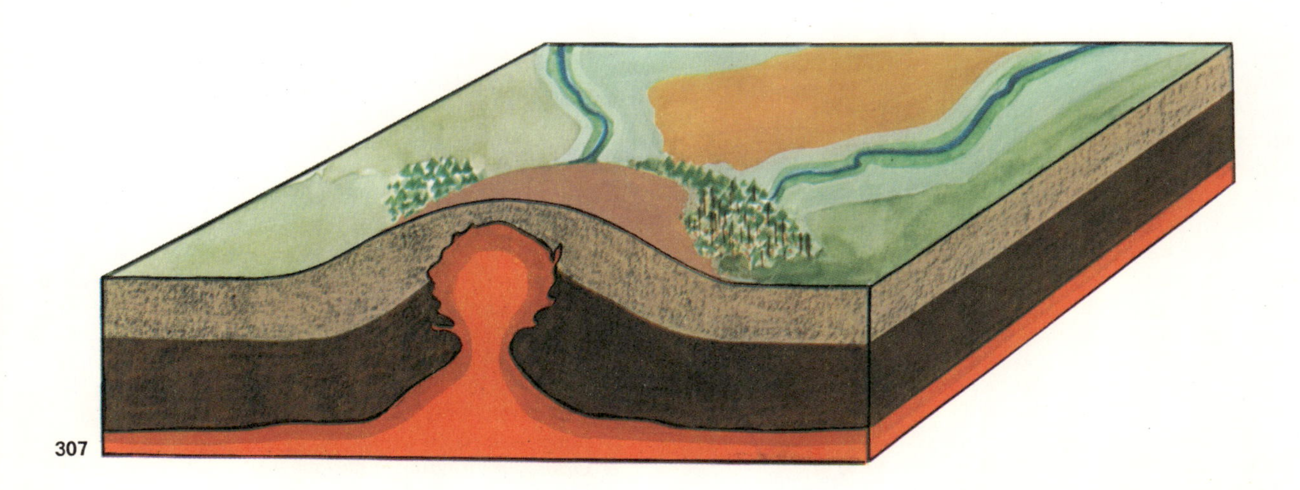

307

Pflastersteine, Bordsteine und Schotter werden aus dem harten Erdgußgestein hergestellt.

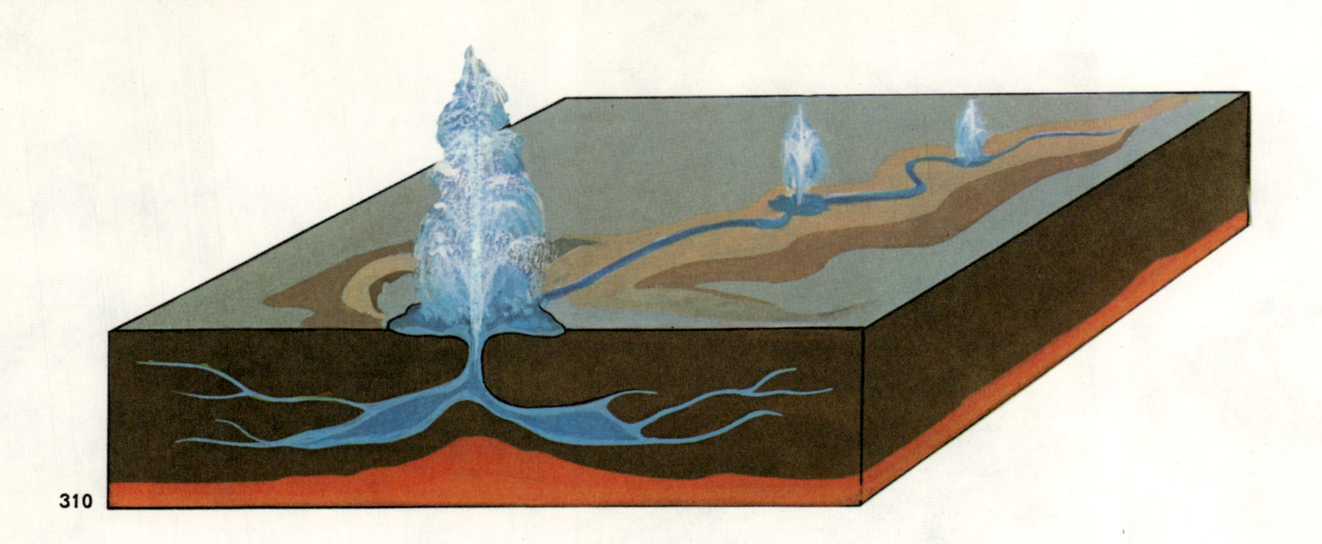

310

Kein Feuer, keine Asche, keine glühende Lava schießt im Yellowstone-Park (USA) aus der Erde. Dies ist eine heiße Quelle, ein Geysir. Alle 65 Minuten schleudert er ca. 50 000 l Wasser in 100 m Höhe. 84 Geysire gibt es im Yellowstone-Park (Bild 308).

Auf der Insel **Island** (20° W / 65° N) sprudeln auch diese Geysire. Das heiße Wasser benutzt man dort, um die Häuser zu heizen. Öl- oder Kohleöfen benötigt man nicht in Islands Hauptstadt **Reykjawik.**

Auf **Neuseeland** (170° Ö / 50° S) gibt es auch Geysire. Urlaubsreisenden macht es dort viel Freude, die Eier am Straßenrand in den heißen Quellen garzukochen.

5. Versuche mit Hilfe der Zeichnung 310 und der Stichwörter, das Sprudeln der Geysire zu erklären! Fertige eine Niederschrift an! Stichwörter: Quelle — Höhle — heißes Gestein — enge Röhre — sieden.

Neben den Geysiren gibt es auch auf der Erde warme Quellen, die **Thermen.** An solchen Plätzen haben die Menschen Thermalbäder gebaut.
Auch Mineralquellen haben häufig vulkanischen Ursprung. Solche Quellwasser sind Heilwasser. Dort, wo sie aus der Erde sprudeln, hat der Mensch **Heilbäder** errichtet.
Doch nicht alle Heilquellen fließen genau an den Orten, an denen früher einmal vulkanische Kräfte tätig waren.

Ein Vulkanausbruch bringt Tod und Schrecken für Mensch und Tier. Glühende Lava verbrennt Bäume und Sträucher. Hunderttausende von Kindern, Frauen und Männern sind schon von Vulkanen getötet worden. Aber ebenso viele haben durch vulkanische Kräfte ihr Leben verschönert und verlängert.

Detektivarbeit

(Nur für Kenner des Atlasses! Benutze hierbei den großen Dierkeatlas!)

6. Trage alle Orte, an denen vulkanische Kräfte wirksam sind, in die Weltkarte ein! (Folie 1) Im Text findest du einige Orte. Siehe auch Sonderkarte „Katastrophengebiete der Erde“ in einem Nachschlagewerk! (z. B. Großer Brockhaus, Band 4, Seite 512)

7. Ein Rätsel! — Bei richtiger Lösung ergibt das stark gerahmte Feld einen Begriff, der zu einem Bild paßt.

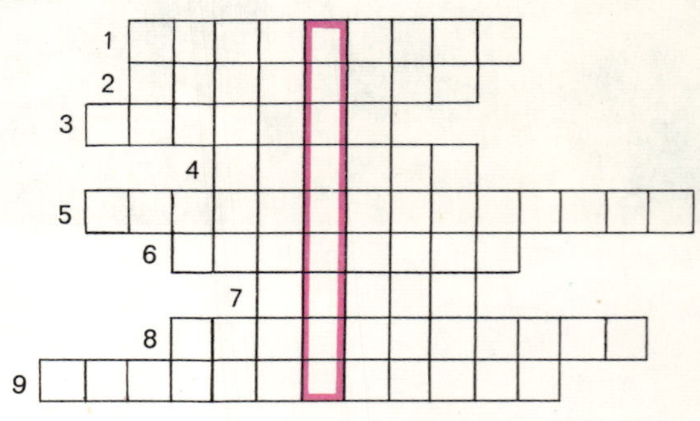

1. Vulkan auf den Liparischen Inseln — 2. Vulkan in der Sunda-Straße (100° Ö / 5° N) (Bei seinem Ausbruch 1883 kamen 40 000 Menschen ums Leben.) — 3. Vulkane nördlich des Kiwu-Sees (25° Ö / 5° S) — 4. Vulkan auf Java — höchster Berg der Insel — (110° Ö / 10° S) — 5. Vulkan in Ostafrika (35° Ö / 5° S) — 6. Vulkan auf Hawaii (155° W / 20° N) — 7. Vulkan auf Island (20° W / 64° N) — 8. Vulkan in Japan (135° Ö / 35° N) — 9. Vulkan südlich von Mexiko City (100° W / 15° N) —

1. Ursachen und Folgen vulkanischer Tätigkeit beschreiben.
2. Über die Nutzung vulkanischer Kräfte berichten.
3. Entstehung von Vulkanen erläutern und ihre unterschiedlichen Merkmale beschreiben.
4. Zeugen vulkanischer Tätigkeiten in der Landschaft wiedererkennen.

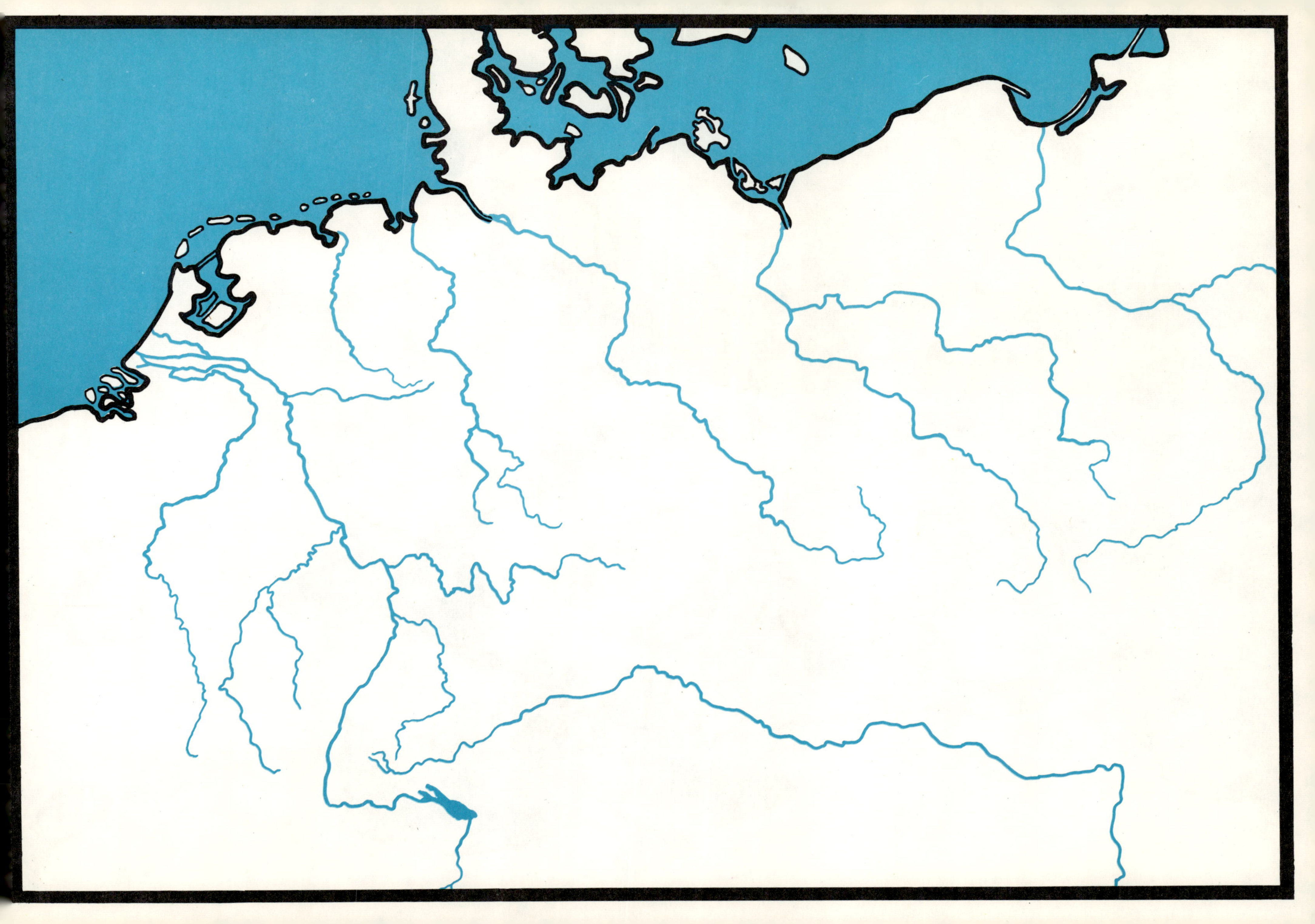

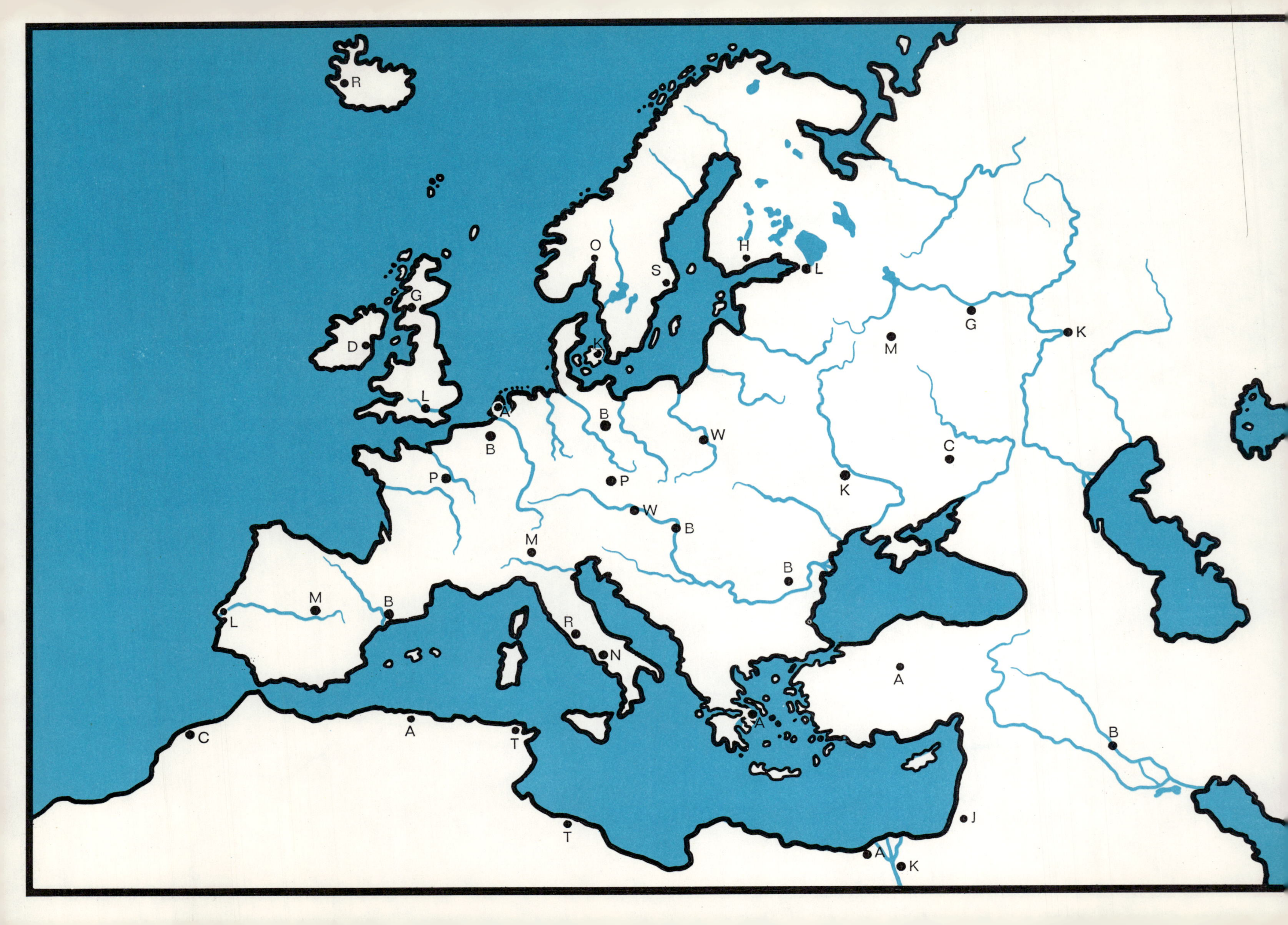

R
O
H
S
L
G
D
K
G
M
K
L
A
B
W
B
C
P
P
K
W
B
M
B
M
B
L
R
N
A
A
C
A
T
B
J
T
A
K

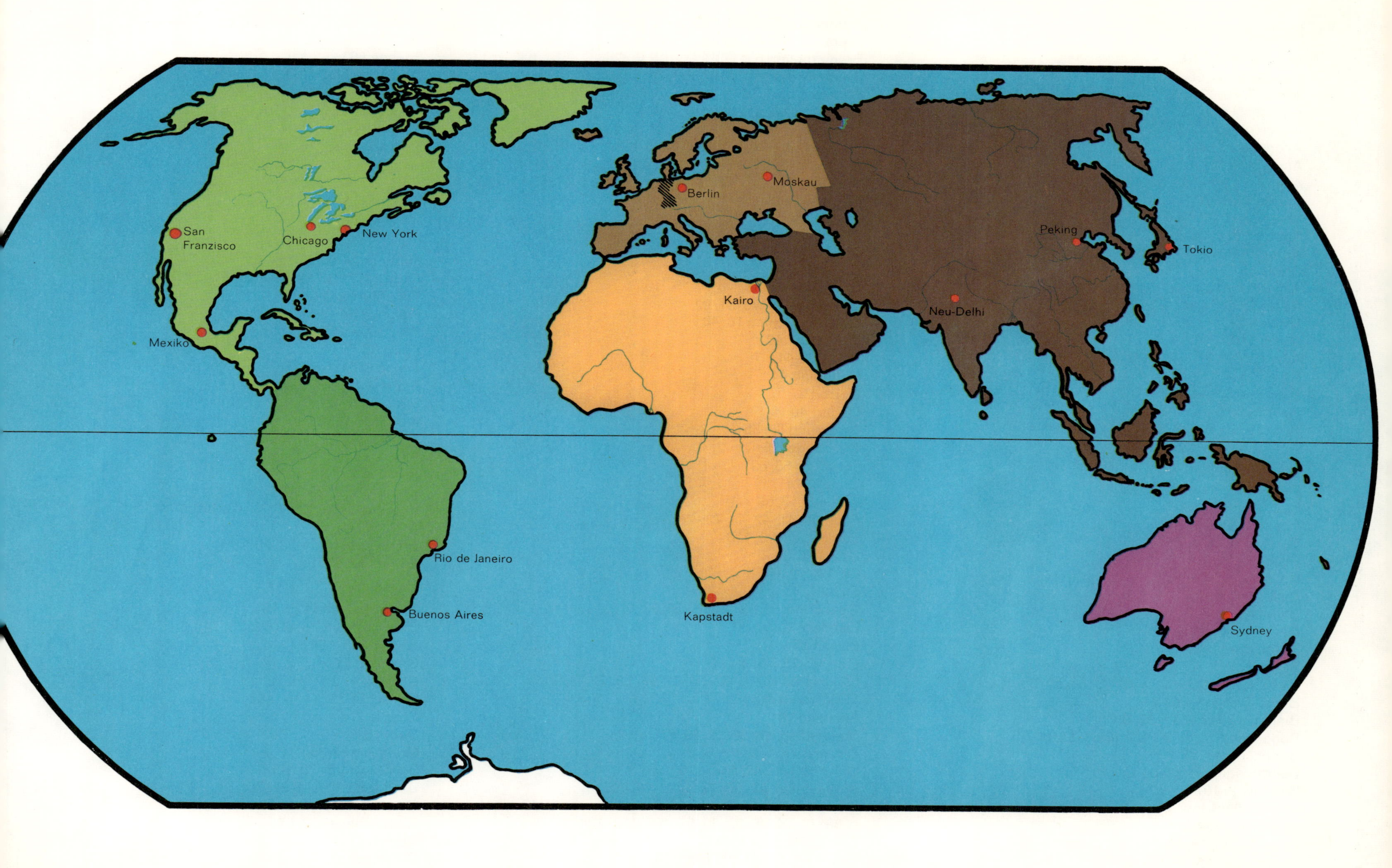
Moskau
Berlin
Peking
Tokio
San
Franzisco
Chicago
New York
Kairo
Neu-Delhi
Mexiko
Rio de Janeiro
Buenos Aires
Kapstadt
Sydney

Register

Ablagerungen 108
Abwasser 54, 65
Afrika 7, 10, 12, 22, 25, 63, 76, 78, 81, 83, 121
Ägypten 13, 31, 32
Alpen 18, 70, 73, 97-99, 100-102, 108
Altertum 18-20
Amazonas 10, 75, 76, 78, 81
Amerika 12, 22, 35, 36, 72, 83, 110, 121
Anden 97, 102
Antarktis 7, 33, 34
Äquator 5, 8, 10, 77
Argentinien 38, 112-115
Arktis 33
Aschchabad 30
Asien 7, 10, 12, 22, 25, 30, 35, 36, 72, 83, 97, 105
Assuan 24, 32
Athen 110
Atlantik 6-8, 34, 41, 75, 85, 95
Ätna 120
Atomkraftwerk 73, 74, 105
Australien 6, 7, 12, 22, 76, 83
Auto 19, 20, 82, 83, 87
Autobahn 46, 100, 101

Babylon 17, 22
Baden-Württemberg 109
Balchasch-See 30
Bananen 79, 82, 84
Bannwald 100
Basalt 123
Bayern 30
Beckenwüste 25
Belgien 40, 58
Bergbau 50-54, 56, 58
Bergisches Land 66, 67
Berlin 5, 6, 9, 16, 18, 21, 22, 24, 88, 107
Bevölkerungszuwachs 12, 18, 54, 55, 65, 104
Bigge-Talsperre 67
Binnenschiffahrt 88, 92, 93
Bodenschätze 29, 34, 36, 48-64, 82, 90
Bodensee 40, 86
Bohranlagen 28, 60-64
Bombay 8, 107
Bourtanger Moor 14
Brandrodung 81
Brasilien 56, 78, 79, 81
Braunkohle 13, 49, 50, 72-74
Breitengrad 5, 6, 34, 109
Bremen 6, 14, 62, 88, 95
Bremerhaven 6, 117
Brisbane 6
Bronzezeit 48, 56
Buenos Aires 9, 112, 114
Buna 82
Bundesrepublik Deutschland 5, 6, 12, 14, 16, 21, 24, 30, 32, 40, 43, 50, 52, 54, 56-66, 68, 72, 73, 83, 87, 88, 90, 92, 95, 97, 104, 106, 108, 109, 111, 112, 115, 116, 123
Bürgerinitiative 54
Caracas 9, 15
Chikago 9, 18, 20, 87
China 46, 56, 59, 87
Christchurch 114
Container 94, 95
Cuxhaven 75, 76, 91, 92
Dampfmaschine 18, 48
Dänemark 40
Deich 40-44, 47
Deltaplan 44
Detroit 87
Dollart 40
Dortmund 54, 55
Dschungel 76
Duisburg 55, 89
Düne 40, 41, 59
Dynamo 13, 69
Ebbe 39, 41, 42, 44, 72
Edmonton 109, 110
Eifel 122
Eis 12, 33, 34, 71
Eisberg 33
Eisenbahn 10, 88, 89, 95, 98, 99, 102, 109, 115
Eisenerz 56-59, 86
Eiszeit 33
Elbe 40, 75, 76, 91, 92
Elektrizität 12, 13, 32, 36, 61, 68, 69, 70-74, 86
El Salvador 80
Emsland 14
England 40, 48, 50, 52, 59, 63
Entwässerungsschleuse 44
Erdbeben 12, 49, 118, 119, 120
Erdbevölkerung 30, 37, 102, 104, 105
Erde 3, 4, 5, 7-12, 21, 24, 25, 31, 34, 37, 39, 46, 48, 54, 69, 72, 74, 75, 83, 96, 97, 103, 112, 124
Erdgas 29, 61, 64, 74
Erdinnere 12, 49, 97, 118, 119
Erdöl 12, 29, 36, 60, 61, 62, 63, 64, 74
Erg 24
Eriesee 86
Erz 29, 36, 56-59, 88
Eskimo 36, 37
Essen 36, 55, 93
Estanzia 113
Eurasien 5, 35, 76, 87
Europa 7, 10, 12, 22, 25, 34-36, 40, 50, 63, 75, 78, 82, 83, 97, 99, 105, 108, 109, 122
Europabrücke 101
Europoort 92, 93
Export 81, 83, 84, 90, 109

Faltengebirge 97, 102
Farm 105, 110, 111
Fata Morgana 26
Finnland 14
Fisch 116, 117
Fjord 33
Fleisch 36, 112, 115
Florenz 38
Flöz 51-53
Flußoase 31, 32
Flut 39, 40, 42, 44, 47, 72, 90
Fluthafen 90
Fort Flatters 24
Frankfurt 24, 25, 40, 65, 88
Frankreich 50, 52, 58, 59, 63, 100, 108
Freizeit 54
Fremdenverkehr 98, 99
Füllort 50, 51

Ganges 46
Gefrierfleisch 112, 115
Generator 11, 13, 69, 71, 73, 74
Geysir 123, 124
Gezeiten 39, 41, 72
Gezeitenkraftwerk 72
Gletscher 33, 34, 97, 108
Globus 7, 8
Gobi 15
Grönland 33-35, 116
Großglockner 70, 100
Großstadt 3, 4, 15-22, 78
Grundstoff 49
Grundwasser 32, 67
Gummi 81
Güterverkehr 88, 89, 91

Hafen 44, 59, 64, 89, 90-93, 115
Hagen 55
Halbwüste 24, 25
Hallig 38, 40, 41
Hamburg 8, 10, 18, 39, 40, 62, 65, 75, 82, 84, 85, 88, 91-93
Hannover 77
Hartweizen 110
Hawaii 8, 123
Heilbad 124
Hengstey-See 71
Hessen 30, 109
Himalaja 97, 98, 102
Hochgebirge 4, 46, 70, 96-99, 101
Hochofen 57
Hochwasser 38, 43, 44, 46, 47
Holland 38
Holz 81, 88
Honolulu 8, 121
Huronsee 87
Hüttenwerk 57, 59
Hwangho 46

Iglu 36, 37
Ijssel-Meer 40, 44
Import 83, 84, 90, 109
Indien 38, 46, 105-107, 117
Indischer Ozean 7, 8
Indonesien 121
Industrie 4, 21, 22, 32, 36, 44, 52, 54, 55, 58, 60, 65-68, 81, 82, 86, 90, 107
Inlandeis 34
Innerasien 25
Insel 7, 33, 35, 41, 44
Island 116, 124
Israel 26, 28, 31
Italien 7, 38, 58, 59, 100, 108, 119, 121

Jadebusen 6, 40
Jahreszeit 33, 36
Jakuten 36
Jangtsekiang 46
Japan 10, 38, 59, 63, 121

Kaffee 79, 80, 82
Kairo 13
Kakao 79, 82
kalben 33
Kamerun 81
Kanada 14, 37, 56, 86, 109, 110, 111
Kaprun 70, 71
Kapstadt 9, 10
Kara-Kum 28, 30
Kartenkunde 3, 4, 6
Kaspisches Meer 30
Kattara-Senke 32
Kautschuk 79, 81, 82
Kläranlage 54, 65
Kohle 12, 34, 36, 49, 50, 51, 54, 58, 59, 60, 72, 74, 88
Kohlenhobel 50, 51
Kohlenwald 49
Koks 52, 57, 58, 88
Köln 9, 13, 18, 54, 75, 76, 107
Kontinent 5, 7, 8, 10, 33-35, 103, 105
Koog 42, 43
Kopenhagen 110
Kornkammer 109, 112
Kosmos 11
Kraftwerk 32, 70, 71, 73, 74
Krater 122
Krefeld 54, 107
Kühlkette 115
Kühlschiff 84, 85, 91, 115, 116
Kunststoffe 12, 60, 72
Küste 12, 33, 40, 43-46, 59, 61, 62, 90, 116

Laacher-See 122
Labrador 56, 57, 87
Lahnung 42
Landwirtschaft 12, 32, 44, 103-105, 107-109, 110-112
Längengrad 5, 6
Lärmschutz 54
Lapilli 121
La Plata 113, 114, 116
Lappen 36
Lava 118, 121, 124
Lawinen 100
Laufkraftwerk 71, 74, 87
Leningrad 9
Liberia 81
Libyen 27
Liparische Inseln 119
London 18, 39
Löß 107, 108, 114

Maar 122
Magma 119, 120, 121
Mähdrescher 111, 112
Main 88
Manaus 75-77
Maracaibo 61
Marschboden 41, 42, 109
Maßstab 6
Meer 12, 33, 34, 39, 40, 41, 43, 44, 72, 85, 86, 90, 97, 109, 116
Minden 88
Mittelalter 18, 20
Mittellandkanal 188
Mittelmeer 7, 18, 29, 119, 120
mixed farming 111
Mond 11, 39
Monokultur 63, 111, 112
Monsun 107
Montanunion 58, 59
Mt. Blanc 100, 101
Montreal 22, 86
Moor 14
Mosel 88
Moskau 9, 18
München 6, 8, 9, 18, 19, 40

Neckar 67, 88
Negev 28, 31
Neues Tal 32
Neulandgewinnung 14, 30, 44, 45
Neuseeland 124
New Orleans 9
New York 8-10, 18, 19, 59, 84, 95
Niagara-Fälle 86
Niederlande 40, 43, 45, 58, 59, 108, 109
Niedersachsen 15, 38, 109
Nil 31, 32
Nordamerika 7, 25, 35, 46, 52, 53, 63, 76, 85, 97, 109
Norddeutsches Tiefland 14
Nordfriesische Inseln 41
Nordpol 8, 10, 33, 34
Nordrhein-Westfalen 65, 109
Nordsee 7, 39, 40, 41, 59, 88, 90, 116
Norwegen 33, 74

Oase 26, 28-30
Oberersee 86, 87
Odenwald 111, 112
Ödland 14
Oklahoma City 109, 110
Ontariosee 86

Oslo 9
Ostfriesische Inseln 41
Ostsee 7, 65
Ozean 49, 83, 84, 92, 116

Panama-Kanal 84, 85
Paris 9, 18, 59, 100
Paß 99, 102
Passau 47
Pazifik 7, 8, 34
Peking 9
Pipelines 60, 62, 63
Pittsburg 52, 53
Planet 11
Pol 33-35
Polargebiet 33, 34
Polarkreis 35
Polder 42-44
Prärie 110
Pril 42
Pumpspeicherkraftwerk 71

Queller 42

Raffinerie 60, 63
Recklinghausen 55
Regenwald 75-79, 81, 89, 103
Regenzeit 77, 105, 106
Reis 105, 106
Reykjavik 124
Rhein 44, 45, 75, 76, 89, 92
Rheinisches Schiefergebirge 97
Rheinisch-Westffälisches Industriegebiet 54, 66, 88, 97, 107
Rio de Janeiro 6, 9, 38
Rocky Mountains 97, 102
Rohstahl 57, 58
Rom 9, 18, 100, 122
Römerstraße 99
Rotes Meer 7
Rotterdam 92, 93, 115
Ruhr 54, 55, 66, 72
Ruhrgebiet 54, 55

Saarland 30, 109
Sahara 23, 25, 26, 28, 29, 31
Salzgitter 88
Samojeden 36
Sandwüste 24, 26, 27
San Francisco 8-10, 59, 84
Santiago de Chile 9
St.-Lorenz-Strom 86, 87
Saudi-Arabien 25
Sauerland 66, 67
Schaufelradbagger 13
Schiffahrt 10, 33, 34, 39, 83, 87-89, 91, 92, 95, 109, 116
Schleswig-Holstein 38
Schleuse 85-87, 90
Schlick 42
Schnee 33, 35, 71, 97, 98, 100
Schwarzerde 108
Schwarzes Meer 7
Schweden 14, 56, 65, 74
Seehafen 90
Sibirien 14, 52
Siebengebirge 12
Sieg 66
Siel 42
Sinai 6, 27
Sommerweizen 110
Sonne 10-12, 23, 33
Sowjetunion 28, 30, 50, 52, 56, 59, 74, 87, 108
Speicherkraftwerk 70, 73, 74
Spitzbergen 34
Städtebau 21, 22
Stadtverwaltung 22, 54
Stahl 55-59
Staudamm 62, 67
Stausee 70
Steinkohle 48-50, 52-54, 58, 60, 61, 72-74
Steinwüste 23, 26
Steinzeit 48
Straße 10, 12, 14, 19, 65, 67, 80, 81, 89, 96, 98, 100, 101, 102
Stromboli 119
Sturmflut 40, 43, 44, 46
Stuttgart 67, 88
Südamerika 6, 7, 10, 12, 14, 21, 46, 75-77, 79, 80, 85, 97, 114, 115
Südpol 8, 10, 33
Sydney 8-10, 114

Talsperre 47, 66, 67
Tamanarasset 24
Tanker 92
Thule 34
Tidenhub 39, 72, 91
Tokio 8, 9, 19
Trawler 116, 117
Treibeis 33
Trinkwasser 65, 68
Trockenwüste 23-25, 37
Tropen 25, 78, 79, 80, 82, 84, 103
Tropenholz 79, 80
Tuggurt 24, 25
Tundra 35-37, 68, 78
Tungusen 36
Turbine 69, 71-73

Unter Tage 50-52
Uran 73, 74
USA 52, 56, 59, 63, 68, 72, 109, 111, 124

Verkehr 10, 19, 20, 22, 46, 49, 54, 83-95, 99, 102, 109
Verwitterung 28
Vesuv 119, 122
Viehzucht 28, 107, 112-115
Vollfroster 116, 117
vor Ort 51
Vulkan 118-121

Wadi 27
Wald 34, 35, 49, 66, 75, 76, 78, 81, 98, 103
Waldgrenze 97, 98
Wärmekraftwerk 73, 74
Wasser 7, 10, 12, 27-30, 32, 38-47, 62, 65-67, 72, 74
Wasseraufbereitung 66
Wasserbautechnik 45
Wasser-Charta 65, 66, 72
Wasserkraft 38, 70-72, 74
Wasserspeicher 66, 67, 71
Wasserverbrauch 65
Watt 41
Weizen 107, 109-112
Wendekreis 25, 78
Weser 88
Westfriesische Inseln 41
Wilhelmshaven 39, 62
Winterweizen 110
Wladiwostok 9
Workuta 36
Wuppertal 20
Wüste 23-30, 68, 78

Yellowstone-Park 123, 124

Zeche 48, 52-54
Zeitzone 9

Bildnachweis

V-Dia, Heidelberg: 9, 59, 61, 63, 82, 98, 100, 101, 106, 107, 146, 148, 149, 161, 220, 223, 245, 247, 261, 262, 265, 274, 279, 280, 281, 293, 295, 302, 304, 305, 306, 308 — Süddeutscher Verlag, Bilderdienst, München: 20, 22, 41, 113, 126, 233, 298 — Ullstein-Bilderdienst, Berlin: 21, 28 (Schutz), 47, 54, 87, 159 (A. Jacoby), 183 (Camera Press), 215 (A. Jacoby), 217 (APN) — Dr. Uwe Muuß, Altenholz: 23 (SH 274-151), 24 (SH 255-151), 26 (SH 314-151), 96 (SH 5-151), 99 (SH 734-151), 102 (SH 23-151), 136 (SH 576-151), 171 (SH 831-151), 229 (SH 424-151) — Manfred Bohle, Versmold: 25, 79, 133, 228, 263 — Erich Dittmann, Frankfurt/M.: 35 — Institut für Film und Bild, München: 36, 264 — dpa-Bilderdienst, Frankfurt/M.: 42, 46, 47, 51, 53, 160, 163, 211 (Kurt Scholz), 251, 294, 299 — Bavaria Verlag, Gauting: 43, 44, 49 (Klaus Meier-Ude), 71, 76, 86, 88 (Paul Almassy), 127, 130 (Martin Frank), 150 (Ludwig Windstosser), 227 (Heinz Adrian), 242 (Toni Schneiders), 248 (Ernst Baumann), 250 (Hans Truöl), 303 — Keystone, München: 48 — Landesbildstelle, Berlin: 50 — Dr. Georg Gerster, Zumikon: 58 — Lothar Stütte, Straßlach: 60 — IRO-Verlag, München: 62, 192, 197, 236, 238, 239 — Dr. Boyko, Rehovot: 72, 73 — Amerika-Dienst, Frankfurt/M.: 77, 80, 81 — Armin Riedel, Wiesbaden: 85 — Niederländischer Informationsdienst: 93 — laenderpress, Düsseldorf: 94, 117, 198, 201, 210 — Ch. Jaeger & Co., Hannover: 95, 147 — world-press-foto, Amsterdam: 108, 109, 110, 111 — Alpine Luftbild, Innsbruck: 114 (freigegeben vom BM. f. LV. 385735), 177, 249 (freigegeben vom BM. f. LV. 15045) — Krupp-Foto: 125 — H. Krumnack, Nienburg: 141 — Eckart Dege, Ippendorf: 144, 145 — Klöckner, Bremen: 155 — Scienta Presse-Dienst, Hamburg: 162 — Kurt Miez, Karlsruhe: 166 — Gildenmeister-Werksfoto, Bielefeld: 169 — Aero-Lux, Frankfurt/M.: 180 (freigegeben Nr. 1185/62 Hess. W.-Min.) — Donaukraftwerk Jochenstein: 181 — Rheinisch-Westfälisches Elektrizitätswerk, Essen: 184, 185, 186 — Christel Danzer, Reutlingen: 199 — Prof. Dr. Weischet, Freiburg: 194 — Len Sirman, Birnback: 196 — ZFA, Düsseldorf: 45, 140, 189, 200, 309 — Dieter Groneweg, Münster: 202 — Christian Holtz, Bremen: 203, 204 — Foto-Brockmöller, Bremen: 231, 232 — Carl Scholle, Hamburg: 234 — Central Color, München: 252 — Ginette Laborde, Paris: 260 — Hessisches Landesvermessungsamt Wiesbaden: 275 (Nachdruck mit Genehmigung des Hess. Landesvermessungsamtes vom 20. Januar 1970 — LV 2 aus dem Topographischen Atlas „Hessen in Karte und Luftbild". Freigegeben unter Nr. 23/68 Reg.-Präs. Darmstadt) — Class-Werksfoto: 276 — Life Foto: 277 (Loomis Dean) — Werksfoto Stockmeyer KG, Versmold: 287, 288, 289 — Erich Fischer, Hamburg: 291, 292 — Prof. Dr. Raaf, Reutlingen: 296 — Jörg Prantl, Wasserburg: 301.

Zusätzlicher Lesestoff zu den einzelnen Sachthemen aus der Hirschgraben-Lesereihe (Hirschgraben-Verlag, Frankfurt am Main)

Von Riesen und Riesenkräften

Nr. 428 In den Alpen: Seite 19 „Der König Watzmann"
Nr. 429 In Moor und Heide: Seite 38—60 „Im Moor"
Nr. 4225 Vom Bodensee zur Nordseeküste: Seite 31 „Der Riese Mils"

Steine wachsen in den Himmel

Nr. 433 In der Neuen Welt: Seite 13 „Auf dem höchsten Gebäude der Welt"
Nr. 437 Südamerika: Seite 53 „Rio de Janeiro"
Nr. 440 Japan: Seite 11 „Abendlicher Spaziergang durch die Straßen Tokios"
Nr. 4225 Vom Bodensee zur Nordseeküste: Seite 8 „München"
Nr. 4223 Benelux: Seite 4 „Brüssel — die Lichterstadt", Seite 40 „Amsterdam — auf Pfählen erbaut", Seite 41 „Das Wunder Rotterdam"
Nr. 4224 Großbritannien und Irland: Seite 4 „London", Seite 10 „Autobusgeschichten", Seite 14 „Tower Bridge", Seite 16 „Scotland Yard", Seite 22 „Trödelmarkt in der Unterrockgasse", Seite 44 „Glasgow ist der Clyde"

Durch die Wüste

Nr. 4221 Nordafrika: Seite 48—67 „Kreuz und quer durch die Sahara", Seite 35 „Wehre am Nil"
Nr. 4222 Mittel- und Südafrika: Seite 46 „Die Steppe brennt"
Nr. 434 Fernes Australien — weite Südsee: Seite 11 „Fahrt ins tote Herz Australiens"
Nr. 438 Vorderasien: Seite 29 „Wasser, Wasser, Wasser"
Nr. 422 Sibirien — Land der weiten Wege: Seite 30—47 „In Eis und Schnee"
Nr. 423 Im Norden Europas: Seite 3 „Lappland", Seite 11 „Mit den Lappen unterwegs", Seite 19 „Von Wölfen überfallen", Seite 30 „Abschied der Sonne"
Nr. 439 An den Polen der Erde: Seite 3—13 „Vom Leben der Eskimos", Seite 14—27 „Der Kampf um den Pol", Seite 38—57 „In der Antarktis"

Wasser frißt Land — Wasser baut Land

Nr. 4223 Benelux: Seite 27 „Wasserland"
Nr. 426 Am Meer und hinterm Deich: Seite 5 „Sturmflut"
Nr. 437 Südamerika: Seite 32 „Die Schlammflut", Seite 49 „Badeorte für jeden Geschmack"
Nr. 433 In der Neuen Welt: Seite 46 „Vom Mississippi"
Nr. 432 Tibet, Indien, Ceylon: Seite 34 „Regen"
Nr. 425 China: Seite 37 „Staudammbau am Hwangho", Seite 41 „Dammbau am Yangtse"

Bodenschätze

Nr. 427 Schlote rauchen — Hämmer dröhnen
Nr. 4225 Vom Bodensee zur Nordseeküste: Seite 4 „Trinkwasser aus dem Bodensee", Seite 15 „Erdölzentrum Ingolstadt", Seite 34 „Der Edersee", Seite 39 „Im Industriegebiet von Salzgitter", Seite 55 „Öl ins Emsland", Seite 58 „Öl reist unter der Erde"
Nr. 4224 Großbritannien und Irland: Seite 38 „Ein tapferer junger Bergmann"
Nr. 425 China: Seite 28 „Kohlenbergwerk", Seite 30 „Yümen — die Stadt des Erdöls"
Nr. 422 Sibirien — Land der weiten Wege: Seite 48 „Magnitogorsk", Seite 59 „Krasnojarsk", Seite 61 „In der Brigade der Anna Moskalenko"
Nr. 426 Am Meer und hinterm Deich: Seite 60 „Gas- und Ölsucher auf eisernen Inseln"
Nr. 429 In Moor und Heide: Seite 34 „Erdöl aus der Heide"
Nr. 430 Vom St. Lorenzstrom zur Beringstraße: Seite 14 „Öl verwandelt die Prärie"
Nr. 438 Vorderasien: Seite 58 „Das Ölfeuer von Chum", Seite 60 „Der Ölscheich Abdullah von Kuwait"

In Ländern des ewigen Sommers

Nr. 436 Von Florida zum Orinoco: Seite 40 „Auf einer Kaffee-Finka in San Salvador", Seite 43 „Die reiche Küste — glückliches Costarica", Seite 45 „Ein Reich in Grün und Gold (aus der Welt der Bananen)", Seite 56 „Urwaldflug in Südkolumbien", Seite 60 „Auf dem Orinoco am Grund"
Nr. 437 Südamerika: Seite 22 „Die grüne Hölle", Seite 57 „Kautschuk", Seite 63 „Auf einer Kaffeeplantage"
Nr. 4222 Mittel- und Südafrika: Seite 10 „Schwarze Kaffeefarmer am Kilimandscharo"

Verkehr

Nr. 426 Am Meer und hinterm Deich: Seite 7 „Hamburg — ein schneller Hafen", Seite 10 „Der Hamburger Hafen — Brücke zur Welt"
Nr. 4225 Vom Bodensee zur Nordseeküste: Seite 59 „Hamburg", Seite 26 „Schiffahrt auf dem Main", Seite 41 „Im Mittellandkanal", Seite 51 „E-3 taucht unter"
Nr. 436 Von Florida zum Orinoco: Seite 50 „Durch den Panamakanal"
Nr. 427 Schlote rauchen — Hämmer dröhnen: Seite 50 „Reise auf dem großen Strom", Seite 27 „Eine Lawine geht zu Tal", Seite 50 „Die Schweizer Bergbahnen — Großtaten der Technik"
Nr. 422 Sibirien — Land der weiten Wege: Seite 67 „In der Transsibirischen Eisenbahn"

Aber nicht alle werden satt

Nr. 426 Am Meer und hinterm Deich: Seite 64 „Mit Echolot und Schleppnetz auf Fischjagd"
Nr. 432 Tibet, Indien, Ceylon: Seite 34 „Regen", Seite 56 „Der Kampf gegen das Elend der Bauern und Handwerker wird aufgenommen"
Nr. 440 Japan: Seite 26 „Reis, das Volksnahrungsmittel"
Nr. 434 Fernes Australien — weite Südsee: Seite 14 „Leben auf einer Viehstation"
Nr. 437 Südamerika: Seite 35 „Ein wilder Hengst", Seite 39 „Rodeo", Seite 43 „Präriefeuer", Seite 45 „Wüstenritt", Seite 48 „Heuschreckenplage"
Nr. 430 Vom St. Lorenzstrom zur Beringstraße: Seite 9 „Weizenernte in Kanada"

Die Erde kocht über

Nr. 4228 Vulkane und Erdbeben
Nr. 433 In der Neuen Welt: Seite 68 „Der 50. Bundesstaat"
Nr. 440 Japan: Seite 33 „Die Erde bebt"

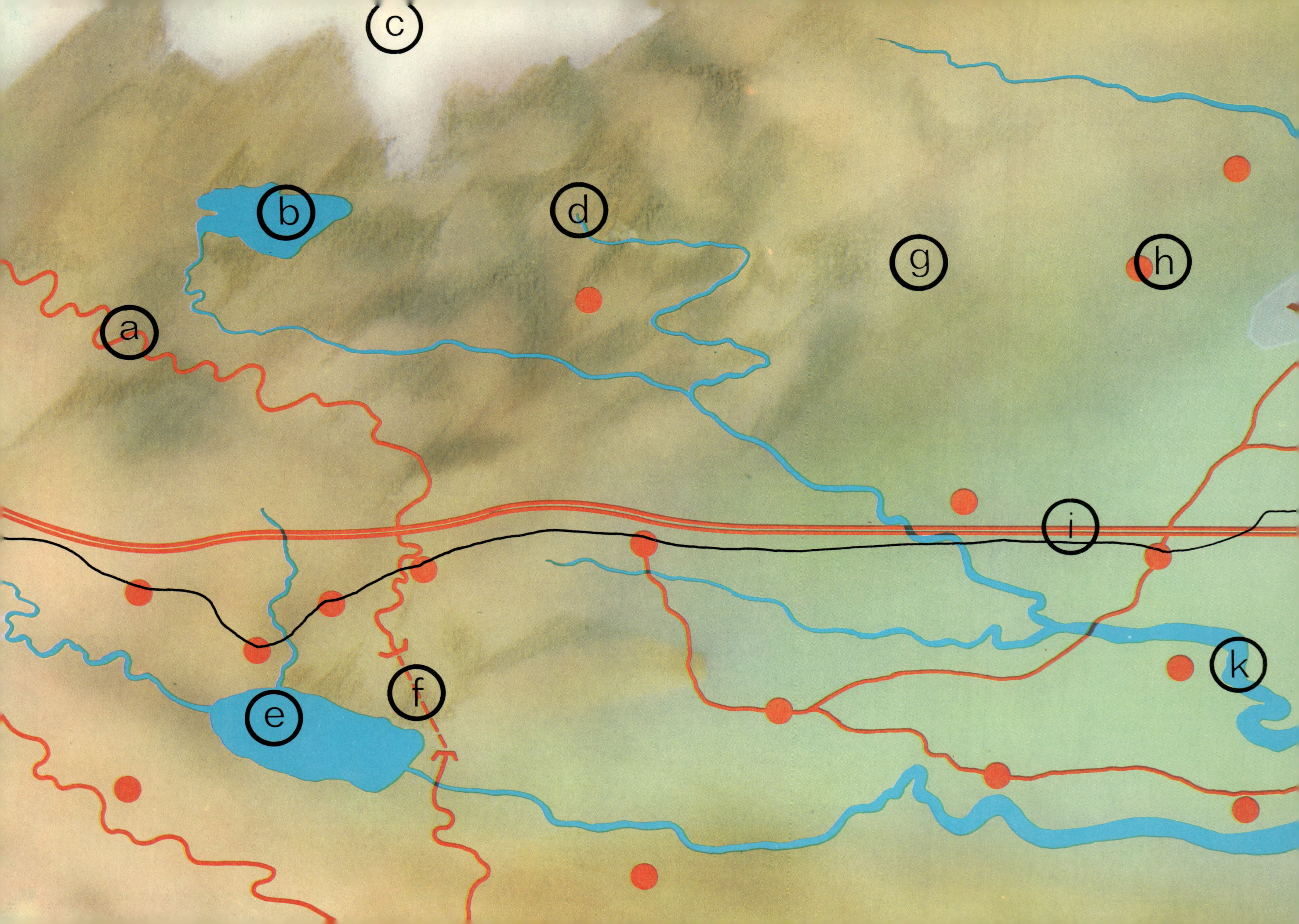
c
b
d
g
h
a
i
k
f
e